产业专利导航丛书

呼出气体检测产业专利导航

主　编◎印寿根

知识产权出版社
全国百佳图书出版单位
—北京—

图书在版编目（CIP）数据

呼出气体检测产业专利导航 / 印寿根主编 . —北京：知识产权出版社，2025.6.

ISBN 978-7-5130-9730-7

Ⅰ. G306.72；R332

中国国家版本馆 CIP 数据核字第 2024GX5255 号

内容提要

本书以天津市呼出气体检测产业为视角，通过对呼出气体检测产业专利发展态势、专利区域布局、专利布局重点及热点技术导向、创新主体竞争格局及专利布局导向、协同创新热点方向、专利运用热点方向等内容的分析，明确呼出气体检测产业发展方向；同时梳理天津市呼出气体检测产业现状、产业特点和知识产权发展现状，从产业结构优化、企业培育及引进、人才培养及引进、技术创新及引进、专利布局及专利运营等方面规划天津市呼出气体检测产业发展路径，提供决策建议，同时为中国其他区域呼出气体检测产业发展提供参考和借鉴。

本书可作为呼出气体检测领域高校院所科研人员、医院医护人员、企业技术研发人员、知识产权管理人员、知识产权服务机构咨询分析人员、产业研究机构研究人员的参考用书。

责任编辑：许　波　　　　**责任印制**：孙婷婷

呼出气体检测产业专利导航

HUCHU QITI JIANCE CHANYE ZHUANLI DAOHANG

印寿根　主编

出版发行：	知识产权出版社有限责任公司	**网　　址**：	http：//www.ipph.cn
电　　话：	010-82004826		http：//www.laichushu.com
社　　址：	北京市海淀区气象路 50 号院	**邮　　编**：	100081
责编电话：	010-82000860 转 8380	**责编邮箱**：	xbsun@163.com
发行电话：	010-82000860 转 8101	**发行传真**：	010-82000893
印　　刷：	北京中献拓方科技发展有限公司	**经　　销**：	新华书店、各大网上书店及相关专业书店
开　　本：	720mm × 1000mm　1/16	**印　　张**：	18
版　　次：	2025 年 6 月第 1 版	**印　　次**：	2025 年 6 月第 1 次印刷
字　　数：	340 千字	**定　　价**：	108.00 元

ISBN 978-7-5130-9730-7

——编　委　会——

前 言

2013年，国家知识产权局发布《关于实施专利导航试点工程的通知》，首次正式提出专利导航是以专利信息资源利用和专利分析为基础，把专利运用嵌入产业技术创新、产品创新、组织创新和商业模式创新，引导和支撑产业实现自主可控、科学发展的探索性工作。随后国家专利导航试点工程面向企业、产业、区域全面铺开，专利导航的理念延伸到知识产权分析评议、区域布局等工作，并取得明显成效。2021年6月，用于指导规范专利导航工作的《专利导航指南》（GB/T39551—2020）系列推荐性国家标准正式实施，该标准对于规范和引导专利导航服务，培育和拓展专利导航深度应用场景，推动和加强专利导航成果落地实施具有重要意义。2021年7月国家知识产权局发布《关于加强专利导航工作的通知》，各省级知识产权管理部门要将专利导航服务基地建设作为加强地方专利导航工作的重要抓手，做好布局规划。构建起特色化、规范化、实效化的专利导航服务工作体系，专利导航产业创新发展重要作用得到有效发挥。

呼出气体检测是一种通过分析呼出气体中的特定成分来评估人体健康状况的检查方法。本书中呼出气体在产业情况介绍、公司产品名称、技术分类中又称为呼出气、呼气，均指代人体呼出的气体。呼出气体检测广泛应用于多个医学领域，包括消化系统、呼吸系统和代谢性疾病的诊断与监测。随着科学技术的不断进步，呼出气体检测行业正处于快速发展的阶段，技术进步、医疗需求和环境保护意识的提高都推动了该行业的发展。国内外的呼出气体检测行业都在不断发展和创新。国内的发展主要集中在科研机构和医疗应用方面，而国外的发展更加成熟，包括科研领域、医疗应用和商业化发展等方面。随着技术的进一步成熟和市场的拓展，呼出气体检测行业有望在健康监测、疾病诊断和环境监测等领域发挥更大的作用，在国内外都迎来更广阔的发展前景。

本书遵照《专利导航指南》（GB/T39551—2020）标准，实施呼出气体检测产业专利导航，通过对呼出气体检测产业结构及布局导向、创新主体竞争格局及布局导向、技术创新及布局导向、专利运用热点方向、创新人才储备等内容的分析，揭示产业结构调整及发展方向；同时，本书在遵照《专利导航指南》（GB/T39551—2020）标准的基础上，增加了重点技术分支的分析以及对重点创新主体的分析，对呼出气体检测产业从全球、中国展开多层级分析，既涉及宏观分析，又聚焦微观，紧扣产业分析和专利分析这两条主线，将专利分析和产业状况、发展趋势、政策环境、市场竞争等信息进行深度融合，明确产业的发展方向，找准区域产业的定位，找出一条优化产业创新资源配置的有效路径。

目　录

CONTENTS

第 1 章　呼出气体检测产业研究概况

1.1　研究背景

随着科学技术的不断进步，呼出气体检测行业正处于快速发展的阶段。技术进步、医疗需求和环境保护意识的提高都推动了该行业的发展。呼出气体检测行业有望在健康监测、疾病诊断和环境监测等领域发挥更大的作用。国内外的呼出气体检测行业都在不断发展和创新。国内的发展主要集中在科研机构和医疗应用方面，而国外的发展较为成熟，包括科研领域、医疗应用和商业化发展等方面。随着技术的进一步成熟和市场的拓展，呼出气体检测行业有望在国内外迎来更广阔的发展前景。

本书以天津市呼出气体检测产业为视角，通过对呼出气体检测产业专利发展态势、专利区域布局、专利布局重点及热点技术导向、创新主体竞争格局及专利布局导向、协同创新热点方向、专利运用热点方向等内容的分析，明确呼出气体检测产业发展方向；同时梳理天津市呼出气体检测产业现状、产业特点和知识产权发展现状，从产业结构优化、企业培育及引进、人才培养及引进、技术创新及引进、专利布局及专利运营等方面规划天津市呼出气体检测产业发展路径，提供决策建议，同时为中国其他区域呼出气体检测产业发展提供参考和借鉴。

1.2　研究对象及检索范围

1.2.1　产业技术分解

由于呼出气体检测产业种类繁多，在确定研究对象时，本书通过资料搜集、技术调研等方式，在全面了解了呼出气体检测技术领域后，根据调研反馈和资料并基于天津市的重点发展方向，确定了产业技术分解表（表1-1），将产业技术划分为3个一级技术、11个二级技术、26个三级技术。

表1-1　产业技术分解表

技术主题	一级技术	二级技术	三级技术
呼出气体检测	感知技术	传感材料设计与制造	制备技术
			表征技术
		传感芯片设计与制造	微区加热技术
			微加工技术
		传感原理	电化学
			催化燃烧
			红外
			PID光离子化
			热裂解
			热导
		气体检测模块	气体采集结构
			气体传输结构
			报警器单元
			检测主板单元
			供电单元
			传感器
	电子电路技术	电源管理	恒电流控制
		蓝牙传输	—
		压力检测	—
		气体采集控制	抽气泵控制
		信号处理	—
	智能分析技术	人机交互	数据分析
			数据校正
			数据显示

续表

技术主题	一级技术	二级技术	三级技术
呼出气体检测	智能分析技术	智能算法	特征值提取
			标志物筛选
			标志物量化
			气体浓度计算
			气体流速计算

1.2.2　专利检索及结果

1. 数据库名称和简介

本书使用的专利工具为中国知识产权大数据与智慧服务系统（DI Inspiro）、智慧芽全球专利数据库（PatSnap）等。

DI Inspiro 是由知识产权出版社有限责任公司开发创设的国内第一个知识产权大数据应用服务系统。目前，DI Inspiro 已经整合了国内外专利、商标、版权、判例、标准、科技期刊、地理标志、植物新品种和集成电路布图设计 9 大类数据资源，实现了数据的检索、分析、关联、预警、产业导航和用户自建库等多种功能，旨在为全球科技创新和知识产权保护提供最优质、高效的知识产权信息服务。

PatSnap 是一款全球专利检索数据库，整合了从 1790 年至今全球 170 个国家或地区超过 1.8 亿条专利数据、1.37 亿条文献数据、97 个国家或地区的公司财务数据。其提供公开、实质审查、授权、撤回、驳回、期限届满、未缴年费等法律状态数据，还包括专利许可、诉讼、质押、海关备案等法律事件数据。支持中文、英文、日文、法文、德文等多种检索语言；提供智能检索、高级检索、命令检索、批量检索、分类号检索、语义检索、扩展检索、法律检索、图像检索、文献检索等检索方式，其中图像检索覆盖多个国家和地区的外观设计和实用新型数据。

2. 检索范围

本书围绕呼出气体检测产业，检索范围为全球，涵盖了世界绝大多数国家和地区的专利数据，包含中国、美国、日本、韩国、德国、法国，以及欧洲专利局（European Patent Office，EPO）和世界知识产权组织（World Intellectual Property Organization，WIPO）等。

3. 数据检索数量

本书中所有数据的检索截止日期为 2023 年 8 月 28 日，共检索到呼出气体检测产业全球专利 82 194 件，进行简单同族合并，分支技术统计结果具体如表 1-2 所示。

表 1-2 产业检索结果

单位：件

技术主题	检索结果	一级技术	检索结果	二级技术	检索结果 / 件	三级技术	检索结果
呼出气体检测	82 194	感知技术	55 222	传感材料设计与制造	19 071	制备技术	9 282
						表征技术	1 535
				传感芯片设计与制造	18 039	微区加热技术	3 026
						微加工技术	8 459
				传感原理	26 714	电化学	939
						催化燃烧	389
						红外	1 987
						PID 光离子化	1 576
						热裂解	347
						热导	207
				气体检测模块	46 766	气体采集结构	2 460
						气体传输结构	3 483
						报警器单元	3 956
						检测主板单元	199
						供电单元	4 296
						传感器	14 423
		电子电路技术	14 230	电源管理	2 090	恒电流控制	514
				蓝牙传输	608	—	—
				压力检测	8 640	—	—
				气体采集控制	2 853	抽气泵控制	1 744
				信号处理	9 252	—	—
		智能分析技术	11 755	人机交互	5 339	数据分析	3 661
						数据校正	717
						数据显示	3 252
				智能算法	9 195	特征值提取	1 171
						标志物筛选	1 133
						标志物量化	729
						气体浓度计算 OR 计量	6 100
						气体流速计算 OR 计量	3 100

1.2.3　检索结果的去噪

由于分类号和关键词的特殊性，导致查全得到的专利文献中必定会含有一定数量超出分析边界的噪声文献，因此需要对查全得到的专利文献进行噪声文献的剔除，即专利文献的去噪。本书主要通过去除噪声关键词对应的专利文献后再结合人工去噪的方式进行。首先提取噪声文献检索要素，找出引入噪声的关键词，对涉及这些关键词的专利文献进行剔除；在完成噪声关键词去噪后对被清理的专利文献进行人工处理，找回被误删的专利文献，最终得到待分析的专利文献集合。

1.2.4 检索结果的评估

对检索结果的评估贯穿整个检索过程，在查全与去噪过程中需要分阶段对所获得的数据文献集合进行查全率与查准率的评估，保证查全率与查准率均在 80% 以上，以确保检索结果的客观性。

1. 查全率

查全率是指检索出的相关文献量与检索系统中相关文献总量的比率，是衡量信息检索系统检出相关文献能力的尺度。

专利文献集合的查全率定义如下：设 S 为待验证的待评估查全专利文献集合，P 为查全样本专利文献集合（P 集合中的每一篇文献都必须要与分析的主题相关，即“有效文献”），则查全率 r 可以定义为：$r=\mathrm{num}(P\cap S)/\mathrm{num}(P)$ 其中，$P\cap S$ 表示 P 与 S 的交集，num( ) 表示集合中元素的数量。

评估方法：各技术主题根据各自检索的实际情况，分别采取分类号、关键词等方式进行查全评估，如传感器选择了重点企业的重要发明人团队、行业中的著名申请人构建样本集；智能传感器设计则采用申请人和主要传感器类型相结合的验证方式。

2. 查准率

专利文献集合的查全率定义如下：设 S 为待评估专利文献集合中的抽样样本，S' 为 S 中与分析主题相关的专利文献，则待验证的集合的查准率 p 可定义为：$p=\mathrm{num}(S')/\mathrm{num}(S)$ 其中，num( ) 表示集合中元素的数量。

评估方法：各技术主题根据各自实际情况，采用各技术分支抽样人工阅读的方式进行查准评估。

最终，本书的查全率与查准率都已经做到各自技术主题的最优平衡。

1.2.5 检索后的数据处理

专利检索分解后，依据研究内容分解后的技术内容对采集的数据进行加工整理，本书研究内容的数据处理包括数据规范化和数据标引。数据规范化是加工过程的第一阶段，是后续工作开展的基础，直接影响数据分析的结论，即对专利信息和非专利数据采集信息按照特定的格式进行数据整理，规范化处理，保证统一、稳定的输出规范，形成直观和便于统计的 Excel 文件，生成完整规范的数据信息。数据标引是根据其分析目标，以达到深度分析的目的，对专利文献作出相应的数据标引，标引结果的准确性和精确性也直接影响专利分析的结果。

1.2.6 相关数据约定及术语解释

1. 数据完整性

本书的检索截止日期为 2023 年 8 月 28 日。由于发明专利申请自申请日（有优先权的自优先权日）起 18 个月公布，实用新型专利申请在授权后公布（其公布的滞后程度取决于审查周期的长短），而 PCT 专利申请可能需要自申请日起30个月甚至更长时间才进入国家阶段，其对应的国家公布时间就更晚。因此，检索结果中包含的 2021 年之后的专利申请量比真实的申请量要少。

2. 申请人合并

对申请人字段进行“清洗”处理。专利申请人字段往往出现不一致情况，如申请人字段“A 集团公司”“B（集团）公司”“C（集团）公司”，将这些申请人公司名称统一；另外对前后使用不同名称，而实际属于同一家企业的申请人统一为现用名；对于部分企业的全资子公司的申请全部合并到母公司申请。

3. 对专利“件”和“项”数的约定

本书研究涉及全球专利数据和中文专利数据。在全球专利数据中，将同一项发明创造在多个国家申请而产生的一组内容相同或基本相同的系列专利申请，称为同族专利，将这样的一组同族专利视为一“项”专利申请。在中文专利数据库中，针对同一申请号的专利申请文本和授权文本视为同一“件”专利。

4. 同族专利的约定

在对全球专利数据分析时，存在一件专利在不同国家申请的情况，这些发明创造内容相同或相关的申请被称为专利族。优先权文件完全相同的一组专利被称为狭义同族，具有部分相同优先权文件的一组专利被称为广义同族。本书研究的同族专利指的是狭义同族，即一件专利如进行海外布局则为一组狭义同族。

5. 有关法律状态的说明

有效专利：到检索截止日为止，专利权处于有效状态的专利。

失效专利：到检索截止日为止，已经丧失专利权的专利或者自始至终未获得授权的专利申请，包括驳回、视为撤回或撤回、无效、未缴纳年费、放弃专利权、专利权届满等无效专利。

审中专利：该专利申请可能还未进入实质审查程序或者处于实质审查程序中。

6. 其他约定

PCT 是《专利合作条约》的英文缩写。根据 PCT 的规定，专利申请人可以通过 PCT 途径递交国际专利申请，向多个国家申请专利，由世界知识产权组织（WIPO）进行国际公开，经过国际检索、国际初步审查等阶段之后，专利申请人可以办理进入指定国家的手续，最后由该指定国的专利局对该专利申请进行审查，符合该国专利法规定的，则授予专利权。

中国申请是指在中国（不含台湾地区数据）受理的全部相关专利申请，即包含国外申请人及本国申请人向国家知识产权局提交的专利申请。

国内申请是指专利申请人地址在中国大陆的申请主体，向国家知识产权局提交的相关专利申请。

在华申请是指国外申请人在国家知识产权局的专利申请。

第 2 章　呼出气体检测产业基本情况分析

本章从产业发展历程、产业规模、产业结构、政策环节、龙头或骨干企业等角度对全球、中国、天津市呼出气体检测产业进行分析，明晰呼出气体检测产业发展现状，初步判断天津市呼出气体检测产业面临的问题。

2.1　全球呼出气体检测产业现状

2.1.1　呼出气体检测产业发展历程

1. 全球呼出气体检测产业发展历程

呼出气体检测属于新兴体外诊断的即时检测（Point of Care Testing，POCT）领域。从批准上市算起，目前市场规模最大的幽门螺杆菌呼出气体检测的历史不到 25 年，市场发展潜力最大的炎症一氧化氮呼出气体检测的发展才 10 年；而其他呼出气体检测技术还处在市场培育阶段。随着临床对呼出气体检测需求的不断发展，基于质谱的呼出气体检测技术应运而生。呼出气体检测的用途也不断丰富，国外目前在研或临床的技术包括了检测硫化氢、氨、挥发性有机化合物（Volatile Organic Compounds，VOCs）的浓度来进行肺癌、胃癌等多种癌症及糖尿病等慢性疾病的早期筛查和监测。

人体呼出气体由气体、水蒸气和悬浮微粒三部分组成，来源于环境空气和体内细胞及微生物代谢。人体呼出气体中含有大量高浓度的氮气、氧气（16%）、二氧化碳（4%）、惰性气体（0.9%）和水蒸气（1%）。此外，还含有一氧化氮、一氧化二氮、氨、一氧化碳和硫化氢等少数低浓度（ppm ~ ppb）无机气体，丙酮、乙醇、异戊二烯、乙烷和戊烷等种类繁多的超低浓度（大多在 ppb ~ ppt）VOCs，以及一些蛋白质、核酸、微生物和细胞颗粒或碎片等。这些呼出气体检测研究的目标物质都是疾病生物标志物的潜在来源。但就检测便捷性和病种覆盖范围来说，当前呼出气体中的 VOCs 吸引了临床研究和产业技术界的关注。

按照世界卫生组织（World Health Organization，WHO）的定义，VOCs 沸点在 50 ～ 260℃之间，室温下饱和蒸气压超过 133.32Pa，在常温下是以蒸气形式存在于空气中的一类有机物，可分为烷类、芳香烃类、烯类、卤烃类、酯类、酮类和其他化合物。VOCs 广泛存在于大气中。人类的生活生产过程，如食品、钢铁、石油化工等生产过程，机动车排放尾气，室内装潢家具，以及自然界一切动植物的生命活动，都是大气中 VOCs 的重要来源。呼出气体中 VOCs 的来源包括环境（外源性）、宿主（内源性）及微生物群（居住在口腔、肺部和肠道的微生物）。外源性 VOCs 可产生于人类生产活动、自然植物释放等多种过程，它会通过呼吸进入人体或直接通过皮肤被吸收。内源性 VOCs 可产生于人体内多种不同的生化反应过程，如维持细胞膜完整性、能量代谢、氧化应激等各种基本细胞功能均与 VOCs 产生有关。目前认为，氧化应激可能是内源性 VOCs 产生的主要过程。呼出气体中大部分 VOCs 来自外源性，但内源性和微生物 VOCs 在临床上更有意义。呼出气体中的 VOCs 包括芳香族，脂肪族，含氧有机物（醛、醇、酚、羧酸、醚和呋喃），含硫化合物和含氮化合物等。呼出气体冷凝液（Exhaled Breath Coudensate，EBC）还包括生物大分子有机物，如炎症因子、细胞因子、蛋白质、基因等。

2021 年数据显示，呼出气体中含有的 VOCs 已高达 1 488 种，比 2014 年增加了 70%。而且随着研究将更精准的检测技术应用于更多病种和临床场景，这一数字预期还将不断增长。粗略统计，目前经过气相色谱 - 质谱联用鉴定与疾病相关的 VOCs 标记物（也称标志物）超过 200 种，其中绝大部分的分子量位于 0 ～ 500 之间。例如，多项研究发现：丁酮、1- 丙醇和异戊二烯等 170 余种呼出气体 VOCs 标记物与肺癌有关；萘、庚酮、庚烷、苯和癸烷等化合物是结核感染的可能标志物。目前，各类疾病发现的标记物均有数十种，其中，与乳腺癌相关联的呼出气体 VOCs 高达 62 种。随着研究的深入，以多种特征 VOCs 的成分和浓度差异组合作为疾病精细检测的“标记物组合”逐渐成为趋势，以单一的标记物指标异常简单判别疾病的传统操作或将成为过去。然而，目前疾病呼出气体 VOCs 标记物的发现与关联病种、临床应用（如健康筛查、鉴别诊断、治疗评估等）和呼出气体检测分析方法等多种因素有关，不同病种常有交叠。标志物的确定还需要更多基础研究的进一步探索，如从代谢通路的角度夯实呼出气体代谢组学的基础，通过多中心队列研究验证其可靠性。

质谱技术作为化学物质定性分析的“金标准”，在小分子化合物的快速定性定量检测中具有明显优势，适用于人体呼出气体中 VOCs 的检测分析。目前用于呼出气体 VOCs 检测的主要技术包括气相色谱和气相色谱 - 质谱联用

（GC-MS）、选择离子流动管质谱（SIFT-MS）、质子转移反应质谱（PTR-MS）、二次电喷雾电离质谱（SESI-MS）及光电离质谱（PI-MS）等。其中，GC-MS是呼出气体疾病诊断研究领域使用最为广泛的呼出气体质谱检查技术，其具有很好的定性和定量能力，也是目前最为可靠的呼出气体化合物检测分析方法。但由于呼出气体组分的种类繁多、性质各异，通常需要使用不同类型的预分离色谱柱，结合痕量气相组分的预浓缩和富集方法进行分析，极大增加了操作复杂性，样品分析时间较长，检测成本也较高。这成为GC-MS技术从科研向临床应用转化的最大障碍。目前临床应用研究中SIFT-MS、PTR-MS、SESI-MS及PI-MS等是直接质谱检测技术，可以支持呼出气体的快速检测。其中，① SIFT-MS与PTR-MS主要利用试剂离子H_3O^+、NO^+或O_2^+与有机物分子进行化学电离反应。目前研究最多、应用最广泛的PTR-MS通常以H_3O^+为试剂离子。它可根据产物的谱图特征进行检测分析，适用于能与试剂离子发生反应的样品分子检测，如质子亲和势高于H_2O的VOCs。② SESI-MS技术主要依赖于电喷雾电离（ESI）带电粒子与中性气体样品分子之间的气相相互作用，其电离过程非常柔软，适合极性化合物检测，再联合高分辨质谱，如Orbitrap（静电场轨道通阱），可得到分子量稍大的化合物信息。其余的直接质谱检测技术则多以获得小分子代谢物信息为主。③ PI-MS技术则是通过使电离能低于光子能量的待测物分子吸收单个真空紫外线（Vacuum Vltraviolet，VUV）光子能量后直接离子化，其分子离子产率高、碎片化程度低，可用于非极性/弱极性到强极性化合物分析的电离，是一种高效的直接质谱电离技术。

H_2S在肠道细菌过度生长的情况下会在小肠内累积，导致肠道上皮细胞炎症和损伤，而通过呼出气体诊断，可检测出H_2S的浓度变化，能够为肠道菌群的变化及相关的胃肠道疾病，包括结肠癌等，提供一些指征。

幽门螺杆菌产生的尿素酶能迅速将尿素分解为二氧化碳和氨气，目前的呼出气体检测需要服用同位素标记的尿素胶囊检测二氧化碳情况，而通过测定无同位素标记的氨气同样可以检测是否存在幽门螺杆菌感染，从而避免服用同位素尿素胶囊的潜在风险。除此之外，呼出气体中氨气浓度的变化也有潜力被用来评估胃肠道等疾病，为部分胃肠道与肾脏疾病的诊断提供有价值的参考信息。

人体内代谢循环产生的VOCs会有部分通过气道排出，健康人呼出气体中成分相对稳定，如果患有癌症或其他疾病的患者会产生不同的VOCs，导致呼出气体成分改变。检测标志物的浓度变化情况，可以提供一些诊断信息供医生参考。

目前已被美国食品药品监督管理局（Food and Drug Admiuistration，FDA）

批准的呼出气体诊断包括呼出气体中乙醇浓度的检测、呼出气体中氢检测、^{13}C 尿素呼出气体试验、呼出气体中一氧化氮浓度检测等。呼出气体诊断是新兴的体外诊断技术，自 21 世纪以来，全球关于呼出气体诊断的研究论文数量逐年攀升。随着研究不断深入，呼出气体诊断在临床的应用范围逐渐扩展，涉及呼出气体功能检测、哮喘检测、幽门螺杆菌检测、癌症检测、炎症检测等多个方面，其中在幽门螺杆菌诊断方面，$^{13}C/^{14}C$ 尿素呼出气体诊断已成为“金标准”。

近年来，全球多个国家的企业都在积极布局呼出气体诊断市场，其中处于领先水平的公司有英国奥尔斯通医疗有限公司（Owlstone Medical）、以色列 NanoScent 公司及日本松下电器产业株式会社等。从国内来看，受市场前景吸引，国内布局呼出气体诊断的企业数量在不断增加，包括北京华亘安邦科技有限公司（以下简称“北京华亘”）、深圳市中核海得威生物科技有限公司（以下简称“深圳海得威”）、无锡市尚沃医疗电子股份有限公司（以下简称“无锡尚沃”）、深圳市步锐生物科技有限公司、深圳市先亚生物科技有限公司等。整体来看，国内外企业开发的呼出气体诊断产品多集中在呼吸道疾病、消化道疾病、代谢疾病的诊断领域，相比之下，布局癌症诊断领域的企业数量较少。

目前呼出气体诊断已经在临床上得到广泛应用，2019 年，我国呼出气体诊断市场规模超过 24 亿元，其中尿素呼出气体诊断市场占比较高。❶呼出气体诊断市场需求持续攀升，呼出气体诊断市场发展速度加快。整体来看，全球呼出气体诊断市场发展时间较短，目前多数细分呼出气体诊断市场仍处于培育期，但随着相关技术不断突破，以及市场需求释放，未来呼出气体诊断市场发展潜力可期。

目前在癌症诊断领域，多采用液体活检技术。相比于液体活检，呼出气体诊断具有检测迅速方便、完全无创性、可实现即时诊断等优势，在癌症诊断领域的发展前景更广阔。北京新思界国际信息咨询有限公司行业分析人士表示，目前全球呼出气体诊断市场仍处于蓝海市场，随着入局企业数量增加，以及相关技术逐渐成熟，未来十年全球呼出气体诊断产业将迎来爆发增长期。

2. 中国呼出气体检测行业发展历程

近 30 年来，中国经济的快速增长、医疗健康行业持续发展，为该技术在国内的推广应用提供了广阔的市场空间。同时，国内的呼出气体检测技术发展与国外同步，几乎覆盖了国外呼出气体检测所有的领域，包括呼出气体代谢组

❶ 新思界产业研究中心．呼气试验方兴未艾 规模万亿指日可待［EB/OL］.（2023-06-17）［2024-08-23］.https://zhuanlan.zhihu.com/p/637830795.

学与嗅觉人工智能的研究，甚至许多技术领先国外，是为数不多的，能在全球领先的新兴技术领域。中国的呼出气体检测市场在全球范围内的发展较快，覆盖面较广，且聚集了国外几乎所有的呼出气体检测产品。深圳海得威是国内最早专业从事尿素呼气试验产品研发、生产与销售的企业之一，以尿素 ^{14}C 呼气试验技术为主，而北京华恒则以尿素 ^{13}C 呼气试验技术为主。国产设备性价比高、服务好，占据了超过 90% 的国内市场，国外竞品大都选择退出了中国市场。无锡尚沃目前除尿素呼气试验外，覆盖了所有其他新兴的呼出气体检测领域，而且是全球目前唯一拥有多气道、多分子、多方式与多功能呼出气体检测传感器产品技术的企业，在全球呼出气体检测领域拥有最多的产品种类、专利与注册证数目，特别在呼出气 NO 测定技术领域，竞争优势突出。

2020 年国内呼出气体检测市场规模约为 30 亿元，其中尿素呼气试验的贡献超过 90%[1]。但呼出气 NO 测定的复合增长率高达 42.8%，远超尿素呼气试验 22.1% 的增长率。呼出气 NO 测定未来的检测市场包括近 0.5 亿的哮喘患者、1 亿的慢性阻塞性肺疾病（以下简称“慢阻肺”）患者、1.4 亿的慢咳患者与 1.9 亿的过敏性鼻炎患者。随着无锡尚沃多气道、多分子、多方式与多功能呼出气体 NO 检测产品向不同层级医院与基层医疗市场的推广，可检测的病种数目的扩大，未来的市场发展可能更快更大。

2.1.2 呼出气体检测产业规模及产业格局

1. 市场规模

一氧化氮（NO）是一氧化氮合酶（NOS）以左旋精氨酸为底物进行氧化作用而形成的，主要来源于呼吸系统，包括传导性气道、鼻腔和口咽。这些组织包括呼吸道中能够生成 NO 的肺组织、支气管上皮、血管内皮、肺泡和肺间质巨噬细胞，甚至支气管树内的细菌也能产生极少量的 NO。作为体内的生物活性物质之一，NO 可作为信使及调节因子等参与机体许多生理、病理过程，与气道的炎症程度有较好的相关性，可作为气道炎症生物标志物。呼出气 NO 测定具有早期、快速、无创、安全等优越性。测量方法有灵敏度相对较高的化学发光法，以及分光光度法、荧光法、电化学法和离子迁移谱技术，其中后两者可以用于连续实时检测和动态观察。国际上，呼出气 NO 测定的浓度单位为 ppb，其测量水平与呼出气体流速相关，高流速会导致低呼出气 NO 测定值，

[1] 普华有策．呼气分子诊断行业发展现状、代表企业及市场规模［EB/OL］.(2021-09-23)［2024-08-23］. https://www.phpolicy.com/xinwenzixun/492933.html.

低流速则会产生高呼出气 NO 测定值。

从国内呼出气 NO 测定器械竞争情况看，无锡尚沃以 9 个有效注册证的数量处于绝对领先位置，其主要原因在于无锡尚沃为不同的科室需求设定特定采样方式，并联合多部位、多气体检测，可覆盖呼吸科、儿科、耳鼻喉科等科室临床常检与基层筛查体检等多样化的医疗场景。

由于近年来越来越多的临床指南对呼出气 NO 测定在哮喘和慢咳中的诊断分型进行推荐，在 2014—2018 年间，中国呼出气 NO 测定器械市场规模从 0.3 亿元快速增长至 0.9 亿元。2018 年国家卫生健康委员会办公厅发布了《呼吸学科医疗服务能力指南（2018 年版）》，将呼出气 NO 测定列为二级、三级医院呼吸临床标准化建设指南的推荐项目，这一政策的推出预示着呼出气 NO 测定有望从市场培育期进入快速成长期。根据市场调研数据的初步估算，2019 年市场主要厂商无锡尚沃和瑞典的切尔卡其亚有限公司（Circassia）的呼出气 NO 测定器械销售均实现了超过 70% 的大幅增长。随着政策的落地和深入执行，2023 年，中国市场规模为 4 686 万美元，约占全球市场的 19.63%。预计未来几年，中国市场将持续保持高速增长，至 2030 年将达到 10 848 万美元，全球占比将达到 21.19%。[1]

需要注意的是，2019 年由于呼出气 NO 测定器械主要厂商之一的 Circassia 由经销商模式转变为通过自建销售团队进行销售和推广，因此其销售收入在出厂价格有较大提升的背景下出现了跃升，未来其销售收入的可持续性仍有待市场检验。

呼出气体检测应用的主要领域有生物医学、临床医学、环境暴露学、分子流行病学、药物研制、法政刑侦等。现有呼出气体检测诊断的应用主要集中在临床医学领域，以机体代谢和脏器功能评估为主，辅以具体疾病诊断，并有逐步增多的趋势。

2. 重点企业

呼出气体 VOCs 检测已是全球朝阳赛道，除新冠检测外，多家企业在肿瘤、传染性疾病、呼吸道疾病等领域重兵布局。

（1）英国奥斯通医疗有限公司

英国奥斯通医疗有限公司是呼出气体检测领跑者，该公司聚焦在胃肠病、肝病、呼吸道疾病及泛癌种早筛等高难度项目上，率先“啃最硬的骨头”。目前，基于非统一的采样技术是导致文献中同种疾病对应不同生物标志物的主要因素，其主推的 ReCIVA 呼出气体收集器，有望解决呼出气体样本采集标准化

[1] 恒州博智. 呼气分析仪市场现状及未来发展趋势［EB/OL］.(2024-06-26)［2024-08-23］. https://weibo.com/ttarticle/p/show?id=2309405049536652378226.

难题。CrunchBase 官网数据显示，奥斯通医疗有限公司累计完成了 7 轮融资，融资总额 1.329 亿美元，私募投资基金组港投资（Horizons Ventures）是其主要投资者之一。该公司成立于 2016 年，主要核心技术 FAIMS（非对称场离子迁移谱技术）质谱技术源于英国剑桥大学。该公司有两大产品：ReCIVA 呼出气体收集器（完成呼出气体样本收集后送至中央实验室利用 GC-MS 仪器分析）；基于 FAIMS 质谱技术的小型化呼出气体 VOCs 分析设备。在商业化进程上，该公司推出多种癌症筛查与诊断的产品和服务；同时推出了呼吸系统疾病的研究体系，可区分不同类型慢性呼吸炎症疾病，包括哮喘、慢性阻塞性肺疾病（COPD）和特发性肺纤维化。

（2）以色列纳米森特有限公司（NanoScent）

该公司成立于 2017 年，核心技术源于以色列理工学院海依克（Haick）教授，主要结合纳米阵列电子鼻传感器和人工智能技术进行气味识别，能检测多种 VOCs。纳米森特有限公司的气味识别技术应用于环保、消费、医疗等多个领域，其气味识别设备可与智能手机相连，像拍照一样简单地一键识别气体构成。“纳米阵列电子鼻”由纳米金粒子和碳纳米管组成。在纳米金粒子和碳纳米管的表面覆盖了可抓取挥发性有机化合物的配体，被纳米金粒子和碳纳米管抓住的挥发性有机化合物会改变二者之间的电阻，导致电信号改变，这些信号变化会直接输入电脑，在电脑里分析处理。纳米森特有限公司已完成 2 000 万美元的 A 轮融资。

（3）瑞士洛桑联邦理工学院（EPFL）

世界顶级理工学院瑞士洛桑联邦理工学院的研究人员在微传感器网络的帮助下，成功地检测了呼出气体 VOCs 的细微差别。这项技术被称为 MSS，由 EPFL 研究人员海因里希 • 罗雷尔（Heinrich Rohrer）研发，他在 1986 年末获得诺贝尔物理学奖。该技术每个传感器由直径为 500 微米的硅圆盘组成，硅被聚合物覆盖，用四个微型的“桥”与集成的压阻器一起悬浮，通过压阻电桥电信号改变，来确定气体特征及其浓度。其诀窍在于在每个传感器上使用不同聚合物，以获得气体成分的详细情况。在巴塞尔大学与瑞士纳米科学研究所的合作下，EPFL 研究人员在洛桑大学医院的患者身上测试了该设备，结果表明效果令人满意。

（4）美国 Sensigent 公司

美国 Sensigent 公司研发出商品化的 Cyranose 320 电子鼻产品并投入使用。该产品由 32 位电阻型半导体传感器构成，以不同功能修饰的碳纳米管与有机聚合物复合物为半导体材料，仪器嵌有主成分分析、判别分析、支持向量机等数据分析方法，已应用于慢性阻塞性肺疾病、肺癌、哮喘等疾病的研究中。

（5）德国 G.A.S 公司

德国气体分析仪制造商 G.A.S 公司成立于 1997 年。其产品涉及食品、医疗等领域的气体分析仪。其 BreathSpec 呼出气体分析仪是将气相色谱和离子迁移谱（IMS）技术联用 GC-IMS 的分析设备，人体可直接对着 CO_2 和 O_2 肺活量计进行吹气检测，气相色谱柱预分离，数分钟内得出并标示典型的探测结果，分辨率可达 ppt 水平，适用于呼吸系统及其他相关感染和代谢性疾病的快速筛查。其目前可用于人体呼出代谢物快速筛查，吸烟后呼出组分分析，在线监测术中呼出麻醉剂异丙酚分析（血清异丙酚分析），药物代谢动力学研究（人体呼出丙戊酸代谢物分析、桉油精释放动力学研究），炎症发烧引起的呼出组分分析，肉状瘤、肺癌呼出组分分析，糖尿病呼出组分监测等。呼吸炎症疾病包括哮喘、慢性阻塞性肺疾病（COPD）和特发性肺纤维化。

国内，精智未来（广州）智能科技有限公司（以下简称“精智未来”）通过 POCT 呼出气体检测设备，临床跟进了包括新冠病毒检测在内的微生物感染、哮喘等呼吸道疾病、肺癌、ICU 疾病等细分场景，已经完成三轮融资，投资者包括京津冀国家技术创新中心、广东粤港澳大湾区协同创新研究院、真格创业投资基金（以下简称“真格基金”）和深圳市碧桂园创新投资有限公司。

全球呼出气体 VOCs 检测市场热度迅速攀升。从技术层面上看，国内与国外差距不大；从监管层面上看，国外也在积极拥抱呼出气体检测这一新兴技术，美国已经批准了多款呼出气体 VOCs 检测产品，而中国获批的相关产品较少。总的来看，呼出气体 VOCs 分析诊断领域，还未有国际寡头出现，国内外呼出气体检测企业正处于同一起跑线。可以预见，呼出气体检测将带来精准医疗新浪潮，国内外相关企业和产品会竞相迸发。目前，业内在管线和技术路径上的布局各不相同，未来的竞争点将聚焦于两个方向：一是在广阔的应用领域中，从大量可检测项目中厘清呼出气体检测项目布局思路，加速落地；二是推动呼出气体检测技术迭代，让呼出气体 VOCs 检测从专业实验室走向医院、社区、家庭等更多场景。

2.1.3　国外行业政策

1. 美国政策

通过人体呼出气体诊断疾病的技术已有 50 多年研究历史，呼出气体 VOCs 检测在近年来开始得到官方认可和关注，许多专家认为其有着巨大的发展前景，并表示微型呼出气体 VOCs 检测设备在推动临床应用方面具有不可替代的优势。

2023 年 5 月，美国国防部（United States Department of Defense，DoD）下属国防创新单位（DIU）授予 Owlstone Medical 公司“呼出气体诊断”项目。该项目的重点是利用呼吸中的 VOCs 进行人类感染的早期检测，将开发一种能够对无症状呼吸道传染病进行非侵入性检测的手持设备，帮助战场上受限于环境和医疗资源的战士检测早期呼吸道传染病。

2011 年，美国胸科学会发布《对呼出气体一氧化氮水平临床意义的解读》（*An Official ATS Clinical Practice Guideline：Interpretation of Exhaled Nitric Oxide Levels（FeNO）for Clinical Applications*）；

2014 年，美国胸科学会与欧洲呼吸学会发布《重度哮喘国际诊治指南》（*International ERS/ATS Guidelines on Definition，Evaluation and Treatment of Severe Asthma*）。

2. 欧洲政策

2018 年，英国国家卫生与临床优化研究所发布《哮喘的诊断、监测以及慢性哮喘的管理》（*Diagnosis，Monitoring and Chronic Asthma Management*）；

2015 年，美国胸科学会与欧洲呼出气体学会发布《关于下气道和鼻呼出气体中一氧化氮在线和离线测量的标准化程序》（*ATS/ERS Recommendations for Standardized Procedures for the Online and Offline Measurement of Exhaled Lower Respiratory Nitric Oxide and Nasal Nitric Oxide*）。

2.1.4 全球呼出气体检测领域投资并购活跃

1. Owlstone Medical

Owlstone Medical 希望通过开发和应用 Breath Biopsy 实现基于呼吸的早期诊断，帮助更多患者发现疾病的早期征兆，降低医疗成本，挽救更多生命。Owlstone Medical 的技术与产品服务于全球 100 多家公司和学术机构，包括阿斯利康（Astra Zeneca）、爱可泰隆（Actelion 强生旗下公司）和葛兰素史克（Glaxo Smith Kline）等大型制药公司；与美国、英国的多所大学与医院开展临床合作，开发更多呼吸活检领域的产品，提升相关技术水平；在商业化进程上，该公司推出了多种癌症筛查与诊断的产品和服务；推出第一个商业化呼吸活检面罩，可区分不同的慢性炎症性气道疾病，包括哮喘、特发性肺纤维化和慢性阻塞性肺疾病（COPD）。Owlstone Medical 还与英国功能性胃肠病诊所（Functional Gut Clinic ，FGC）和功能性肠道诊断（Functional Gut Diagnostics，FGD）达成合作，思考呼吸活检与诊断肠道健康问题的关联，为小肠细菌过度生长（Small intestinal Bacterial Overgrowth，SIBO）和食物不耐受提供临床检测，努力为更多患者提供高效和高质量的家庭呼吸测试，加快未来消化系统呼吸测试的开发。

2. 深圳市步锐生物科技有限公司

深圳市步锐生物科技有限公司（以下简称“步锐生物”）已完成数千万人民币 A 轮融资，春华资本集团有限公司领投，杭州高略投资管理有限公司跟投。本轮资金将用于其“人体呼出气检测平台”多个病种诊断软件及耗材申报国家药品监督管理局（National Medical Products Administration，NMPA）注册认证、临床试验，以及医院市场的开发与品牌建设。步锐生物成立于 2018 年 12 月，是一家专注于呼出气体检测与疾病生物标志物研究的科技企业，步锐生物旗下平台型产品“人体呼出气检测质谱仪”已于 2021 年获得了 NMPA 认证，这也是在呼出气体检测领域全球首个获批进入临床应用的人体呼出气体检测平台。

3. 精智未来（ChromX Health）

2021 年 10 月，精智未来宣布完成数千万元天使轮融资。本轮融资由真格基金独家投资，资金将用于团队建设、产品研发及临床合作拓展。精智未来是一家基于呼出气体代谢组学检测结合人工智能算法，以实现疾病的精准筛查、诊断、病情监测和智能健康管理的综合性健康科技公司。通过自主研发的超高灵敏度和分辨率的小型呼出气体分析仪，首次实现了呼出气体 VOCs 的 POCT 临床即时检测，突破了呼出气体代谢组学在临床应用上的限制。精智未来将聚焦癌症早筛早诊、感染性疾病检测、重症医学疾病诊断及慢性病个人健康管理等几大细分方向，积极和医院开展大规模临床合作，建立中国人群疾病呼出气体 VOCs 标志物数据库。

2.2　中国呼出气体检测产业现状

本节共分为三个部分，分别介绍中国呼出气体检测产业的市场规模、产业链发展现状及存在的问题、相关政策。

2.2.1　中国呼出气体检测产业的市场规模

1. 产业结构

我国气体检测仪器市场竞争较为激烈，国内气体检测仪表行业由于发展时间较短，民用、商用气体检测仪器技术门槛较低，相关法规要求不严，市场主体主要为国内企业占有，众多小规模企业占据了半数的市场份额。这些小企业通常自主创新能力较差，产品技术含量低，同质化严重，缺乏特色，价格也较为趋同，面临被规模较大企业洗牌的风险。而在工业用气体检测仪器方面，来英思科公司等大型企业的进入，给我国的生产企业造成了一定的压力，经过多年的发展，外国企业的气体检测仪器在我国已经占领了相当大的市场。我国气体检测仪器企业技术相对落后，后期研发能力和研发投入不足，因而在市场上的竞争能力相对较低，尤其在高端仪器检测市场，我国对进口的依赖过大，在高端气体检测仪器市场，进口占市场 40% 左右。部分工业仪器仪表巨头迅速调整方向介入气体检测仪器仪表行业，市场竞争越来越激烈。可以预见，国内一些小型的气体检测仪器仪表企业面临倒闭的危险，而规模相对较大的企业也需要加强研发和技术创新，扩大生产规模，提高市场占有率，并迅速建立核心气体传感器研发和生产能力，以便尽快做大做强，才有足够实力与跨国巨头竞争。

近 30 年来，随着国外包括呼出气体检测在内的相关技术逐步开发，国内经济快速增长、医疗健康行业持续发展，为该技术在国内的推广应用提供了广阔的市场空间。同时，国内的呼出气体检测技术发展几乎与国外同步，几乎覆盖了国外呼出气体检测所有的领域，包括呼出气体代谢组学与嗅觉人工智能的研究，甚至许多技术领先国外，是为数不多可能在中国形成呼出气体检测全球领先的新兴技术领域。中国的呼出气体检测市场在全球范围内的发展较快且覆盖面较广，且聚集了国外几乎所有的呼出气体检测产品。

呼出气体检测在国内开展较多的是尿素呼气试验，而呼出气 NO 测定、H_2/CH_4 呼气检测、呼出气 CO 测定属于新兴项目，还处在市场培育阶段，呼出气体检测器械市场整体规模从 2014 年的 9 亿元人民币增长到 2018 年的 19 亿元人民币，复合年增长率为 19.5%；未来受新兴呼出气体检测项目接受度提高及不断增加临床覆盖的驱动，2023 年，呼出气体检测市场规模达到 51 亿元[1]。

由于尿素呼气试验（Urea Breath Test，UBT）已经开展数十年，在国内市场占据主导地位，2018 年其市场份额占比高达 94.5%。剩余呼出气体检测市场被呼出气 NO 测定、H_2/CH_4 呼气检测、呼出气 CO 测定瓜分，市场份额分别为 4.7%、0.7% 和 0.1%。

[1] 普华有策．2021-2027 年呼气分子诊断行业深度调研及投资前景咨询报告［EB/OL］.(2021-09-23)［2024-08-23］.https://m.baidu.com/bh/m/detail/ar_9181329688529268276.

2. 呼出气体检测区域竞争情况介绍

目前中国国内的呼出气 NO 测定监测器械市场由无锡尚沃、Circassia 和 Eco Physics 三家公司主导，无锡尚沃作为国内领先、处于主导地位的国产厂商，占据 65.7% 的市场份额。Circassia 和 Eco Physics 则分别排名第二和第三，共占据 34.3% 的市场份额。从终端用户市场看，无锡尚沃作为行业领头者已经覆盖了中国 30 个省、自治区、直辖市的医疗机构，是所有厂商中覆盖最广的。从覆盖医院数量来比较，领头羊无锡尚沃目前已覆盖中国 1 800 家左右的医院，Circassia 覆盖了约 400 家医院。

3. 氢 / 甲烷呼出气体检测市场

正常情况下，人体不产生氢和甲烷，它们的体内唯一来源为小肠内的厌氧菌代谢糖类的产物。厌氧菌偏好代谢的糖类分子，糖类分子在发酵反应最初的阶段，被分解成短链脂肪酸（SCFA）、二氧化碳、甲烷和氢气。正常情况下，小肠部位细菌很少，一旦发生肠道菌群失衡或代谢紊乱的病理状态，则会导致糖类不耐受与小肠细菌过度生长（SIBO），产生包括 H_2、CH_4 与 H_2S 在内的高出正常浓度的肠道气体。因此可以通过检测呼出气中气体成分组成，检测肠道菌群紊乱相关的糖类不耐受与 SIBO 及其相关的各类疾病。小肠细菌过度生长是氢和甲烷呼出气体检测的主要检测对象，过度生长的肠道菌群在小肠近端迁移，参与碳水化合物代谢，并分泌氢气，从而在呼出气体中被检测到。目前市场上，对于小肠呼出气体检测的校准主要通过呼出气体 CO_2 或 CO_2/O_2 浓度进行。采用的氢气测定的传感器包括固态传感器或电化学传感器。2007 年发布的《胃肠道疾病氢呼气试验的方法和指征罗马共识》（以下简称《罗马共识》）提出将氢呼气检测用于临床诊断的技术标准后，经过多年发展，于 2017 年发布的《胃肠疾病氢和甲烷呼气试验：北美共识》（以下简称《北美共识》）中，对氢呼气检测的临床应用进行了更新。尽管国际上氢和甲烷呼出气体检测的临床认可度不断提升，但在国内氢和甲烷呼出气体检测仍处于早期市场培育阶段。尽管氢和甲烷呼出气体检测被使用于多种疾病检测，但被共识推荐认可的为小肠细菌过度生长和糖类吸收不良，且以小肠细菌过度生长最为常见。

氢和甲烷呼出气体检测进入国内市场不久，市场规模较小但发展迅速，从 2014 年的 170 万元人民币增长到 2018 年的 1 390 万元，复合年增长率达到 68.9%，而随着国产氢和甲烷呼出气体检测器械上市并逐渐加强市场推广，2023 年氢和甲烷呼出气体检测市场规模达到 1.3 亿元。

4. 呼出气体检测重点企业介绍

（1）深圳海得威

深圳市中核海得威生物科技有限公司创立于 1996 年，是国内唯一具有自主知识产权的专门从事呼出气体诊断系列检测仪器、试剂研制和生产的高新技术企业，由中国同位素有限公司及上市公司中核苏阀科技实业股份有限公司等股东投资管理，是深圳市政府重点扶持的十大高新技术企业之一，也是国家科技成果推广示范基地的重点推广示范企业。深圳海得威地处高新技术产业园区，拥有面积为 2 000 平方米并通过国家 GMP 认证的现代化厂房。该公司现有博士和硕士多名，员工中 80% 具有本科以上学历，拥有较强的产品研究、开发能力。该公司已和国内著名学府和研究院所建立技术开发协作关系。深圳海得威严格按照现代化的科学理念进行管理，具有完整的质量保证体系。2003 年该公司顺利通过 ISO9000 质量保证体系认证和 GMP 质量保证体系认证。深圳海得威起初由深圳大学马永健教授等 3 个自然人发起创立。4 年后，中核集团中核苏阀科技实业股份有限公司参股后，深圳海得威逐步国有化。2007 年 1 月，中核集团另一家企业中国同位素有限公司（后改名为中国同辐股份有限公司，以下简称“中国同辐”）参股深圳海得威，使得该公司正式由民营企业转化为国有控股企业。2007 年 9 月，深圳海得威凭借国有资本的强大实力，以聚焦战略为根本，以资本运作为手段，整合我国呼出气体诊断领域优势资源，成功收购国内另外一家从事呼出气体诊断产品生产的企业安徽养和医疗器械设备有限公司，使得深圳海得威市场占有率进一步提高。特别是一年后，深圳海得威并购原子高科股份有限公司 ^{13}C 项目，深圳海得威股权结构更为稳定，成为以中国同辐为主、国有资本占比 82%、非公资本占比 18% 的国有资产控股的混合所有制企业。

（2）无锡尚沃

无锡市尚沃医疗电子股份有限公司于 2008 年 5 月 20 日注册成立，是无锡市引进的海外高层次人才创办的“530” A 类企业，系国家高新技术企业、药监诚信企业。无锡尚沃主要从事生物标志物分子诊断呼出气体检测医疗器械电子产品的研发、生产、销售与服务，用于呼吸道、肠胃道、心血管疾病及环境与饮食健康的医院常检、基层体检与家庭自检。创办者韩杰博士曾在美国长期从事生物医学传感器分子诊断技术与市场开发，先后获得 1997 年度国际费曼（Feynman）纳米科技奖与 2000 年度美国 NASA 科技创新领袖奖等 10 余个奖项，发表国际论文 100 多篇，参与编写纳米生物医学等专著 4 本，曾先后担任美国 NASA 纳米技术中心及中国国家纳米技术工程中心的首任主任。在新兴的呼出气体分子诊断技术领域，无锡尚沃通过完全自主创新拥有的技术专利、产品种类与医疗器械产品注册证的数目均大幅度领先国内外竞争对手，先后获得 2013 年国家创新创业初创组第二名等资质荣誉近 30 项，包括纳库仑呼气分析仪、纳库仑呼气氢分析仪、纳库仑一氧化氮检测器、纳库仑一氧化碳检测器、纳库仑氢气检测器等。无锡尚沃的产品已经进入国内多个省市的大型医院。无锡尚沃致力于呼出气体分子诊断原创产品开发、医疗健康气检蓝海市场的开拓。

（3）北京华亘

北京华亘安邦科技有限公司成立于 2002 年 7 月，总部位于北京 798 艺术区，是一家集研发、生产、销售于一体的高新技术企业。该公司致力于高科技医疗产品的研发、制造、销售与服务，在北京、广州、泰州均建有研发及生产基地。旗下全资子公司有：北京华亘医学检验实验室有限公司、华亘智能医学研究院（北京）有限公司、广州华亘朗博药业有限公司、广州华友明康光电科技有限公司、江苏华亘泰来生物科技有限公司、华亘致远（香港）有限公司。该公司服务于消化、内镜、健康管理等多个领域，致力于消化道早癌的防治，拥有多款消化道疾病诊疗系列产品和技术。如 ^{13}C 呼气检测仪、幽门螺杆菌诊断试剂盒——幽立显、MiroCam 胶囊内镜检查、碳氢呼气一体分析仪——国内首创、PG Ⅰ/PG Ⅱ早癌筛查、海立克幽门螺杆菌抗原检测试剂盒（胶体金法）等。

（4）湖南步锐生物科技有限公司

湖南步锐生物科技有限公司（以下简称“湖南步锐”）是一家专注于人体呼出气体检测与疾病评估研究的医疗高新技术企业，基于呼出气体代谢组学研究，自主研发了质谱技术与人工智能结合的人体呼出气体检测平台，帮助临床医生提升诊断精度和效率，为患者提供更佳的诊断体验和治疗效果。湖南步锐作为呼出气体检测技术的领航者，未来将为国内外医疗服务机构提供更精准、更快速、更简便、更经济、高依从、高通量的多病种筛查及鉴别诊断解决方案。该公司研究与技术团队由来自精密仪器、医学、代谢组学、人工智能、化学分析和高分子材料领域的年轻专家组成，拥有丰富的研发经验和创造能力。湖南步锐是国内最早布局呼出气 VOCs 检测的企业之一。湖南步锐依托与中国科学院大连化学物理研究所李海洋研究员团队合作开发的高气压光电离 - 飞行时间质谱（HPPI-TOFMS）技术进行呼出气检测用于疾病诊断的探索与研究工作。该团队基于 10.6 eV 的 VUV-Kr 灯开发了高气压光电离源，结合高效射频离子传输系统，在相对湿度 100% 条件下可以实现酮、醇、酸、含硫化合物、含氮化合物等痕量小分子挥发性有机代谢物的检测，是近年来用于人体呼出气研究的新技术。HPPI-TOFMS 可以实现呼出气样本直接进样快速检测，省去吸附富集过程，无须样本分离纯化预处理，使得呼出气检测产品化及大规模进入临床应用成为可能。目前，湖南步锐申报的人体呼出气检测质谱仪，已获得国家药品监督管理局（NMPA）审批的二类医疗器械注册认证（CFDA Ⅱ）（湘械注准20212221412）其主要研究集中在感染性疾病和肿瘤领域，已经在结核病、肺癌、食管癌、阿尔茨海默病等病种中展开了多项前瞻性临床研究，在国外多家知名期刊发表多篇高水平学术论文。此外，湖南步锐自主开发的基于呼出气的肺结核诊断技术，在临床队列和肺结核入学筛查项目开展了大规模实践验证研究，均具有良好的准确度、灵敏度和特异性。

湖南步锐发展历程如下：2015年5月，与中国科学院组建初始合作研究团队；2018年5月，人体呼出气检测质谱仪经四次迭代，四号验证机实现重大技术突破；2018年12月，湖南步锐生物科技有限公司成立；2019年10月，获得奇迹之光基金的天使轮投资；2019年12月，试验产品SCENT-I与医院合作研究，开启肺结核、肺癌和食管癌的大规模样本检测；2020年9月，完成肺癌和肺结核数千例样本数据建设，研究病种取得良好的诊断准确率；2021年4月，获得前海长城基金管理（深圳）有限公司、杭州比邻星投资合伙企业（有限合伙）、深圳市紫金港资本管理有限公司的pre-A轮投资；2021年7月，湖南步锐取得人体呼出气检测质谱仪Ⅱ类CFDA证书，完成关键岗位的团队搭建，建成万例人体呼出气体样本数据库。

（5）浙江亿联康医疗科技有限公司

浙江亿联康医疗科技有限公司（以下简称“亿联康医疗”）成立于2016年，专注于“高精度生物传感器制备检测技术+数字化诊疗人工智能辅助决策算法研究和应用”，致力于成为呼吸、代谢等疾病领域涵盖筛查、诊断及人工智能辅助诊疗管理等各个环节的整体解决方案和数字疗法服务提供商。亿联康医疗已申请近百件专利，已获得国内国际医疗器械注册证超过20个。公司研发的“优呼吸”和Accugence系列产品已销往全球数十个国家，服务于全国近万家医疗机构。

（6）合肥微谷医疗科技有限公司

合肥微谷医疗科技有限公司于2017年8月23日成立，经营范围包括：医疗器械的研发、生产、销售及推广；生物、电子、仪器、传感器、计算机软硬件专业领域内的技术开发、技术咨询、技术转让、技术服务；日用口罩（非医用）生产及销售；医用口罩的生产及销售；口罩机的生产、组装和销售；货物或技术进出口（国家禁止或涉及行政审批的货物和技术进出口除外）；消毒产品（除危化品）生产和销售；无纺布销售；化纤销售；分析仪器、检测仪表及其元器件、计算机及网络设备的生产、销售；计算机软硬件的研发与销售；电子仪器、传感器的销售；智能电子穿戴设备及其饰品的研发与销售；智能电子穿戴设备电子产品、硬件、集成电路及相关产品的开发、销售、技术转让及售后配套咨询、维修服务；医药及医疗器械信息咨询、市场策划、市场调查、信息推广服务；会务服务等。

2.2.2 中国呼出气体检测产业链发展现状及问题

呼出气体检测是新兴的体外诊断 POCT 领域，从药监批准上市算起，目前市场规模最大的幽门螺杆菌呼出气体检测的历史不到 25 年，市场发展潜力最大的呼出气 NO 测定的发展才 10 年；而其他的呼出气体检测技术还处在市场培育阶段。

1. 尿素 $^{13}C/^{14}C$ 呼气试验

通过服用 $^{13}C/^{14}C$ 标记的尿素胶囊，在被幽门螺杆菌分泌的尿素酶分解后会产生 $^{13}C/^{14}C$ 标记的 CO_2，经血液循环后从肺部排出，进而在患者呼出气体中检测并进行诊断。

代表公司：深圳海得威、北京华亘。

2. 呼出气 NO 测定

呼出气 NO 测定（Fractional exhaled nitric oxide，FeNO）是一种定量、安全、简易、易于配合的气道炎症检测方法。若 FeNO 水平高，则诊断为嗜酸性炎症的哮喘、慢咳、鼻炎与慢阻肺等气道疾病；若 FeNO 水平较低，则判断为非嗜酸性粒细胞炎症性疾病。

代表公司：无锡尚沃。

3. H_2/CH_4 呼气检测

H_2/CH_4 是胃肠道菌群紊乱相关的糖类不耐受与小肠细菌过度生长（SIBO）的分子标志物。通过口服糖类底物后测定呼出气体中 H_2/CH_4 含量以反映消化道生理病理变化，可以诊断多种由肠道菌群变化引起的胃肠疾病。

代表公司：无锡尚沃。

4. 呼出气 CO 测定

呼出气 CO 是氧化应激或全身炎症的分子标志物。国外已经有临床应用测定呼出一氧化碳作为慢阻肺、哮喘等患者气道炎症和氧化应激的无创监测手段之一，并用来评估烟草与空气污染的健康危害。

代表公司：无锡尚沃。

5. 呼气末 CO 检测

呼气末 CO 是溶血性疾病分子标志物，是国内外新生儿高胆红素血症诊断指南推荐的常检项目。新生儿呼气末 CO 检测需用鼻氧管潮气呼吸的方式测定，同时还要监测呼气末 CO_2，并对呼气末 CO 校正。

代表公司：无锡尚沃。

呼出气体检测器械市场的未来趋势主要包括以下几方面：不断丰富的呼出气体检测应用场景，使得更多的气体类型将被运用到检测以往难以用气体检测的疾病领域以辅助诊断。例如，研究表明高浓度的 H_2S 会削弱细胞的呼吸作用，也会导致肠道屏障功能受损，引起慢性肠道炎症性疾病。H_2S 也涉及细胞增殖等病理过程，与结肠癌恶化相关。因此，通过呼出气体诊断及时检测 H_2S 浓度的变化可以为肠道菌群的变化提供一些指征，防止胃肠道疾病进一步发展。NH_3 呼出气体检测也是未来检测方向之一。呼出气体中 NH_3 的产生与体内氮的代谢有关，与血液中的血尿素氮存在一定的线性关系，可以通过检测呼出气体中的 NH_3 含量来诊断肾脏功能和对血液透析效果作出间接评价。除此之外，已经被广泛运用的呼气检测类型正不断拓展新适应证，例如，目前 H_2、NO 与 NH_3 呼气检测在经过更多的科学证实后有望未来被运用于体内幽门螺杆菌感染的量化检测，优化已存在的检测手段，为防治胃肠道疾病作出贡献。此外，结合模型算法的多部位呼出气 NO 测定有望用于更精准的气道炎症、肠道炎症、其他部位及全身炎症性疾病的检测。

更精准、更高时效的检测技术电化学技术在呼出气体检测运用中比较成熟，但因为其传感器有使用寿命问题，导致测量稳定性有待提高。目前的研究热点主要集中在激光光谱技术和呼出气冷凝物检测技术。激光光谱技术是一种可以检测超低浓度的高分辨率检测技术，相比于传统方法，其优势不仅在于缩短实时检测的时间，还可以省去对检测样品进行类似离子化的处理过程，拥有巨大的潜力。

另外，呼出气体冷凝物被证明可以一定程度反映人体的健康状态，针对冷凝物的检测，包括基础的标记免疫方法和更为进阶的液相色谱质谱、生物传感器、双色荧光的量子点应运而生，有希望被更广泛地运用于临床研究，使呼出气体检测变得更加快速和准确。研究显示，人体细胞在进行生化反应时会释放 VOCs，当罹患癌症或其他疾病时细胞代谢模式会发生改变，进而释放不同模式和数量的 VOCs，即为不同的呼吸指征，这些指征可以让机器判断出受试者是否患有癌症。该技术运用人工智能的纳米阵列，由单壁碳纳米管随机网络与经分子修饰的金纳米颗粒组成，布满高特异化的传感器，在收集气体之后通过算法判断这些数值是否达到不同疾病致病时表现出的标准。该类呼出气体测试可以同血液和尿液测试同时进行，简便快速，帮助医生更全面地了解疾病；同时以完全无创的方式提供测试者全身快照的概念，可以使患者免于不必要的侵入性检测。

多部位、多气体精准检测的《2017 ERS 肺部疾病呼气标志物欧洲技术标准》(*A European Respiratory Society Technical Standard: Exhaled Biomarker in*

Lung Disease）及最近的欧美多个气道与过敏性疾病精准医疗共识推荐上下气道（FeNO+FnNO）与大小气道（FeNO+CaNO）多部位呼出气 NO 测定，用来提高 FeNO 用于哮喘与慢咳诊断的精准性，并用于鼻炎、慢阻肺与间质性肺等疾病检测。此外，还推荐 VOCs 与 EBC 多气体检测，其中包括 NO、CO、H_2S 三大气体信号分子的检测，进一步提高呼气检测的适应证与精准性。

《北美共识》认为，在氢呼气检测的基础上，同时检测甲烷与硫化氢等细菌代谢的多种气体，可以提高对肠道菌群代谢紊乱相关的糖类不耐受与 SIBO 及其相关疾病检测的适应证与精准性。《自然》等权威期刊还发文认为可通过检测氢、甲烷、硫化氢与一氧化氮等肠道代谢气体，来检测肠道菌群代谢紊乱、炎症及其相关的胃肠道、心血管、呼吸道与神经性等疾病。

呼出气体质谱检测技术作为新兴的呼气代谢组学的基础，近年在疾病诊断领域取得了巨大的发展。然而呼出气体作为代谢链路的最末端，其复杂程度也是前所未有的，因此呼出气体质谱从科学研究走向临床应用，在呼出气体质谱技术在临床研究有效的基础上，还亟须更好地解决如下问题。

①受试者呼出气体样品采集的精准化与规范化。

人体呼出气体样本具有复杂且不稳定的特点。受试者呼吸的方式、呼出气体采集的时间、采集的装置等都直接影响采集的样本中包含的代谢化合物的浓度。采集后的存储同样也极具挑战。呼出气体采集后会随着温度的变化、存储环境的不同而发生不同程度的物理变化。因此呼出气体检测技术临床应用亟须探索确定稳定可靠的呼出气体采集流程、呼出气体存储装置和方法。

②高覆盖、高灵敏、高通量、高稳定的质谱分析方法和仪器开发。

呼出气体组分复杂，包含数百种 VOCs，且属于痕量级，通常在 ppm ～ ppt 量级，对呼出气体检测设备的检测灵敏度、电离覆盖度等提出了较高的要求。这部分的技术参数直接决定对应的检测技术的应用范围。此外，临床应用也对呼出气体检测技术的通量和稳定性有较高的要求。这部分的技术参数决定对应的检测技术能否满足长期大量的临床需求。因此，呼出气体分析方法的效率和可靠的质量控制方法也是各质谱技术向临床应用转化需要考虑和解决的技术问题。

③疾病呼出气体代谢标志物发现和多中心、大规模验证。

人体呼出气体中 VOCs 来自两个方面：一方面是外源性 VOCs，与所处的环境等相关；另一方面是内源性 VOCs，除了因疾病导致的变化外，还在一定程度上受到年龄、性别、吸烟、饮食、药物摄入、基础疾病、微生物等因素的影响。寻找被普遍认可及专家共识的明确疾病相关生物标志物，是质谱分析方法应用临床的生物学基础。其发现依赖于基础研究和临床研究的有机结合，而其验证则需要多中心、大规模呼出气临床队列研究。

2.2.3 中国呼出气体检测产业相关政策

呼出气体检测行业未来的发展受到国家多方面政策的支持，包括分级诊疗体系的完善，慢病管理日益受到重视，国家对创新器械的鼓励及医疗器械审评制度的改革。

1. 分级诊疗

体系的完善通过分级诊疗体系建设的不断推进，基层医疗分级诊疗机构对体外诊断产品的需求量会不断增加。

2015 年，发布《国务院办公厅关于推进分级诊疗制度建设的指导意见》；

2016 年，发布《国务院关于印发"十三五"深化医药卫生体制改革规划的通知》；

2017 年，《卫生计生委 中医药局关于印发进一步改善医疗服务行动计划（2018—2020 年）的通知》；

2. 慢病管理日益受到重视

慢病管理及慢病早诊早治逐渐受到重视，方便、快捷、准确的体外诊断产品能够帮助慢病患者长期监测病情。

2016 年，发布《国家卫生计生委办公厅关于印发国家慢性病综合防控示范区建设管理办法的通知》；

2017 年，发布《国务院办公厅关于印发中国防治慢性病中长期规划（2017—2025 年）的通知》；

3. 国家对创新器械的鼓励

国家明确提出鼓励支持体外诊断产品和 POCT 等产品创新升级换代和质量性能提升。

2016 年，发布《国务院办公厅关于促进医药产业健康发展的指导意见；医药工业发展规划指南》《国家发展改革委关于印发〈"十三五"生物产业发展规划〉的通知》；

2017 年，发布《"十三五"医疗器械科技创新专项规划》《发展改革委关于印发〈增强制造业核心竞争力三年行动计划（2018—2020 年）〉的通知》；

4. 医疗器械审评制度的改革

为促进药品医疗器械产业结构调整和技术创新，对医疗器械的审评审批制度进行了改革，加速审批使医疗器械企业能够更快速地将产品投入市场。

2015 年发布《国务院关于改革药品医疗器械审评审批制度的意见》；

2017 年发布《中国中央办公厅 国务院办公厅印发〈关于深化审评审批制度改革鼓励药品医疗器械创新的意见〉》；

2018 年发布《创新医疗器械特别审查程序》。

呼出气体质谱检测研究已探明的疾病谱较为广泛，已涉及数十种疾病，包括肿瘤、感染性疾病、呼吸系统和消化系统疾病，以及其他代谢显著变化的重大疾病（慢性代谢、心血管、神经、精神疾病等），如肺癌、乳腺癌、结直肠癌、胃癌、头颈癌、卵巢癌、前列腺癌、肾癌、膀胱癌和肝癌等恶性肿瘤，新冠肺炎、结核、铜绿菌感染、流感、曲霉菌感染、疟疾、幽门螺杆菌感染和肝炎等多种病毒、细菌、真菌和寄生虫感染病，以及食管炎、胃炎、胃溃疡、炎性肠病、肠应激、肝硬化、肝衰竭、糖尿病、心绞痛、阿尔兹海默病、帕金森病、精神分裂症和肌萎缩侧索硬化症等。呼出气体代谢研究广泛涉及健康筛查、鉴别诊断、治疗评估、预后管理及发展预测等临床全病程场景，其中以疾病筛查诊断最为热门。

近年来，气相色谱质谱（GC-MS）、离子流动管质谱（SIFT-MS）、质子转移反应质谱（PTR-MS）、二次电喷雾电离质谱（SESI-MS）及光电离质谱（PI-MS）等设备也在不断创新和改进，并不断投入到相关探索和验证研究中，相应的采样检测分析标准和流程也在不断规范和标准化。大量高水平研究论文的发表，更多呼气代谢研究平台和（产学研联合）实验室的构建，以及研究基金的支持和厂商的积极参与，正在推动呼出气体质谱检测研究和产业发展渐入佳境。

呼出气体检测以其简单无创和低成本的特征，对比常规体液检查和影像检查，在日常健康体检和大规模疾病筛查领域具有绝对优势，未来可满足家庭、社区和特定单位等精准度要求不高的 POCT 健康检查和持续监控要求。高精简且操作简便的新型质谱仪可用于医疗和科研机构的多病种全周期临床检测和研究中。

中国的呼出气体检测市场在全球范围内的发展较快且覆盖面较广，且聚集了国外几乎所有的呼出气体检测产品。以广谱 VOCs 检测为基础的产品技术，在心脏移植等领域的产品已获 FDA 和欧洲药品管理局（European Medicines Agency，EMA）等各国药监部门批准临床应用、紧急授权外，并有大量企业和医疗卫生中心合作开展大量的临床应用研究。总体而言，目前呼出气体检测临床应用正处于行业爆发的前夜，呼出气体检测技术在肺结核等呼吸道传染病领域的应用已得到广泛证实，在乳腺癌和肺癌等癌症早筛领域的应用也备受关注。步锐生物呼出气体结核辅助诊断产品即将完成注册临床前研究，目前阶段性结果符合预期。临床应用指日可待。而在其他疾病领域，呼出气体质谱检测正处于多病种全周期医学科研的火热开展阶段。以步锐生物和英国 Owlstone Medical 为代表的国内外领先呼出气体质谱检测公司均以自身呼出气体代谢组学科研平台为基础，与合计近百家顶级医疗机构开展多病种科研合作和服务。因此，呼出气体检测技术在未来医疗领域将有广阔的临床应用前景，具有发展成为常规临床检测手段的潜力，将为未来精准快速医疗提供重要力量。

2.3 天津市呼出气体检测产业现状

本节共分为两个部分，分别介绍了天津市呼出气体检测产业的发展基本情况和产业政策。

2.3.1 天津市呼出气体检测产业发展基本情况

1. 天津理工大学生命健康智能检测研究院王铁教授团队研发出呼出气体检测气体传感器和医用高性能离子迁移谱

王铁教授多年来专注于呼出气体检测相关研究，是国内较早专业从事呼出气体检测的团队之一，成果颇丰，其中以用于疾病检测的 α 智能电子鼻和医用高性能离子迁移谱最为成熟，有望成为激活体外诊断市场的新亮点。该项目入驻天开高教科创园，进行产业对接，实现产品和技术产业化，开创疾病呼出气智能检测的新市场。

α 智能电子鼻是一款对多种疾病进行呼出气体智能检测的电子设备，突破了呼出气体检测领域关键技术，通过多年从基础研究到应用研究的原始创新积累，实现了人体真实环境下对呼出气体中的疾病标志物分子进行高灵敏、实时、快速测量，具有 ppb 量级的检出限和秒级的响应速度。其检测结果由蓝牙传输到手机界面，以不同颜色的键显示，绿色表示健康，红色表示不健康。α 智能电子鼻尺寸小重量轻，是一种便携式设备，可服务于家庭和社区、乡镇医院等多种医用场景。

医用高性能离子迁移谱是一款小型便携式人体呼出气体检测仪器，通过检测人体呼出气体中的疾病标志物实现恶性疾病的早期筛查，属于自主研发关键部件和系统，突破“卡脖子技术”，具备自主研发和替代进口的能力。该设备还可用于术中无创麻醉监测，为麻醉师提供实时的麻醉状态监控数据。医用高性能离子迁移谱从气体分离、高效电离、高分辨检测三个层次分别提高仪器针对呼出气体检测的抗扰能力、灵敏度和分辨能力，实现在复杂气相流体中痕量物质的高效检测。

2. 天津大学微纳机电系统实验室研发呼吸智能口罩

段学欣教授课题组报道了一款可以直接检测人体呼出气体是否含有冠状病毒病原体的智能口罩，相关成果发表在国际权威杂志《生物传感器和生物电子》（*Biosensors and Bioelectronics*）上。该论文的第一作者为天津大学青年教师薛茜男和硕士生阚心远，通信作者为段学欣教授。

在这项工作中，该课题组设计并开发了一款集成微纳传感器的智能口罩，用于解决呼出气体中病毒含量低的问题。该传感器由排列精密的纳米线阵列构成，纳米线的线宽与间距与目标病毒颗粒物的尺寸相匹配，通过原位掺杂可特异性捕获冠状病毒的生物高分子材料，有效提高了传感器对纳米尺度病毒颗粒物的捕获效率。针对人体呼出气体的复杂性和口罩结构的特殊性，传感器采用三明治结构的柔性封装技术，外层采用亲水多孔材料，有效防止湿度及呼出气中其他颗粒物的干扰，同时可以起到富集病毒抗原的作用。传感器采用免疫传感的原理，捕获的病毒抗原可以引起传感器的阻抗信号改变。在核心器件的基础上，该课题组进一步开发了包括 A/D 转换器、运算放大器和无线传输单元在内的小型阻抗电路。通过集成的电学系统，检测结果可以实时无线地传输到智能手机 App 上，直观地显示病毒检测结果。作为可穿戴“及时检测”系统（POC），整个系统的重量仅为 7.6g，完全不影响口罩佩戴的舒适性。实验结果表明，该智能口罩可以在短短 5 分钟内分辨出雾化样本中的冠状病毒气溶胶模拟物（猪传染性胃肠炎病毒），检测极限达到 7 pfu/mL。对照同样大小腺病毒的检测结果，传感器显示出对冠状病毒有较好的选择性。另外，传感器中的纳米线阵列通过纳米印刷方式制造，具备低成本和可大规模制造的潜力。该款小型阻抗病毒气溶胶传感器具有直观、安全、简单、非侵入性、适用于广泛的人群、易于储存且价格低廉等优势。该智能口罩可广泛用于机场、海关、医院等对潜在的病毒感染者的快速筛查，无线通信系统使口罩佩戴者或管理员能够通过手机、平板电脑等智能终端安全地获取信息，快速作出决策。若检测结果呈阳性，佩戴者可进行进一步检查以确认是否感染。此外，开发了可以用于检测呼出气体中病原体的智能口罩，使用该智能口罩不需要训练有素的医务人员，可以在任何时间段及任何地方进行，检测病毒的同时也防止其通过气溶胶传播。该抗原检测 POC 装置不依赖于靶点扩增，可实现快速、方便地筛选大量携带冠状病毒的人群。对已确诊的阳性感染者可进一步进行常规 RT-PCR 逆转录—聚合酶链式反应检测，从而减轻了 PCR 检测全部疑似病例的繁重工作量。作为一款通用的检测装置，该智能口罩可以通过更换不同的抗体实现对呼出气体中其他病原体的检测，缩短确诊周期，提高被试人员舒适性，在控制大流行病方面有着很重要的意义。

2.3.2 天津市呼出气体检测产业政策

为贯彻落实高质量发展要求，发挥检验检测支撑引领作用，按照国家认证认可监督管理委员会开展“检验检测促进产业优化升级”行动要求，天津市市场监督管理委员会制定了《检验检测促进产业优化升级工作方案》。天津市未来将加强检验检测高技术服务业集聚区和检验检测认证公共服务平台示范区建设，聚焦天津市产业集群发展需求，支持机构搭建各类线上线下检验检测公共技术服务平台，提升自主创新和服务创新能力。建立企业检验检测人员实训基地和检验检测公共服务综合体，满足中小微企业在技术指导、人员培训、科技成果转化等方面的需求。

第 3 章 呼出气体检测产业与专利关联性分析

本章从呼出气体检测技术发展、企业地位和产业转移等不同角度论证了呼出气体检测产业链与专利布局的关联度；以呼出气体检测产业链与专利布局的关联度为基础，进一步从技术控制、产品控制及市场控制等角度论证全球呼出气体检测产业竞争中专利控制力的强弱程度，揭示专利控制力与产业竞争格局的关系。

3.1 产业创新发展与专利布局关系分析

3.1.1 专利布局与技术发展如影随形

图 3-1 展示了呼出气体检测技术发展与专利布局之间的关系。

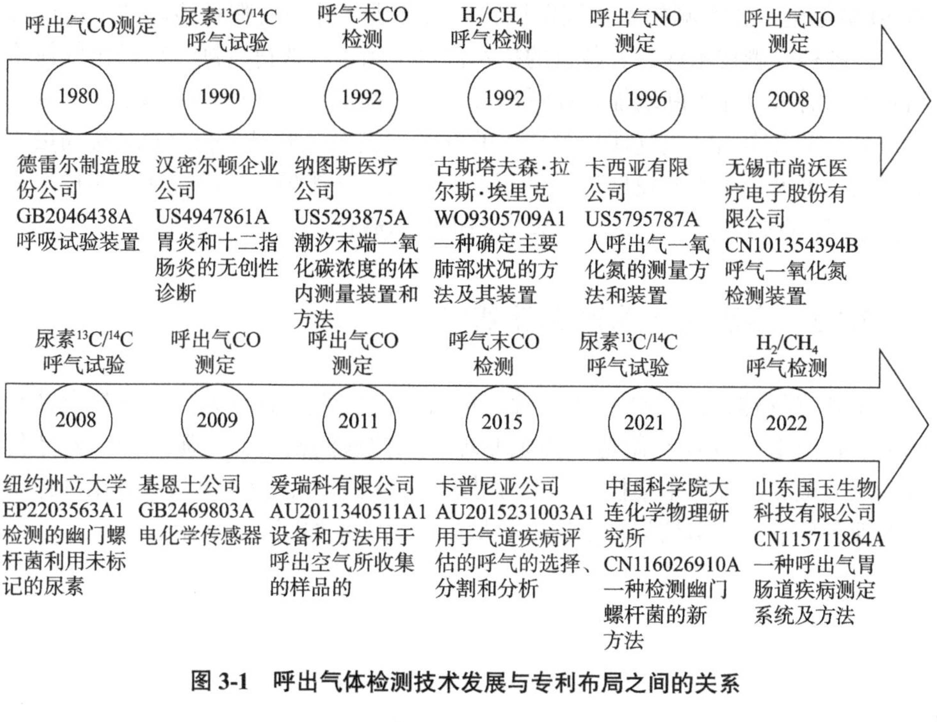

图 3-1 呼出气体检测技术发展与专利布局之间的关系

呼出气体检测技术主要包括5种：①通过服用 $^{13}C/^{14}C$ 标记的尿素胶囊，在被幽门螺旋杆菌分泌的尿素酶分解后会产生 $^{13}C/^{14}C$ 标记的 CO_2，经血液循环后从肺部排出，进而在患者呼出气体中检测进行诊断；②呼出气NO测定（FeNO）是一种定量、安全、简易、易于配合的气道炎症检测方法，若FeNO水平高，则诊断为嗜酸性炎症的哮喘、慢咳、鼻炎与慢阻肺等气道疾病；若FeNO水平较低，则判断为非嗜酸性粒细胞炎症性疾病；③胃肠道菌群紊乱相关的糖类不耐受与小肠细菌过度生长（SIBO）的分子标志物，通过口服糖类底物后测定呼气中 H_2/CH_4 含量以反映消化道生理病理变化，可以诊断多种由肠道菌群变化引起的胃肠疾病；④呼出气CO是氧化应激或全身炎症的分子标志物。国外已经有临床应用测定呼出气一氧化碳（End-Tidal Carbin Monoxide，ETCO）作为慢阻肺、哮喘等患者气道炎症和氧化应激的无创监测手段之一，并用来评估烟草与空气污染的健康危害；⑤呼气末CO是溶血性疾病分子标志物，是国内外新生儿高胆红素血症诊断指南推荐的常检项目。新生儿呼气末CO测定需用鼻氧管潮气呼吸的方式测定，同时还要监测呼气末 CO_2，并对呼气末CO校正。

早在20世纪80年代，就出现了呼出气体检测的专利，检测方法为检测呼出气中的CO含量，20世纪80年代相继出现了尿素 $^{13}C/^{14}C$ 呼气试验、呼气末CO检测、H_2/CH_4 呼气检测、呼出气NO测定技术的相关专利布局，且在之后的20余年里，各检测技术相继发展，齐头并进，并未有哪种检测技术被放弃使用，各种检测技术保持着各自的技术优势不断进行改进发展，对呼出气体检测装置的需求也在不断增加。在呼出气体检测技术发展早期，中国企业鲜有专利布局，随着中国呼出气体检测技术的发展与成熟，中国企业的专利布局量逐渐加大。可见，在产业发展过程中，专利布局始终伴随着呼出气体检测技术和设备创新，是呼出气体检测技术发展的重要承载体。

3.1.2 专利先行为产品保驾护航

从呼出气体检测的产业链来看，呼出气体检测产业分为传感材料设计与制造、传感芯片设计与制造、传感原理、气体检测模块、电源管理、蓝牙传输、压力检测、气体采集控制、信号处理、人机交互、智能算法。呼出气体检测产业各环节专利申请量与申请人数量的对比关系如图3-2所示。

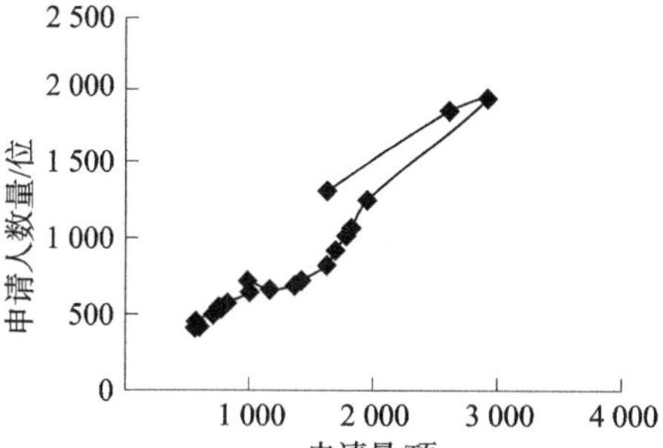

（a）传感材料设计与制造

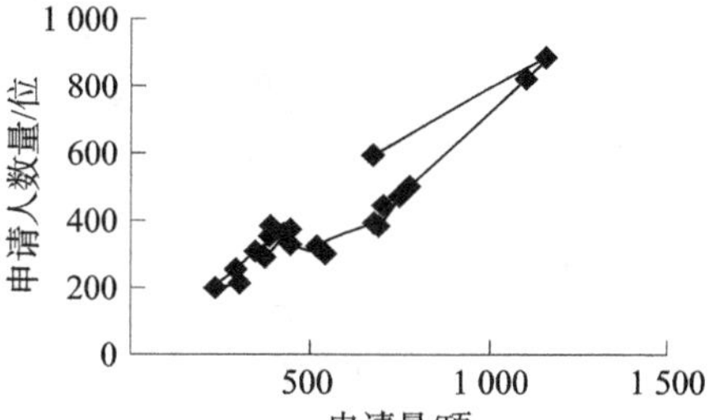

（b）传感芯片设计与制造

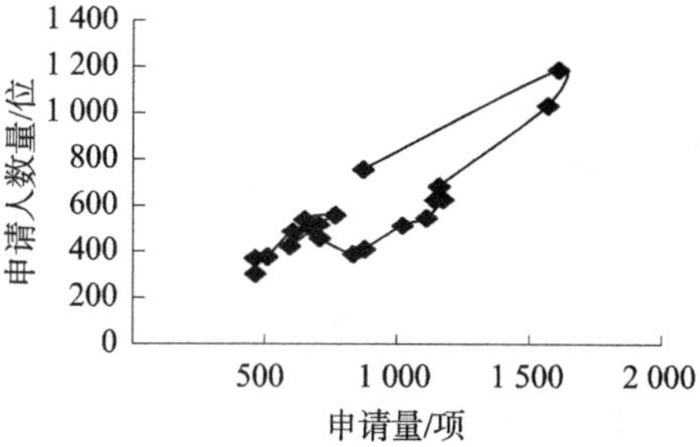

（c）传感原理

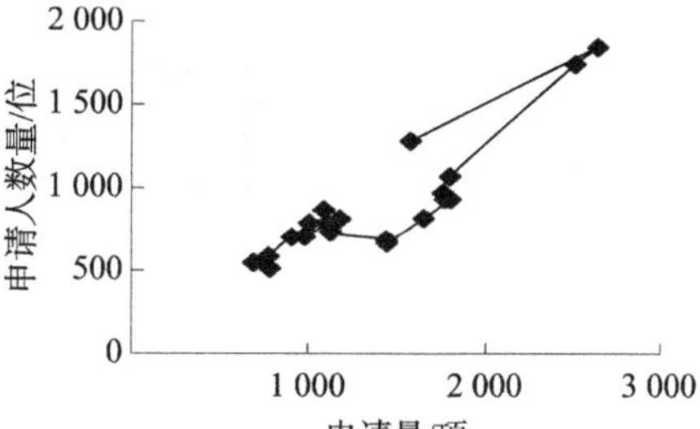

（d）气体检测模块

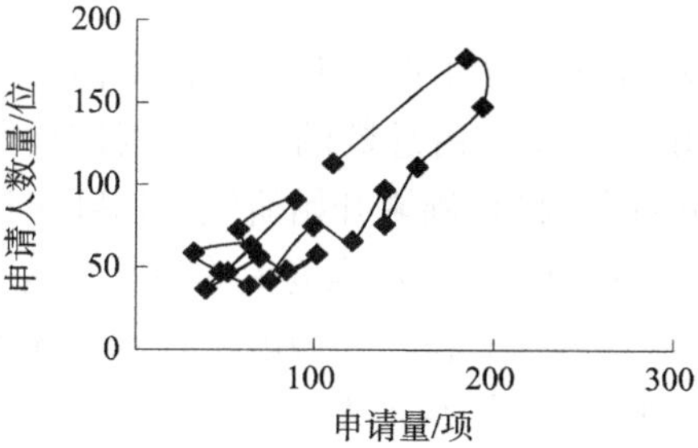

（e）电源管理

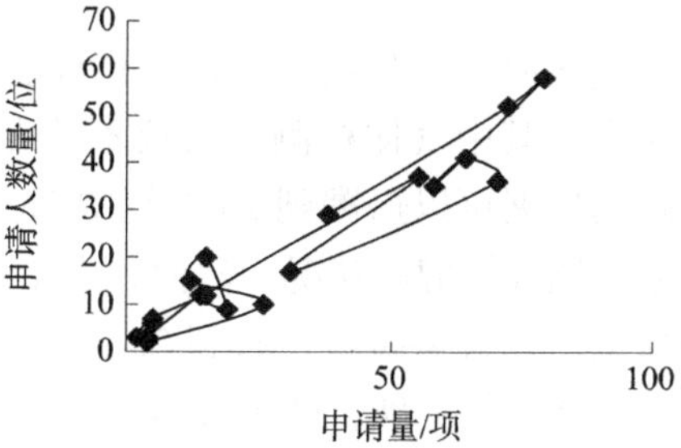

（f）蓝牙传输

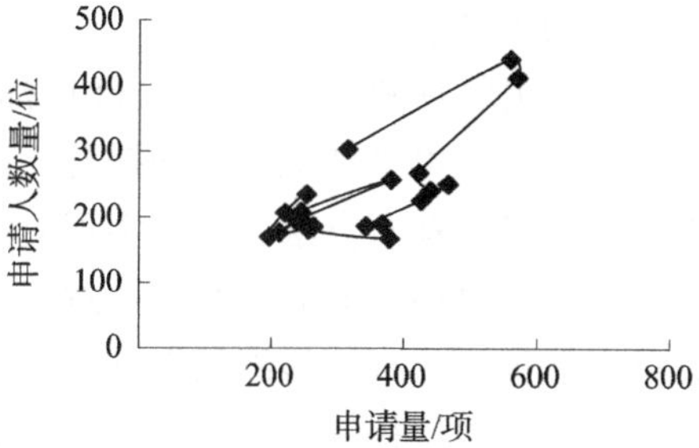

（g）压力检测

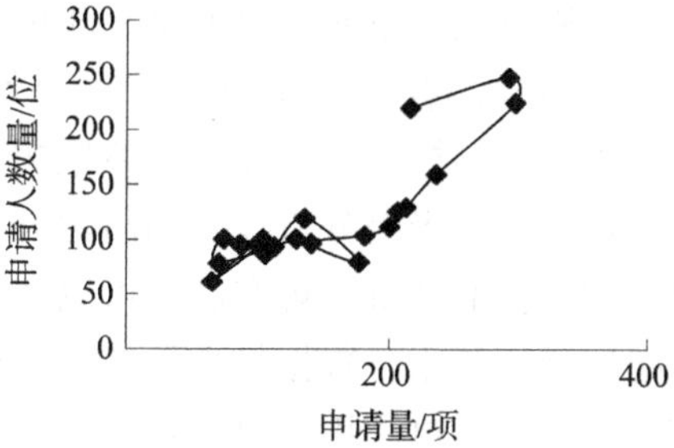

（h）气体采集控制

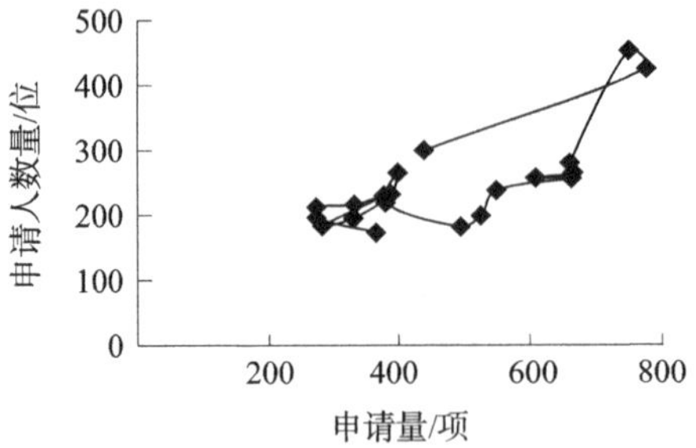

（i）信号处理

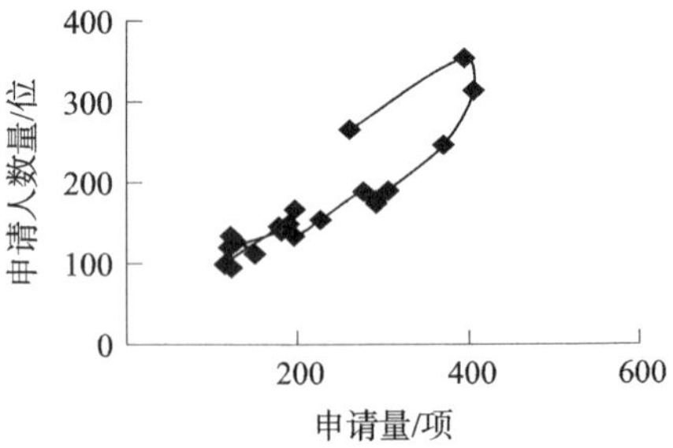

（j）人机交互

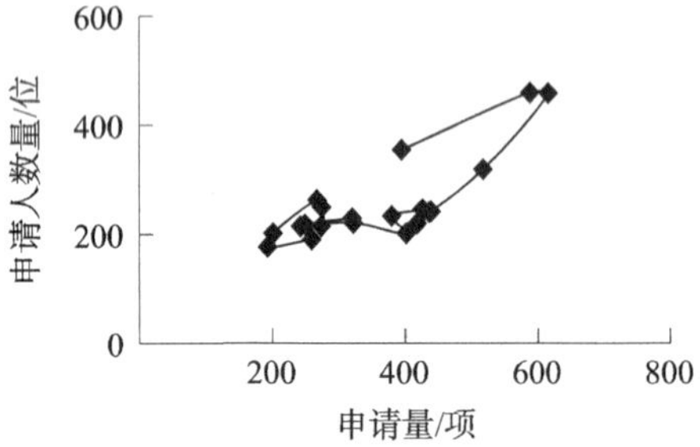

（k）智能算法

图 3-2　呼出气体检测产业各环节专利申请量与申请人数量的对比关系

整体而言，呼出气体检测产业各技术分支均处于产品开发和市场需求引导阶段。其中气体检测模块技术的专利申请最多，占总数的 52%。气体检测模块的发展可以追溯到 20 世纪中期，当时医疗科技领域开始研究利用呼出气体来检测人体健康状况。然而，由于技术限制和样本处理难度大等问题，这一领域的研究进展缓慢。直到 20 世纪末，随着传感器技术、微电子技术、光谱分析等技术的突破，呼出气体检测技术才真正得到了快速发展和应用。在技术方面，气体检测模块的发展主要体现在气体采集结构、气体传输结构、报警器单元、检测主板单元、供电单元和传感器单元的改进上。

气体检测模块的准确性和可靠性是评价呼出气体检测性能的关键指标，在技术发展的推动下，呼出气体检测设备的准确性和可靠性也在不断提升，例如，通过采用光谱分析技术和质谱分析技术等先进的检测方法，可以实现对呼出气体的精准分析，现在已经可以实现对多种呼出气体的同时检测；通过采用传感器漂移修正、数据校准等技术手段，可以保证呼出气体检测数据的可靠性和稳定性。通过采用微电子技术和智能化设计，可以使得呼出气体检测设备更加轻便、易用。

另外，近几年随着人们对自身健康和环境保护意识的提高，对气体检测的准确性和可靠性的要求也不断提高，进一步推动了气体检测模块技术的发展。

传感原理技术、传感材料设计与制造技术、信号处理技术和传感芯片设计与制造技术的专利申请量分别占总数的29%、21%、14%和13%。从技术生命周期来看，传感材料设计与制造、传感芯片设计与制造、传感原理、气体检测模块和人机交互领域的专利申请人数量和专利申请量均呈现比较稳定的增长趋势，但技术发展处于成长期。由于部分专利尚未公开，所以曲线最终呈现回收之势。

电源管理、蓝牙传输、压力检测、气体采集控制、信号处理、人机交互和智能算法技术的专利申请量占比相对较少，虽然呼出气体检测行业的电子电路技术和智能分析技术整体专利申请数量在早期少于感知技术的专利申请量，技术生命周期曲线波动较大，但随着技术进步、市场需求、交叉学科发展和创新创业等多种因素的影响，电子电路技术和智能分析技术在呼出气体检测领域的应用和价值逐渐得到重视，应用和发展也将持续得到推动。由于部分专利尚未公开，所以曲线最终呈现回收之势。

3.1.3　专利布局转移揭示全球产业转移趋势

纵观全球呼出气体检测产业发展历程，世界呼出气体检测产业发展重心发生了三次明显转移。全球产业专利布局转移情况如表3-1所示。

表3-1　全球产业专利布局转移情况　　单位：件

时间	技术分支	美国	中国	德国	日本	澳大利亚	英国	韩国
1990年之前	传感材料设计与制造	149	4	181	72	40	64	—
	传感芯片设计与制造	70	6	217	43	37	69	5
	传感原理	196	6	199	127	52	88	—
	气体检测模块	479	—	490	293	115	260	—
	电源管理	15	—	24	7	9	5	1
	压力检测	105	—	123	43	39	46	—
	气体采集控制	21	1	31	8	8	9	—
	信号处理	177	—	136	72	45	55	—
	人机交互	27	—	26	49	8	4	—
	智能算法	122	—	118	59	30	51	—

续表

时间	技术分支	美国	中国	德国	日本	澳大利亚	英国	韩国
1991—2009年	传感材料设计与制造	786	157	298	484	249	37	155
	传感芯片设计与制造	431	114	172	311	140	21	105
	传感原理	1 125	216	395	757	329	55	200
	气体检测模块	1 985	404	699	1 335	587	104	353
	电源管理	81	31	25	54	32	—	22
	蓝牙传输	13	5	3	3	2	—	—
	压力检测	558	86	176	273	169	26	38
	气体采集控制	154	42	38	100	49	5	16
	信号处理	623	102	209	365	182	27	71
	人机交互	305	54	84	199	116	11	31
	智能算法	575	100	177	474	178	27	77
2010—2023年	传感材料设计与制造	1 398	1 952	383	562	237	44	406
	传感芯片设计与制造	732	1 752	160	313	114	28	218
	传感原理	2 211	2 613	480	827	312	65	526
	气体检测模块	3 547	5 260	739	1 387	479	120	799
	电源管理	155	433	36	55	33	—	57
	蓝牙传输	100	190	6	12	10	4	22
	压力检测	880	994	236	257	114	21	131
	气体采集控制	234	611	49	94	38	9	73
	信号处理	1 071	1 053	242	356	119	31	243
	人机交互	736	809	90	188	90	24	149
	智能算法	981	1 150	162	398	114	34	254

美国、德国、澳大利亚和英国对呼出气体检测技术的研究较早，在 20 世纪 90 年代前就有呼出气体检测技术的相关专利积累，其中美国是最早开始对呼出气体检测技术进行专利布局的国家之一，中国和韩国等亚洲国家在该阶段对呼出气体检测技术研究较少，起步较晚。呼出气体检测技术在欧美国家发生了第一次转移。

在 20 世纪 90 年代至 21 世纪初，亚洲国家经济、科技水平飞速发展，在呼出气体检测技术领域也取得了一定的突破，中国、日本和韩国等亚洲国家进行了一定的专利布局，开始着手进行专利储备，相应的呼出气体检测技术在亚洲国家发生了第二次转移。

呼出气体检测技术第三次转移发生在美国和中国。近年来美国始终保持着领先的优势，呼出气体检测技术稳步发展，中国厚积薄发，积累了大量相关技术并积极开展专利布局，未来我国呼出气体检测行业将向更加规范的方向稳步发展。

由此可见，专利布局清晰地揭示了全球产业转移的基本趋势。

3.1.4 国内专利实力反映产业区域特点

国内的专利申请量情况如图 3-3 所示。

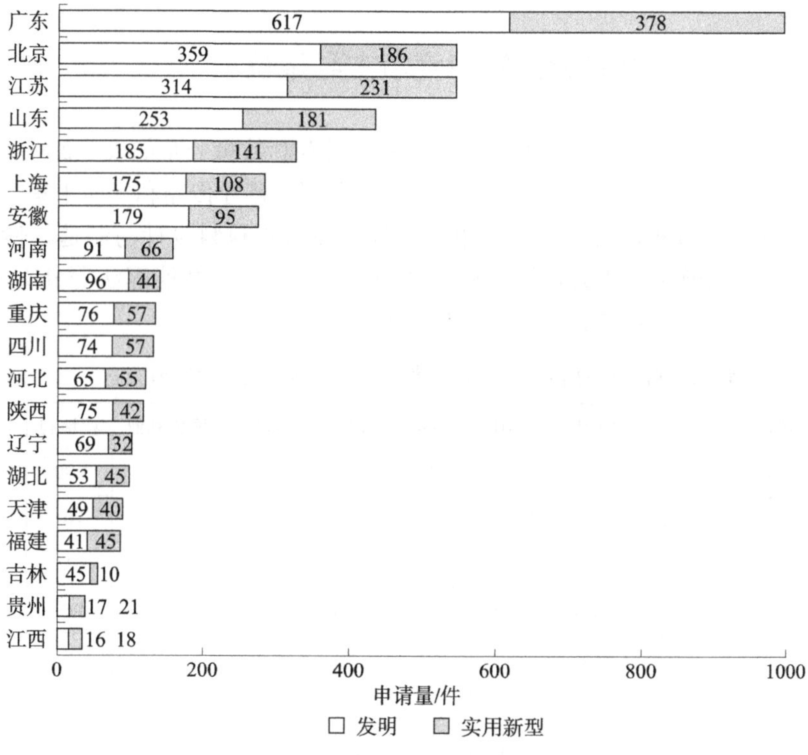

图 3-3　国内的专利申请量

广州地区的呼出气体检测专利数量最多，呼吸疾病诊断技术位于全国前列，复旦大学发布的《2023 年度中国医院专科声誉排行榜》里，呼吸科榜的第一名是广州医科大学附属第一医院（以下简称“广医一院”），该医院创建于 1903 年，是一所大型三级甲等医院，也是广州呼吸健康研究院、国家呼吸系统疾病临床医学研究中心、呼吸疾病全国重点实验室所在医院，广医一院也将在广州呼吸中心打造全国领先、世界一流的呼吸系统疾病临床和研究中心，成为亚洲最大的呼吸系统疾病诊疗中心，在医疗大健康产业中起着关键作用，广州的呼出气体检测领域也得到了蓬勃的发展，专利布局量位居全国第一，占比为21%；北京、江苏相关专利申请量占比均为12%，位于第一梯队，与其产业相对地位一致；山东排在全国第四名，专利数量占比为9%，专利实力基本上反映了产业地位。

3.2 专利在产业竞争中发挥的控制力和影响力

3.2.1 中美以专利控制力竞争主导地位

呼出气体检测产业各技术分支的目标市场专利数量分布如表3-2所示。在各技术分支中，传感芯片设计与制造、电源管理、蓝牙传输和气体采集控制技术分支中，中国都是最大的专利申请市场，在传感材料设计与制造、传感原理、气体检测模块、压力检测、信号处理、人机交互、智能算法等分支领域，美国是最大的专利申请市场，专利申请数量较多。

表3-2 呼出气体检测产业各技术分支的目标市场专利数量分布 单位：件

技术分支	中国	美国	日本	德国	韩国	澳大利亚	奥地利	加拿大
传感材料设计与制造	2 113	2 334	1 118	862	563	527	479	396
传感芯片设计与制造	1 904	1 279	701	558	339	298	201	232
传感原理	2 835	3 533	1 711	1 074	728	694	616	549
气体检测模块	5 674	6 018	3 015	1 931	1 160	1 183	960	975
电源管理	464	251	116	85	80	75	33	42
蓝牙传输	195	113	15	9	22	12	7	12
压力检测	1 081	1 543	573	535	170	322	202	271
气体采集控制	654	409	202	118	89	95	47	82
信号处理	1 156	1 872	793	587	315	347	232	319
人机交互	863	1 068	436	200	180	214	102	162
智能算法	1 250	1 678	931	457	331	323	211	298

从呼出气体检测产业各技术分类的专利来源国家数量分布（表3-3）来看，

美国在专利来源数量上占据领先地位，且美国申请人除在美国国内进行专利布局外，也在其他国家进行了专利布局。中国申请人主要在国内进行专利布局。德国和日本的专利数量不及中国和美国，其为了确保其对于核心技术的控制，将大量的技术在本国进行专利布局。

表 3-3　呼出气体检测产业各技术分支的专利来源国家专利数量分布

单位：件

技术分支	美国	中国	德国	日本	英国	韩国	澳大利亚
传感材料设计与制造	5 635	1 744	1 141	667	493	547	304
传感芯片设计与制造	2 876	1 747	764	514	419	272	114
传感原理	8 107	2 321	1 298	1 198	777	716	371
气体检测模块	13 257	4 890	2 216	2 593	1 411	1 080	561
电源管理	756	424	106	51	77	68	30
蓝牙传输	237	177	9	2	33	20	3
压力检测	3 526	841	788	329	386	127	137
气体采集控制	1 003	601	193	136	127	80	30
信号处理	4 132	885	835	556	444	296	151
人机交互	2 358	712	241	268	319	157	69
智能算法	3 868	1 059	514	739	433	285	67

3.2.2 市场领先企业未构成专利垄断

从全球范围各细分行业涉及呼出气体检测技术的专利申请人排名（表3-4）来看，呼出气体检测领域的技术主要集中在全球的呼出气体检测装置制造企业及医疗保健企业中，在申请量排名前20位的申请人中，没有出现提供呼出气体检测服务的第三方呼出气体检测机构，这说明这些呼出气体检测装置制造企业及医疗保健企业几乎垄断了相关的呼出气体检测技术。这主要是由于呼出气体检测是一项复杂的系统工程，涉及感知技术、电子电路技术、智能分析技术，在各学科的交叉结合过程中不断发展，这些大部分都是由呼出气体检测装置制造企业及医疗保健企业来完成。

另外，从申请人国别看，在呼出气体检测领域，专利申请量排名前几位的申请人主要是国外公司，且主要集中在美国企业中，早期鲜有中国申请人，近两年在不断缩小专利差异，说明中国在呼出气体检测领域起步较晚，但是进步较快，正在逐渐追赶与发达国家的差距。

表 3-4 各细分行业涉及呼出气体检测技术的专利申请人排名

单位：件

传感芯片设计与制造		传感原理		气体检测模块		电源管理		蓝牙传输		压力检测		气体采集控制		信号处理		人机交互		智能算法	
全球专利申请人	申请量	全球专利申请人	申请量	全球专利申请人	申请量	全球专利申请人	申请量	全球专利申请人	申请量	全球专利申请人	申请量	全球专利申请人	申请量	全球专利申请人	申请量	全球专利申请人	申请量	全球专利申请人	申请量
费雪派克医疗保健有限公司	157	皇家飞利浦有限公司	725	皇家飞利浦有限公司	990	技术研究及发展基金有限公司	65	技术研究及发展基金有限公司	65	瑞思迈有限公司	275	技术研究及发展基金有限公司	65	皇家飞利浦有限公司	373	瑞思迈有限公司	126	皇家飞利浦有限公司	183
德尔格制造股份两合公司	153	瑞思迈有限公司	577	瑞思迈有限公司	716	瑞思迈有限公司	55	奥斯通医疗有限公司	31	皇家飞利浦有限公司	273	皇家飞利浦有限公司	45	瑞思迈有限公司	258	皇家飞利浦有限公司	112	佛罗里达大学研究基金会有限公司	129
瑞思迈有限公司	153	德尔格制造股份两合公司	256	德尔格制造股份两合公司	433	益生科技公司	37	深圳市步锐生物科技有限公司	16	德尔格制造股份两合公司	136	佛罗里达大学研究基金会有限公司	38	德尔格制造股份两合公司	155	佛罗里达大学研究基金会有限公司	77	德尔格制造股份两合公司	120
皇家飞利浦有限公司	130	费雪派克医疗保健有限公司	248	费雪派克医疗保健有限公司	325	奥斯通医疗有限公司	31	安徽养和医疗器械设备有限公司	15	律维施泰因医学技术股份有限公司	75	呼吸科技公司	38	佛罗里达大学研究基金会有限公司	122	技术研究及发展基金有限公司	65	瑞思迈有限公司	99
益生科技公司	95	柯惠 LP 公司	172	柯惠 LP 公司	274	Q 生活全球有限公司	26	深圳市中核海得威生物科技有限公司	14	费雪派克医疗保健有限公司	72	益生科技公司	32	益生科技公司	100	呼吸科技公司	48	益生科技公司	88

续表

传感芯片设计与制造		传感原理		气体检测模块		电源管理		蓝牙传输		压力检测		气体采集控制		信号处理		人机交互		智能算法	
全球专利申请人	申请量	全球专利申请人	申请量	全球专利申请人	申请量	全球专利申请人	申请量	全球专利申请人	申请量	全球专利申请人	申请量	全球专利申请人	申请量	全球专利申请人	申请量	全球专利申请人	申请量	全球专利申请人	申请量
律维施泰因医学技术股份有限公司	59	佛罗里达大学研究基金会有限公司	166	佛罗里达大学研究基金会有限公司	194	皇家飞利浦有限公司	21	加利福尼亚大学董事会	13	技术研究及发展基金有限公司	65	奥斯通医疗有限公司	31	心脏起搏器股份公司	73	德尔格制造股份两合公司	42	费雪派克医疗保健有限公司	88
深圳迈瑞生物医疗电子股份有限公司	45	呼吸科技公司	144	RIC 投资有限责任公司	194	艾维萨制药公司	18	佐尔医药公司	12	汉密尔顿医疗股份公司	62	德尔格制造股份两合公司	26	技术研究及发展基金有限公司	65	纽约大学	40	日本光电工业株式会社	66
呼吸科技公司	44	律维施泰因医学技术股份有限公司	136	马奎特紧急护理公司	180	深圳市步锐生物科技有限公司	16	广州华友明康光电科技有限公司	11	柯惠 LP 公司	61	无锡市尚沃医疗电子股份有限公司	25	呼吸科技公司	59	柯惠 LP 公司	40	技术研究及发展基金有限公司	65
西门子股份公司	42	RIC 投资有限责任公司	132	律维施泰因医学技术股份有限公司	164	安徽养和医疗器械设备有限公司	15	HEALTHUP SP ZOO	10	益生科技公司	60	瑞思迈有限公司	24	里普朗尼克股份有限公司	55	佐尔医药公司	38	森撒部伊斯公司	60
剑桥企业有限公司	42	心脏起搏器股份公司	127	通用电气公司	156	斯科特实验室公司	14	斯派罗马吉克有限公司	8	RIC 投资有限责任公司	60	雪松西奈医学中心	21	日本光电工业株式会社	48	AK 全球技术公司	32	RIC 投资有限责任公司	53

续表

传感芯片设计与制造		传感原理		气体检测模块		电源管理		蓝牙传输		压力检测		气体采集控制		信号处理		人机交互		智能算法	
全球专利申请人	申请量	全球专利申请人	申请量	全球专利申请人	申请量	全球专利申请人	申请量	全球专利申请人	申请量	全球专利申请人	申请量	全球专利申请人	申请量	全球专利申请人	申请量	全球专利申请人	申请量	全球专利申请人	申请量
AK 全球技术公司	41	佐尔医药公司	123	呼吸科技公司	149	深圳市中核海得威生物科技有限公司	14	北得克萨斯大学	8	佛罗里达大学研究基金会有限公司	57	深圳迈瑞生物医疗电子股份有限公司	21	RIC 投资有限责任公司	48	奥斯通医疗有限公司	31	里普朗尼克股份有限公司	50
汉密尔顿医疗股份公司	40	汉密尔顿医疗股份公司	110	心脏起搏器股份公司	140	佛罗里达大学研究基金会有限公司	12	因斯拜客特系统有限公司	8	里普朗尼克股份有限公司	56	德拉格安全股份公司	20	马奎特紧急护理公司	46	剑桥企业有限公司	30	安纳克斯系统技术有限公司	49
奥莱登医学 1987 有限公司	38	里普朗尼克股份有限公司	100	汉密尔顿医疗股份公司	132	汉威科技集团股份有限公司	12	海尔思—斯玛特有限公司	7	马奎特紧急护理公司	52	HEALTHUP SP ZOO	19	西门子股份公司	45	奥莱登医学 1987 有限公司	29	艾可系统瑞典公司	48
心脏起搏器股份公司	35	通用电气公司	96	益生科技公司	131	德尔格制造股份两合公司	12	ERESTECH	7	佐尔医药公司	48	汉威科技集团股份有限公司	18	律维施泰因医学技术股份有限公司	45	Q 生活全球有限公司	29	奥莱登医学 1987 有限公司	47
麦德爱普斯股份有限公司	34	马奎特紧急护理公司	91	佐尔医药公司	130	广州华友明康光电科技有限公司	11	韦思博公司	5	呼吸科技公司	48	艾罗克林有限公司	17	德拉格安全股份公司	44	HEALT-HETECH	23	仪器股份公司	46

续表

传感芯片设计与制造		传感原理		气体检测模块		电源管理		蓝牙传输		压力检测		气体采集控制		信号处理		人机交互		智能算法	
全球专利申请人	申请量	全球专利申请人	申请量	全球专利申请人	申请量	全球专利申请人	申请量	全球专利申请人	申请量	全球专利申请人	申请量	全球专利申请人	申请量	全球专利申请人	申请量	全球专利申请人	申请量	全球专利申请人	申请量
艾可系统瑞典公司	32	美国泰科公司	79	3M 创新有限公司	129	深圳迈瑞生物医疗电子股份有限公司	11	健康公司—拉姆巴姆	5	通用电气公司	44	夏洛特—梅克伦堡医院卡罗来纳医疗中心）	17	佐尔医药公司	42	雪松西奈医学中心	22	AK 全球技术公司	43
北京谊安医疗系统股份有限公司	31	德拉格安全股份公司	74	里普朗尼克股份有限公司	126	艾派利斯控股有限责任公司	10	汉威科技集团股份有限公司	5	日本光电工业株式会社	41	西门子股份公司	16	费雪派克医疗保健有限公司	41	深圳迈瑞生物医疗电子股份有限公司	22	卡普尼亚公司	42
佛罗里达大学研究基金会有限公司	31	益生科技公司	69	深圳迈瑞生物医疗电子股份有限公司	121	伊舍米娅技术公司	10	浙江大学	5	纽约大学	41	奥莱登医学1987有限公司	16	柯惠 LP 公司	39	美国泰科公司	20	通用电气公司	39
马奎特紧急护理公司	30	日本光电工业株式会社	69	大冢制药株式会社	115	第三极股份有限公司	9	SOBERLINK HEALTH-CARE	5	心脏起搏器股份公司	40	西门子保健有限责任公司	16	微剂量治疗技术公司	38	HEAL-THUP SP ZOO	19	艾罗克林有限公司	38
通用电气公司	30	美敦力公司	64	西门子股份公司	109	CARADYNE R&D	9	瑞思迈有限公司	5	剑桥企业有限公司	38	深圳市步锐生物科技有限公司	16	卡普尼亚公司	38	—	—	马奎特紧急护理公司	37

3.2.3 专利运用与高额利润密切相关

从呼出气体检测行业专利诉讼案例（表3-5）可以看出，呼出气体检测领域专利诉讼主要集中在国外，在中国鲜有专利诉讼发生。国外涉诉案例主要涉及人机交互、智能算法和气体检测模块，主要是由于这几项技术是呼出气体检测行业的核心技术，诉讼大战背后有着巨大的呼出气体检测市场。由此可见，在呼出气体检测领域，申请人既能够通过专利布局来争夺市场，又能够在产品失去市场独占优势后，通过专利诉讼来夺回市场优势。专利在市场竞争中发挥着较强的控制力。

表3-5 呼出气体检测行业专利诉讼案例

涉案专利申请号	名称	技术分支	法律文书日期	原告	被告
US11221873	用于监测来自人的空气流的系统和方法	智能算法	—	罗伯特博世医疗系统	爱励医疗
US11221807	用于监测来自人的空气流的系统和方法	气体检测模块	—	罗伯特博世医疗系统	医疗应用公司
US09610733	向患者提供正气道压力的方法和装置	气体检测模块	2004-03-05	Ric投资有限公司	英维康医疗器械有限公司
US07947156	一种呼出气体输送方法及装置	气体检测模块	2004-03-05	Ric投资有限公司	英维康医疗器械有限公司
US07873971	测定气体样品中是否存在呼出气体的方法	气体检测模块	2004-05-17	德克萨斯大学	史密斯医疗公司
US08827703	测量人体呼出气体成分的方法和装置	气体检测模块	2008-10-21	爱瑞科有限公司	Apieron股份有限公司
US10145036	一种呼出空气中一氧化氮浓度的测量方法及测量设备	气体检测模块	2008-10-21	爱瑞科有限公司	Apieron股份有限公司
US08629594	测量人呼出一氧化氮的方法和装置	气体检测模块	2008-10-21	爱瑞科有限公司	Apieron股份有限公司
US08578653	用于测定呼出气体中NO水平的系统和与异常NO水平相关的疾病的诊断方法	智能算法	2008-10-21	爱瑞科有限公司	Apieron股份有限公司

续表

涉案专利申请号	名称	技术分支	法律文书日期	原告	被告
US07964070	处理气体的吸入和呼出气体的取样用于定量分析的方法和装置	人机交互	2009-01-14	索尔特实验室	通用电气公司
US11636803	用于同时检测挥发性硫化合物和多胺组合物	智能算法	2013-01-17	Alt生物科学有限公司	斯凯泰克有限公司
US13957180	呼气酒精检测仪校准站	气体检测模块	2019-04-30	低成本联锁智能公司	消费者安全技术有限公司
US15344373	一种利用便携式计算和通信设备提供电子医疗记录的方法	人机交互	2019-07-18	奥普塔玛直销公司	环球传媒集团
US14633535	用于诊断和治疗患者呼吸模式的系统和方法	人机交互	2021-06-02	纽约大学	瑞思迈公司
US12983628	用于诊断和治疗患者呼吸模式的系统和方法	智能算法	2021-06-02	纽约大学	瑞思迈公司

注：“—”表示非公开。

第 4 章　呼出气体检测产业专利分析

通过分别对呼出气体检测产业全球、中国及天津市的专利进行分析，能够了解产业的技术发展趋势、全球专利分布情况、重点机构的研发能力，发现我国呼出气体检测领域的技术水平与国际其他国家或地区的差异，为我国企业在呼出气体检测技术方面的发展提供一定帮助。

4.1　专利发展态势分析

4.1.1　全球及主要国家专利申请趋势分析

根据图 4-1 可以看出，呼出气体检测行业萌芽较早，早在 1960 年就开始有专利的申请，但是全球申请量一直处于很低的水平；1960—1970 年增速非常缓慢，1973 年开始突破百件，2000 年开始增速有所提升，2007 年申请量突破千件。美国和德国是最早一批申请呼出气体检测产业相关专利的国家，在 1960 年就已经开始。日本相对较晚，在 1972 年开始相关专利的申请，中国最晚，1986 年才开始相关专利的申请。

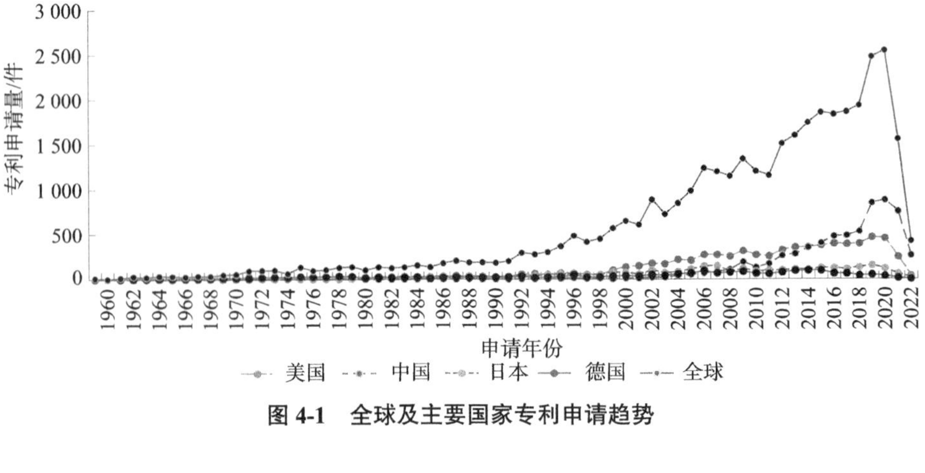

图 4-1　全球及主要国家专利申请趋势

在全球呼出气体检测增速稍有提升的 2000 年以后，美国的申请量一直处于领先地位，2010 年以后，中国的申请数量飞速增长，2015 年左右开始领先全球其他国家。中国对于全球专利申请量的增长有很大的贡献。相对于中国专利申请数量的激增其他国家在呼出气体检测行业的专利申请量呈缓慢增长的趋势，说明全球呼出气体检测领域专利申请的重心在向我国转移。

4.1.2　天津市专利申请趋势分析

从图 4-2 可以看出：天津市呼出气体检测领域专利发展趋势与国内发展趋势基本一致。

专利申请数量的趋势具体为：2004—2010 年，申请数量逐年增加，从 3 件增加到 10 件。2011—2013 年期间，申请数量相对稳定。然后在 2014—2017 年期间再次增加，达到最高点 27 件。从 2018 年开始，申请数量有所下降，波动较大，但整体趋势仍保持在较高水平。专利授权数量的趋势：2004—2009 年，授权数量逐年增加，从 2 件增加到 7 件。2007—2009 年授权量下降至较低水平，每年授权 1 至 2 件。2010—2017 年，授权数量整体呈增长趋势，2017 年授权量达到最高点，为 16 件。从 2018 年开始，授权数量有所下降，波动较大，整体趋势仍保持在较高水平。申请数量与授权数量之间的差距在逐渐缩小，特别是在 2019 年之后，差距变得更小，即专利在 2019 年后授权率在增高，综合来看，根据给出的数据，专利申请和专利授权的数量总体呈增长趋势，尽管在某些年份会出现波动。说明天津市在该行业技术虽然比较薄弱，但在该领域研发实力逐渐增强。

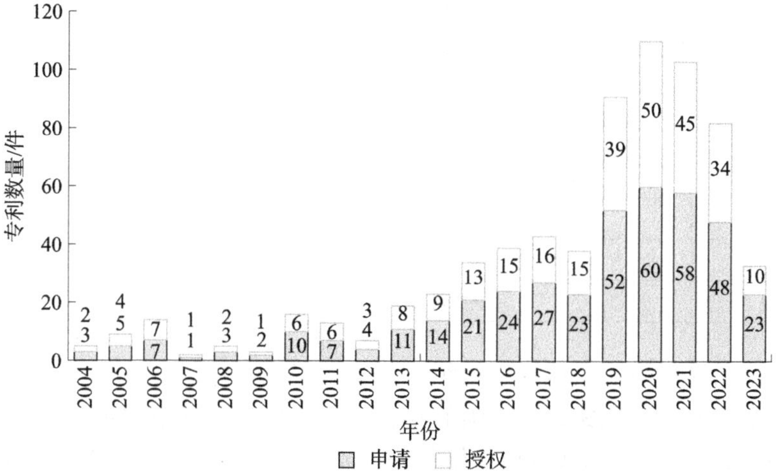

图 4-2　天津市专利申请趋势

4.2 专利区域布局分析

4.2.1 全球及主要国家专利申请情况分析

截至2023年8月，全球呼出气体检测专利申请总量为8万余件。全球主要国家（地区、组织）的专利申请量见表4-1。

表4-1 全球受理国家（地区、组织）及申请量排名

排名	受理国家（地区、组织）	专利申请数量/件
1	美国	7 669
2	中国	6 525
3	世界知识产权组织	4 231
4	欧洲专利局	3 228
5	日本	3 179
6	德国	2 208
7	澳大利亚	1 376
8	韩国	1 189
9	加拿大	1 134
10	奥地利	1 128
11	以色列	713
12	印度	642
13	英国	602
14	俄罗斯	567
15	西班牙	390
16	巴西	345
17	法国	342
18	意大利	183
19	墨西哥	176

从专利受理国家（地区、组织）来看，美国、中国、日本、德国、澳大利亚是主要的受理国家，这5国的专利受理总量占全球申请量的58%，美国以7 669件专利申请的数量位居榜首，紧随其后的是中国，受理了6 525件专利申请。世界知识产权组织（WIPO）作为国际组织，排名第三，受理了4 231

件专利申请。欧洲专利局和日本分别排名第四和第五，受理数量分别为 3 228 件和 3 179 件。由此看出，美国、中国是各国家（地区、组织）进行专利布局的重点国家，也是全球呼出气体检测行业的重要市场。其他排名前 20 的受理局包括德国、澳大利亚、韩国、加拿大、奥地利、以色列、印度、英国、俄罗斯、西班牙、巴西、法国、意大利和墨西哥等，它们的专利申请数量从 713 件到 176 件不等。这些受理局在全球范围内扮演着重要角色，促进了创新和知识产权保护。特别是美国和中国作为专利申请数量最多的两个国家，展示了其在创新领域的活跃程度。同时，WIPO 作为国际组织在协调和保护知识产权方面发挥着关键作用。

4.2.2　国外来华及中国本土专利申请情况分析

由图 4-3 可以看出，中国是呼出气体检测技术的主要来源国，拥有 5 369 件专利。中国在呼出气体检测技术的研究、开发和应用方面取得了显著成果。中国的专利数量反映了其在呼出气体检测技术方面的领先地位。中国的科研机构、高校和企业都在积极进行相关研究，推动了该领域的发展。美国是第二大来源国，拥有 706 件专利。美国在科学技术领域一直处于世界的前沿位置，在呼出气体检测技术方面也不例外。美国的高校、研究机构和企业在该领域进行了广泛的研究和开发工作。此外，美国在医疗设备和生物技术领域的强大实力也为呼出气体检测技术的发展提供了支持。日本是第三大来源国，拥有 102 件专利。日本一直以来在科学研究和技术创新方面具有很高的声誉，日本的研究机构、高校和企业在呼出气体检测技术的研究和开发方面投入了大量资源，并取得了重要的突破。

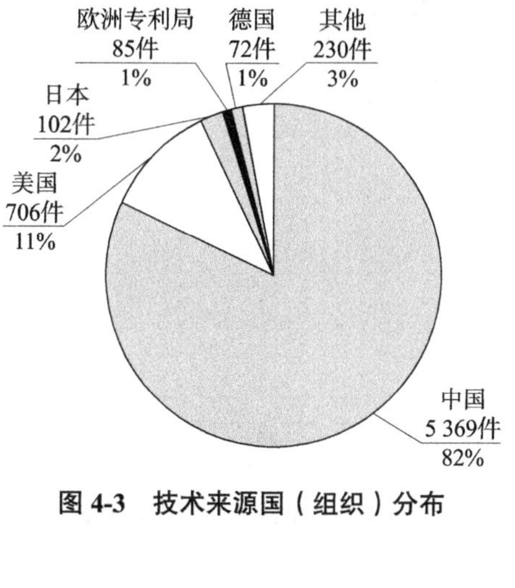

图 4-3　技术来源国（组织）分布

欧洲专利局、德国、英国、澳大利亚和世界知识产权组织等国家和机构在呼出气体检测技术的研究和创新方面也有一定数量的专利。这些国家和机构在呼出气体检测技术方面的贡献主要集中在学术界、研究机构和医疗设备制造商等领域。它们的专利数量表明它们在该领域的活跃程度和技术实力。

其他国家和地区如韩国、法国、以色列、瑞典、丹麦、意大利、新加坡、印度、瑞士、西班牙和荷兰等也在一定程度上参与了呼出气体检测技术的研究和创新。这些国家的专利数量虽然相对较少，但仍显示了它们在该领域的努力和贡献。

总体而言，中国、美国和日本是呼出气体检测技术的主要来源国，它们在该领域的研发活动和专利数量显示了它们的领先地位。其他国家、组织和地区也在不同程度上参与了呼出气体检测技术的研究和创新。这些国家、组织和地区的贡献共同推动了呼出气体检测技术的发展和进步。

4.2.3 天津市各区县专利申请情况分析

图 4-4 天津各区专利排名显示，滨海新区和南开区是天津市专利申请量较高的两个区，分别拥有 91 件和 95 件专利申请。这两个区在专利申请数量上明显领先于其他区，表明它们在创新和技术研发方面具有较强的实力。滨海新区作为天津市的新兴经济区，专利申请量的高位显示了该区在科技创新和知识产权保护方面的活跃度。南开区作为天津市的重要商业和教育中心，其专利申请量的高位反映了该区在创新和知识产权领域的重要地位。

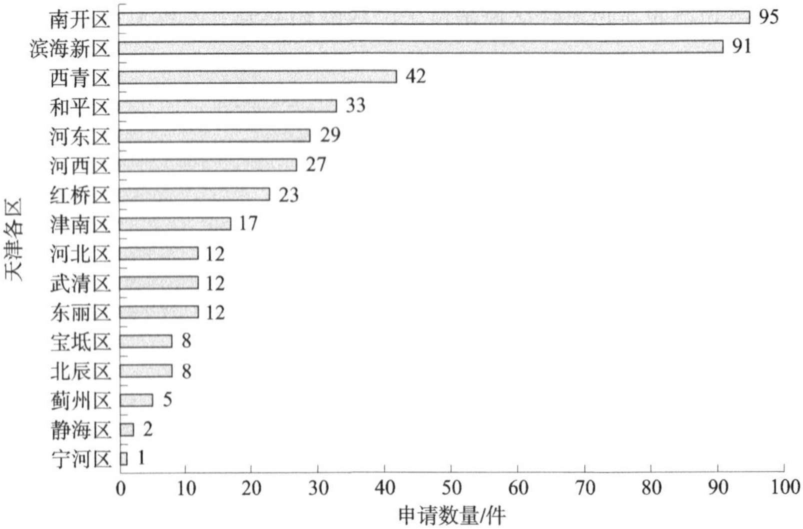

图 4-4 天津各区专利申请排名

西青区和和平区分别拥有 42 件和 33 件专利申请，位居第三和第四位。西青区经济实力仅次于滨海新区，区内拥有天津理工大学、天津工业大学等多所高校和科研机构，而和平区则拥有天津医科大学、天津医科大学总医院、天津市口腔医院等众多高校和科研机构，这些机构的科技创新活动有助于推动专利申请的增长。

河东区和河西区分别拥有 29 件和 27 件专利申请，位居第五和第六位。这两个区县在专利申请数量上也表现出较高水平，显示了它们在创新和知识产权保护方面的活动。河东区和河西区作为天津市的核心城区，拥有多个高等学府和科研机构，这些机构的科技创新活动有助于推动专利申请的增长。

红桥区位居第七，拥有 23 件专利申请。红桥区作为天津市的商业和交通枢纽区，其专利申请量的较高水平反映了该区在技术创新和知识产权保护方面的活跃度。

随后是津南区和河北区，它们分别拥有 17 件和 12 件专利申请。这两个区在专利申请数量上属于中等水平，显示了一定的创新活动和技术研发。

其他区的专利申请数量相对较低，包括宝坻区、北辰区、东丽区、武清区、蓟州区、静海区和宁河区。这些区在专利申请数量上显示了较低的创新活动水平。

综上所述，天津市的专利申请量在各个区之间存在差异。滨海新区和南开区是专利申请量最高的两个区，显示了它们在创新和技术研发方面的领先地位。其他区的专利申请数量相对较低，但仍反映了各区在知识产权保护和创新方面的努力和活跃程度。这些数据为了解天津市各区的创新状况和科技发展提供了重要参考。

4.3 专利布局重点及热点技术分析

4.3.1 全球专利布局重点及热点

1. 一级分支技术热点分布及趋势

呼出气体检测技术分为三种不同的技术领域，分别是感知技术、电子电路技术和智能分析技术。图 4-5 显示出感知技术领域涉及 55 222 件专利，占比最大，为 68%。感知技术是指通过传感器、监测设备等技术手段，对呼出气体进行感知和采集的能力。这些专利可能涉及各种传感器技术，如光学传感器、声学传感器、温度传感器、压力传感器等，用于感知和获取环境中的各种数据和信号。电子电路技术领域涉及 14 230 件专利。电子电路技术是指设计、制造和应用电子电路的技术领域。这些专利可能涉及电子元器件、电路设计、电路布线、电源管理等方面的技术，用于实现呼出检测设备的基础设备。智能分析技术涉及 11 755 件专利。智能分析技术是指利用人工智能、机器学习、数据挖掘等技术，对大量检测数据进行分析和处理，从中提取有价值的信息和知识的能力。这些专利涉及各种智能算法、数据分析模型、智能决策系统等方面的技术，用于实现对检测数据的智能分析和应用。

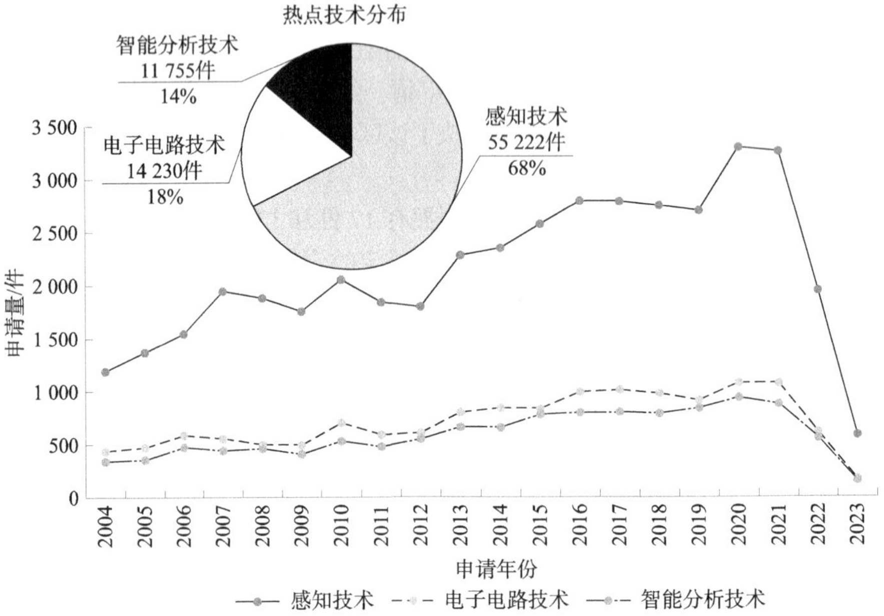

图 4-5　全球热点技术分布及趋势

对感知技术、电子电路技术和智能分析技术这三个领域在近 20 年（2004—2023 年）的发展趋势进行分析。2004—2023 年，感知技术领域的专利数量呈现波动上升的趋势。2004 年的专利数量为 1 190 件，到 2020 年增长到 3 297 件，之后略有回落。这表明感知技术在过去近 20 年里一直受到关注，并在近年来呈现较快的发展速度。可能的原因包括物联网、大数据等技术的发展，以及智能系统、自动控制等领域对感知技术的需求增加。电子电路技术领域的专利数量呈现波动上升的趋势。2004 年的专利数量为 440 件，到 2017 年增长到一个小高峰，为 1 011 件；之后略有回落，在 2021 年达到最高峰，为 1 079 件。可能的原因是电子产品在性能和功能上的要求不断提高，以及通信、计算机、消费电子等领域对电子电路技术的需求增加。智能分析技术领域的专利数量呈现波动上升的趋势。2004 年的专利数量为 344 件，到 2020 年增长到最高的 940 件。这表明智能分析技术在近年来呈现较快的发展速度。可能的原因是大数据、人工智能等技术的发展，以及智能决策系统、数据分析模型等领域对智能分析技术的需求增加。

近 20 年来，感知技术、电子电路技术和智能分析技术这三个领域都受到了关注，并呈现出不同程度的发展趋势。感知技术和智能分析技术的发展速度相对较快，可能与物联网、大数据、人工智能等技术的发展和应用密切相关。而电子电路技术作为基础技术，也在不断发展和创新，为其他领域提供支持。

2. 二级技术分支热点分布及趋势

从图 4-6 可以看出不同技术分支在呼出气体检测领域的专利数量分布。从高到低排列，专利数量最多的技术分支是气体检测模块，其专利数量为 46 766 件；其次是传感原理，专利数量为 26 714 件；再次是传感材料设计与制造，专利数量为 19 071 件。这三个技术分支的专利数量占总数的 60% 以上，说明它们在呼出气体检测领域具有较高的研发活跃度和技术重要性。紧随其后的是传感芯片设计与制造，专利数量为 18 039 件；信号处理，专利数量为 9 252 件；智能算法，专利数量为 9 195 件。这三个技术分支的专利数量占总数的 24.7%，表明它们在呼出气体检测领域也具有一定的技术影响力和应用价值。压力检测、人机交互和气体采集控制的专利数量分别为 8 640 件、5 339 件和 2 853 件，这三个技术分支的专利数量占总数的 11.4%，说明它们在呼出气体检测领域具有一定的技术实力和应用前景。最后，电源管理和蓝牙传输的专利数量分别为 2 090 件和 608 件，这两个技术分支的专利数量占总数的比例为 1.8%，表明它们在呼出检测气体领域具有一定的技术特色和应用潜力。

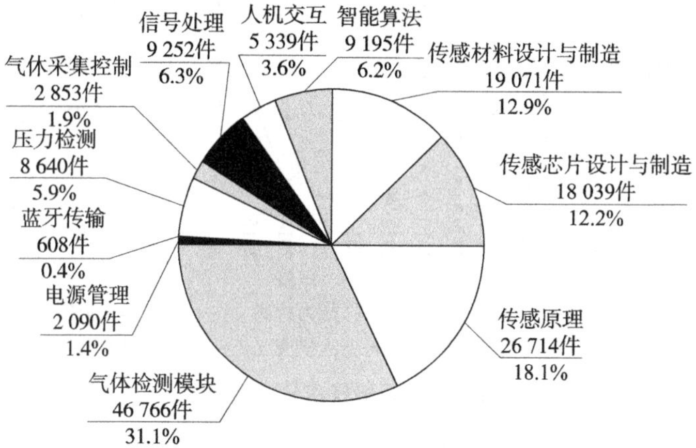

图 4-6　二级技术分支热点分布

综上所述，气体检测模块、传感原理和传感材料设计与制造等技术分支在呼出气体检测领域具有较高的研发活跃度和技术重要性。同时，传感芯片设计与制造、信号处理和智能算法等技术分支也具有一定的技术影响力和应用价值。压力检测、人机交互和气体采集控制等技术分支在呼出气体检测领域具有一定的技术实力和应用前景。而电源管理和蓝牙传输等技术分支则具有一定的技术特色和应用潜力。

2004—2023 年，从二级技术分支趋势（图 4-7）中可以看出呼出气体检测领域的各二级技术分支在不同年份的申请趋势。

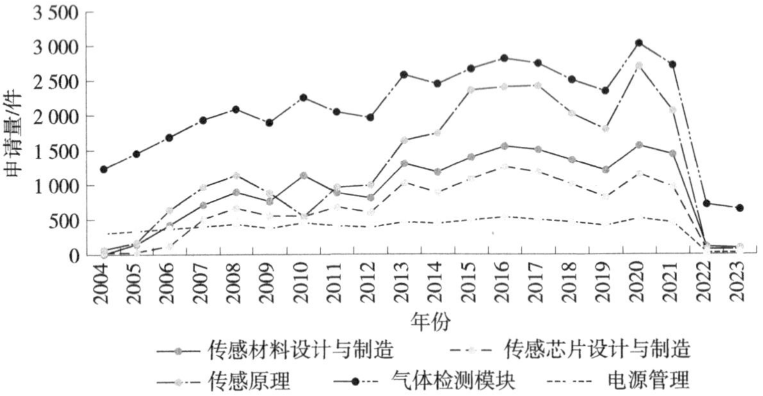

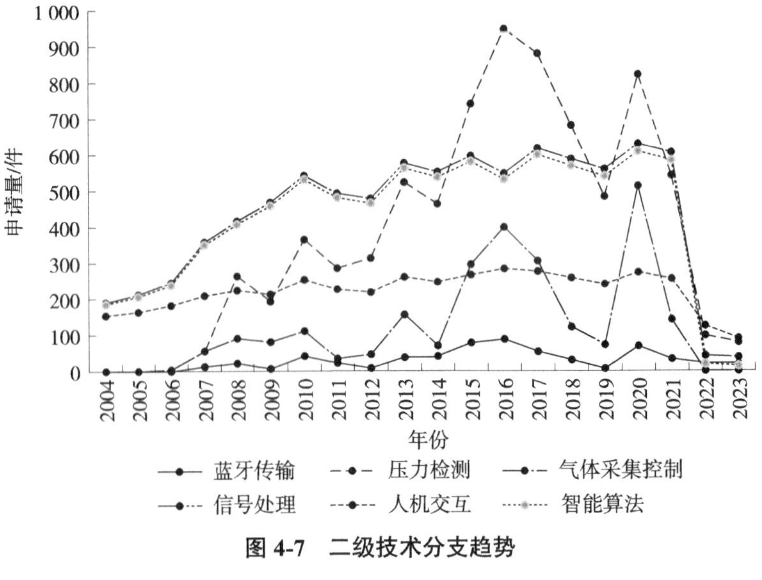

图 4-7 二级技术分支趋势

气体检测模块作为各技术分支中申请量最大的一个技术分支，在 2004 年的申请量就居于高位，为 1 234 件，远高于其他技术分支。2004—2008 年，一直持续增长；2009—2021 年，在 2 500 件上下小幅波动；传感原理的申请趋势与气体检测模块的申请趋势类似，2004—2008 年，传感原理的申请量逐年上升，到 2008 年出现小高峰，达到 1 137 件；2009 年—2010 年申请量有所下降，但从 2011 年开始申请量快速上升，到 2015 年达到 2 360 件。2016—2020 年，传感器原理的申请量维持在较高水平。

传感材料设计与制造、传感芯片设计与制造这两个技术分支的申请量呈现波动上升趋势。2004—2008 年，这两个技术分支的专利申请量逐渐上升，此后，专利申请量虽偶有回落，但整体维持在较高水平。

智能算法和信号处理这两个技术分支的申请量相近，申请趋势也接近一致。2004—2010 年持续平稳增长，到 2010 年达到小高峰，智能算法为 531 件，信号处理为 542 件。此后到 2021 年，申请量在 470 ～ 630 件之间上下小幅波动。

蓝牙传输、人机交互、电源管理这三个技术分支的申请量波动较小。尤其是电源管理，整体呈平稳缓慢增加趋势，2004—2021 年之间，专利申请量最低值为 305 件，最高值为 536 件。

气体采集控制的专利申请量波动较大，2004 年—2006 年每年的申请量为个位数，2007 年—2011 年快速增长，2011 年突破 100 件，此后在 2012 年、2013 年却又跌至 30 多件，2020 年达到历史最高值，为 513 件。

综上所述，从近 20 年的趋势图中可以看出，呼出气体检测领域的各二级分支在不同年份的申请趋势各不相同。传感材料设计与制造、传感芯片设计与制造和传感原理等技术分支具有较高的研发活跃度和技术重要性。气体检测模块、电源管理和蓝牙传输等技术分支具有一定的技术影响力和应用价值。压力检测、气体采集控制和信号处理等技术分支在呼出气体检测领域具有一定的技术实力和应用前景。而人机交互和智能算法等技术分支则具有一定的技术特色和应用潜力。

4.3.2　全球主要国家专利布局重点及热点

1. 中国

（1）一级技术分支热点分布及趋势

从图 4-8 可以看出感知技术在呼出气体检测中占据了最大的比例，拥有 6 525 件专利，占总专利数量的 65%。感知技术主要涉及使用传感器等设备来感知和检测呼出气体，由于感知技术在呼出气体检测中起到了关键作用，因此专利数量较多。电子电路技术在呼出气体检测中占比为 19%，拥有 1 943 件专利。电子电路技术主要涉及设计和开发用于呼出气体检测的电子电路，包括电源管理、信号传输、信息采集等方面的技术电子电路技术在呼出气体检测中的重要性不可忽视。智能分析技术在呼出气体检测中占比为16%，拥有1 640件专利。智能分析技术主要涉及使用人机交互、智能算法和数据分析等方法来处理和分析呼出气体检测的数据。这些技术可以识别和分析气体的特征模式、趋势和异常行为，从而提供更准确的检测结果和预测能力。智能分析技术在呼出气体检测中的应用越来越广泛，因此专利数量也相对较多。

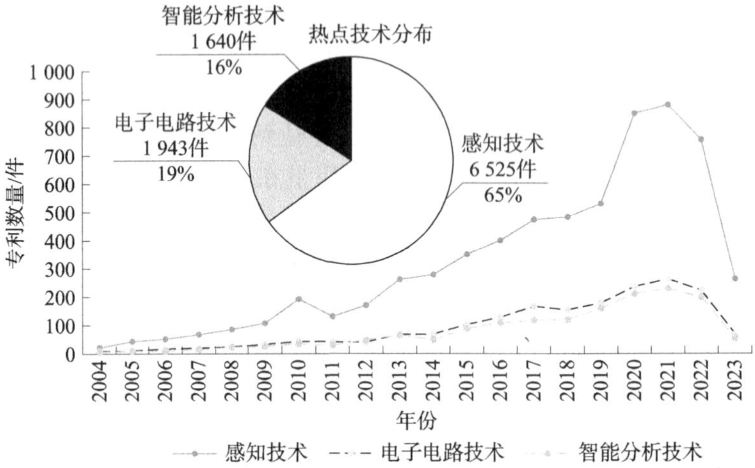

图 4-8　一级技术分支中国分布及趋势

2004—2021年，感知技术的专利申请呈现出逐年增长的趋势，感知技术的专利申请数量从22件增长到881件。这表明在呼出气体检测领域，由于对气体检测准确性和灵敏度的不断追求，感知技术的研究和创新持续增加。电子电路技术的申请趋势也呈现出逐年增长的趋势，尽管增长幅度相对较小。从2004年的9件专利申请增长到2021年的69件专利申请。电子电路技术在呼出气体检测中的应用主要涉及信号处理、数据采集和放大等方面，其增长可能是为了更好地处理和分析感知技术捕获的气体数据。智能分析技术的申请趋势也呈现出逐年增长的趋势，尽管增长幅度相对不稳定。从2004年的6件专利申请增长到2021年的230件专利申请。智能分析技术在呼出气体检测中的应用主要涉及数据分析、模式识别和异常检测等方面，其增长可能是为了提高呼出气体检测的准确性和预测能力。

总体而言，感知技术在呼出气体检测中占据主导地位，其专利数量最多，占比最高。电子电路技术和智能分析技术在呼出气体检测中的作用也不可忽视，尽管其专利数量相对较少，但它们在提高检测准确性和分析能力方面发挥着重要作用。这些专利数量和占比的分布反映了呼出气体检测技术领域的发展趋势和关注点。感知技术、电子电路技术和智能分析技术在呼出气体检测领域都呈现出逐年增长的趋势。这反映了对呼出气体检测技术的持续关注和不断创新的努力。感知技术的发展是主导趋势，电子电路技术和智能分析技术在其中起到了重要的支持作用。随着科技的不断进步和需求的增加，预计这些技术在未来会得到进一步的发展和应用。

（2）二级技术分支热点分布及趋势

从图 4-9 可知，感知技术中传感材料设计与制造有 2 113 件专利，占比 12%，该技术涉及设计和制造用于感知气体的传感材料，对特定气体产生敏感反应，从而实现气体检测。传感芯片设计与制造有 1 904 件专利，占比 10%，主要涉及设计和制造用于感知气体的传感芯片，集成了传感器和其他电子元件，用于捕捉和处理气体检测信号。传感原理有 2 835 件专利，占比 16%，涉及感知气体的原理和方法，包括吸附、化学反应、光学特性等，用于实现对不同气体的检测和识别。气体检测模块有 5 674 件专利，占比 31%。该技术涉及已申请的用于感知技术的硬件模块，包括传感器、信号处理电路、数据采集和通信模块等，用于实现气体的检测和传输。

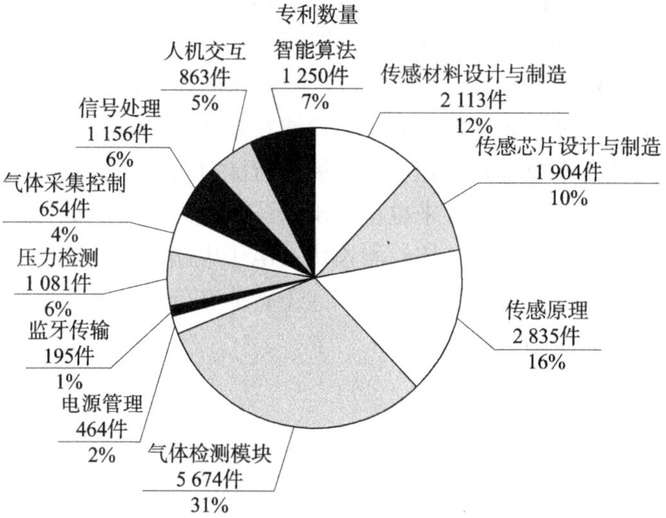

图 4-9　二级技术分支中国分布

电子电路技术中电源管理有 464 件专利，占比 2%，该技术涉及用于呼出气体检测设备的电源管理电路，用于提供稳定的电源供应和管理功耗。蓝牙传输有 195 件专利，占比 1%，该技术涉及使用蓝牙技术进行呼出气体检测数据的传输和通信，实现设备与其他设备或终端的连接与交互。压力检测有 1 081 件专利，占比 6%，该技术涉及用于检测气体压力变化的电路和传感器，用于监测气体的压力变化情况。气体采集控制有 654 件专利，占比 4%，该技术涉及用于控制和管理气体采集过程的电路和控制模块，用于确保采集的气体样本的准确性和可靠性。信号处理有 1 156 件专利，占比 6%，该技术涉及用于处理和分析感知技术捕获的气体信号的电路和算法，用于提取有效的气体检测信息。

智能分析技术中人机交互有 863 件专利，占比 5%，该技术涉及呼出气体检测设备与用户之间的交互界面和交互方式，包括显示屏、按钮、声音提示等，用于实现方便的设备操作和用户体验。智能算法有 1 250 件专利，占比 7%，涉及已申请的使用人工智能和机器学习等算法来处理和分析呼出气体检测的数据，用于识别模式、预测趋势和检测异常。

综上所述，感知技术中的气体检测模块是占比最高的二级技术分支，其在整个呼出气体检测中起到了关键的作用。电子电路技术中的压力检测和信号处理也具有相对较高的专利数量，显示了对气体压力和信号处理的重视。智能分析技术中的智能算法专利数量较高，说明对于利用人工智能和机器学习等技术进行数据分析和处理的需求增加。这些二级技术分支的发展和创新共同推动了呼出气体检测技术的进步。

从图 4-10 可以看出，2004—2023 年，传感技术在传感材料设计与制造、传感芯片设计与制造、传感原理和气体检测模块等方面呈现出逐年增长的趋势，特别是在 2019—2021 年，这些技术的增速明显加快。同时，在电子电路技术方面，电源管理、蓝牙传输和压力检测技术的应用逐年增加，而气体采集控制和信号处理技术也得到了相应的发展。智能分析技术方面人机交互和智能算法作为重要组成部分，近年来也呈现出快速增长的趋势。综合来看，传感技术在传感材料、芯片设计、气体检测模块、电子电路、人机交互和智能算法等方面都取得了显著的发展。传感技术和人工智能在未来的继续发展将为呼出气体检测行业带来更多的创新和改变。

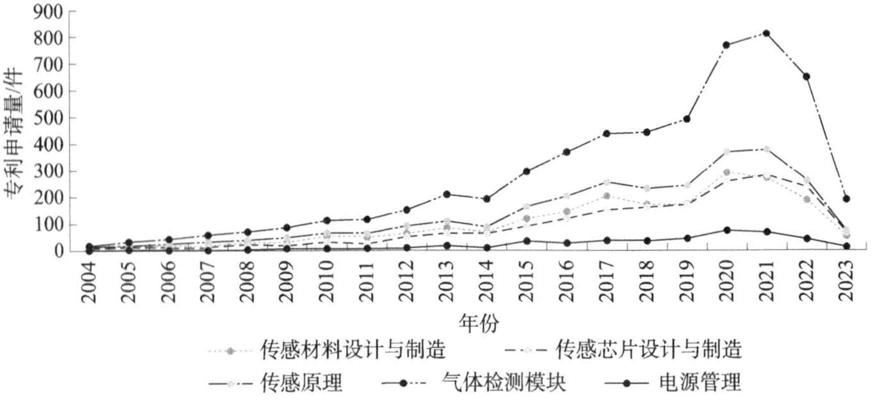

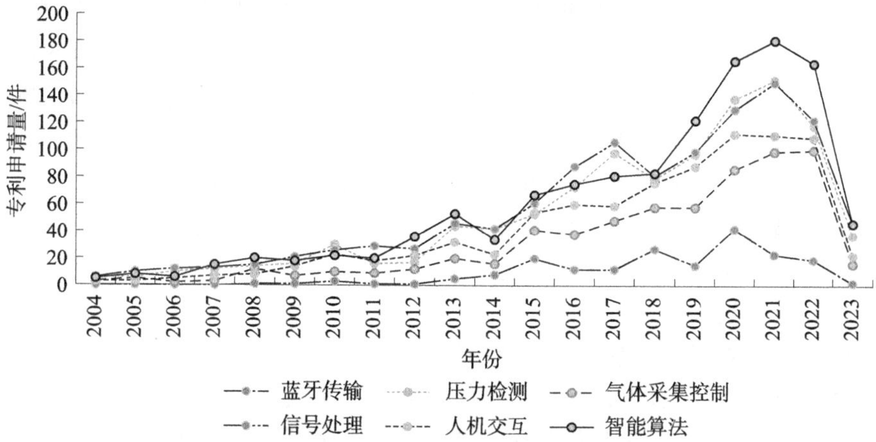

图 4-10　二级技术分支申请趋势

2. 美国

（1）一级技术分支热点分布及趋势

从图 4-11 可以看出，在感知技术、电子电路技术和智能分析技术三个一级技术分支中，感知技术占据了最大的比例，达到了 61%。感知技术在专利数量上占据了绝对优势，显示出对该领域的重视和投入。电子电路技术在专利数量上占比为 21%，居于第二位。电子电路技术在传感器领域中扮演着重要

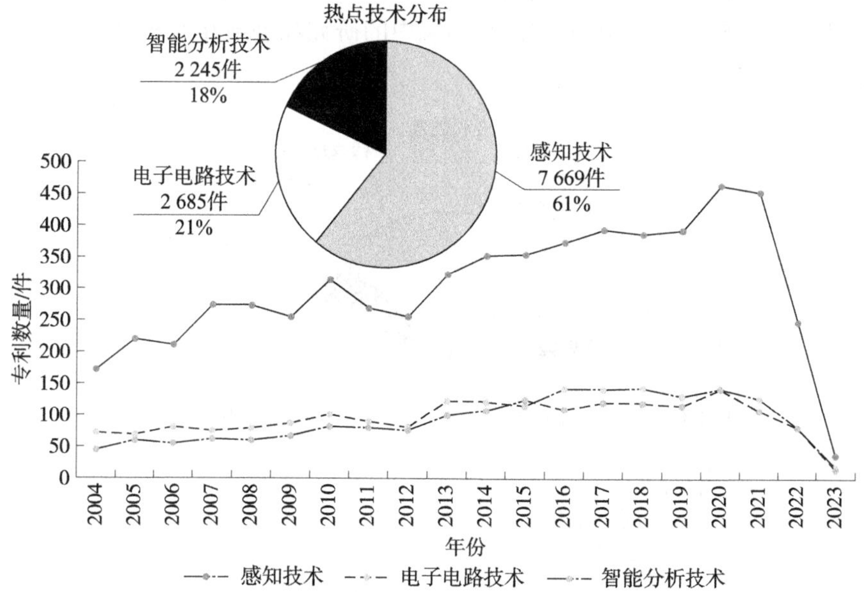

图 4-11　一级技术分支热点分布及趋势

的角色，用于信号处理、数据采集和控制等方面，其专利数量的占比反映了在传感技术领域中的一定影响力。智能分析技术在专利数量上占比为18%，位居第三位。智能分析技术在传感技术中起到了重要的作用，能够对采集到的数据进行处理和分析，提取有用的信息和模式。其专利数量占比显示了对智能分析技术的一定关注和发展。感知技术在专利数量上占据了最大的比例，电子电路技术和智能分析技术分别位居第二和第三位。这些数据反映了在传感技术领域，对感知技术的投入和关注最为突出，而电子电路技术和智能分析技术也得到了一定的发展和应用。

（2）二级技术分支热点分布及趋势

由图4-12可以看出，在呼出气体检测的二级技术分支中，气体检测模块是专利数量最多的，占比为30%，因为气体检测模块在传感技术领域具有较高的研发和应用价值。传感原理是专利数量占比为18%的二级分支，显示出对传感技术基本原理的研究和创新，对于提高传感器的灵敏度和准确性至关重要。在传感材料设计与制造、传感芯片设计与制造及气体检测模块方面，专利数量分别为2 334件、1 279件和6 018件，占比分别为12%、6%和30%。这些技术在传感器的设计、制造和应用方面具有重要意义，对于提升传感器性能和功能发挥着关键作用。信号处理、智能算法和压力检测的专利数量占比分别为9%、8%和8%。这些技术对于传感器数据的处理和分析有重要意义，电源管理、蓝牙传输、气体采集控制和人机交互等二级分支的专利数量相对较少，占比为1%～5%。这反映了在这些领域中的研究和创新相对较少，具有一定的技术应用和发展潜力。

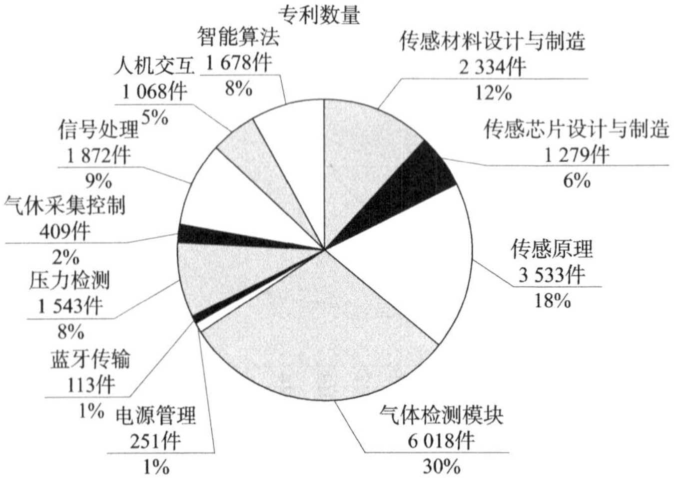

图4-12　二级技术分支分布

根据图 4-13 可以看出，在传感材料设计与制造、传感芯片设计与制造、传感原理和气体检测模块方面，专利数量的增长呈现出逐年增加的趋势。特别是在 2010 年之后，这些技术的增长速度明显加快。其中，气体检测模块的增长速度最为显著，2012—2016 年增长迅速。

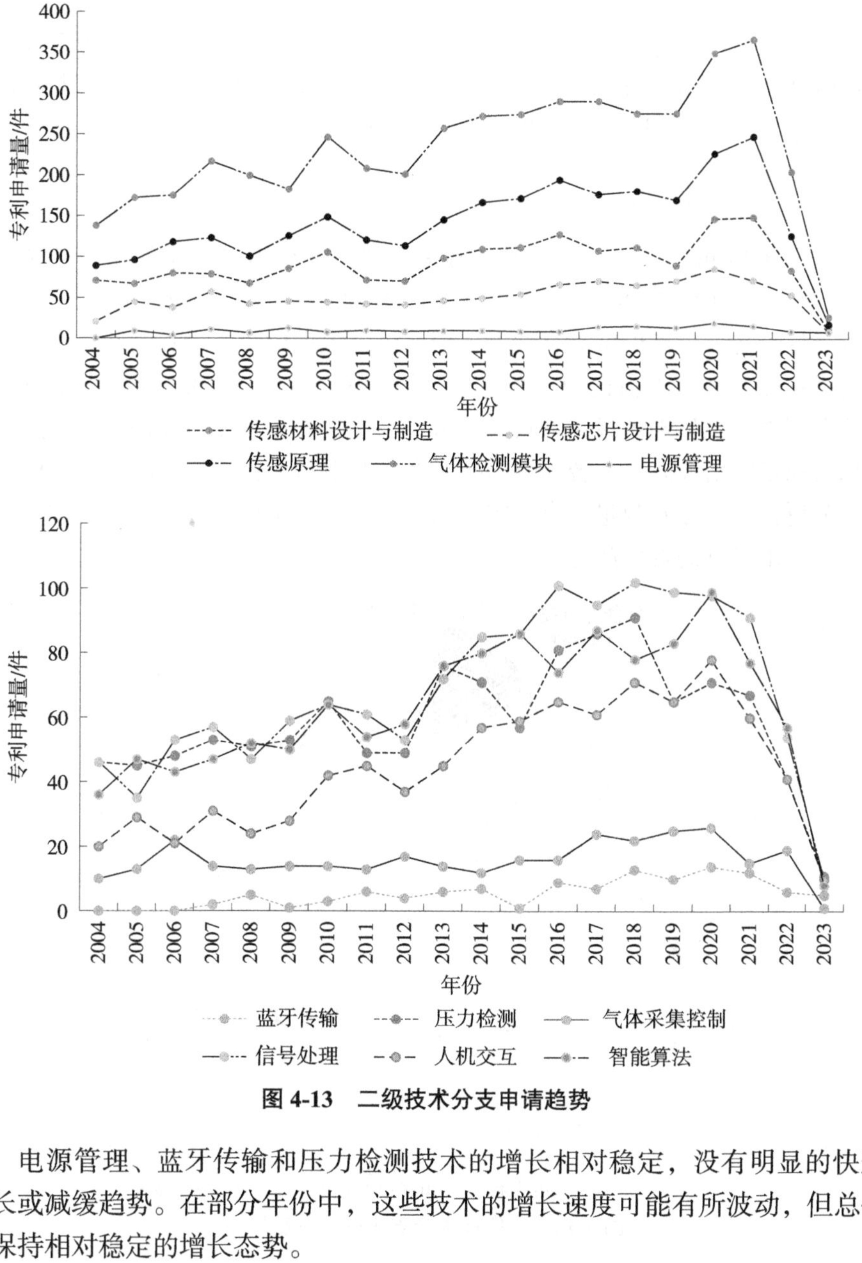

图 4-13　二级技术分支申请趋势

电源管理、蓝牙传输和压力检测技术的增长相对稳定，没有明显的快速增长或减缓趋势。在部分年份中，这些技术的增长速度可能有所波动，但总体上保持相对稳定的增长态势。

信号处理、人机交互和智能算法等技术在近几年呈现出较快的增长趋势。特别是在2010年之后，这些技术的专利数量增长迅速。

综上所述，气体检测模块占据专利数量最多的地位，传感原理、传感材料设计与制造和传感芯片设计与制造也具有一定的专利数量。气体检测模块、信号处理、人机交互和智能算法等技术在近20年中呈现出较快的增长趋势。其他技术如传感材料设计与制造、传感芯片设计与制造、传感原理、电源管理、蓝牙传输和压力检测等技术也保持了相对稳定的增长态势。此领域的电源管理、蓝牙传输、气体采集控制和人机交互等方面还有待进一步的研究和创新。

3. 日本

（1）一级技术分支热点分布及趋势

从图4-14可以看出，感知技术作为一级分支中专利数量最多的领域，占据了59%的比例。2004—2023年，感知技术的专利数量整体上呈现出增长的趋势。尽管在部分年份可能有波动，但总体上表现出稳步增长的态势。电子电路技术在专利数量上占比为21%，居于第二位。2004—2023年，电子电路技术的专利数量也呈现出逐年增长的趋势。虽然增长速度相对较慢，但仍然保持了相对稳定的增长态势。智能分析技术在专利数量上占比为20%。近20年来，智能分析技术的专利数量也有一定的增长。尽管在某些年份可能有波动，但总体上呈现出持续的发展趋势。

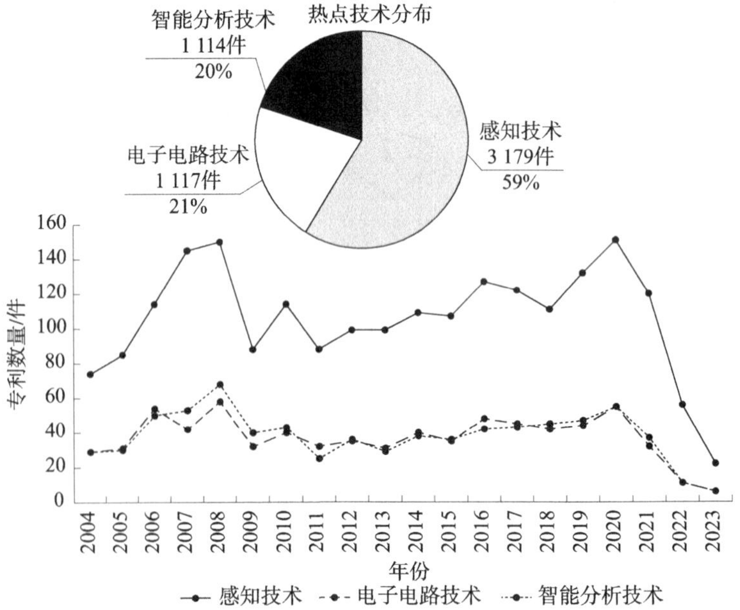

图4-14　一级技术分支热点分布及趋势

感知技术在传感技术领域占据主导地位，电子电路技术和智能分析技术也得到了一定的关注和发展。这些趋势反映了对于感知技术、电子电路技术和智能分析技术在传感技术领域的持续研究和创新投入。

（2）二级技术分支热点分布及趋势

从图 4-15 可以看出，在传感技术的二级分支中，气体检测模块是专利数量最多的，占比为 31%。这表明气体检测模块在传感技术领域具有较高的研发和应用价值。传感原理是专利数量占比为 18% 的二级分支，显示出对传感技术基本原理的研究和创新。传感原理的发展对于提高传感器的灵敏度和准确性至关重要。在传感材料设计与制造、传感芯片设计与制造及传感原理方面，专利数量分别为 1 118 件、701 件和 1 711 件，占比分别为 12.00%、7.20% 和 17.80%。这些技术在传感器的设计、制造和应用方面具有重要意义，对于提升传感器性能和功能发挥着关键作用。在其他二级分支中，信号处理、智能算法和压力检测的专利数量占比分别为 8.25%、9.60% 和 5.90%。电源管理、蓝牙传输、气体采集控制和人机交互等二级分支的专利数量相对较少，反映了在这些领域中的研究和创新相对较少，但仍然具有一定的技术应用和发展潜力。

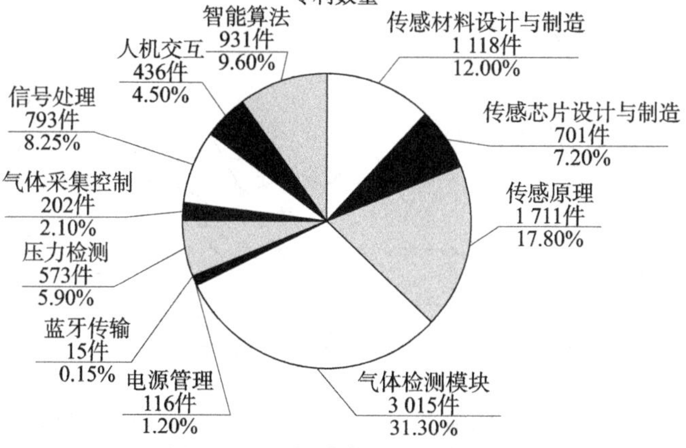

图 4-15　二级技术分支热点分布

从图 4-16 可以看出，传感材料设计与制造和传感芯片设计与制造：2004—2023 年，专利数量呈现下降趋势。这可能是由于技术的成熟和市场饱和导致的。传感原理和气体检测模块：2004—2023 年，专利数量呈现上升趋势。这表明在气体检测领域，传感原理和气体检测模块的研究和应用不断增加。电源管理：2004—2023 年，专利数量保持相对稳定。这可能是因为电源管理技术的需求相对稳定，没有出现大幅度的变化。蓝牙传输和压力检测：2004—2023 年，专利数量保持相对稳定。这表明在呼出气体检测中，蓝牙传输和压力检测的技术应用相对稳定。气体采集控制和信号处理：2004—2023年，专利数量保持相对稳定。这表明在呼出气体检测中，气体采集控制和信号处理的技术应用相对稳定。

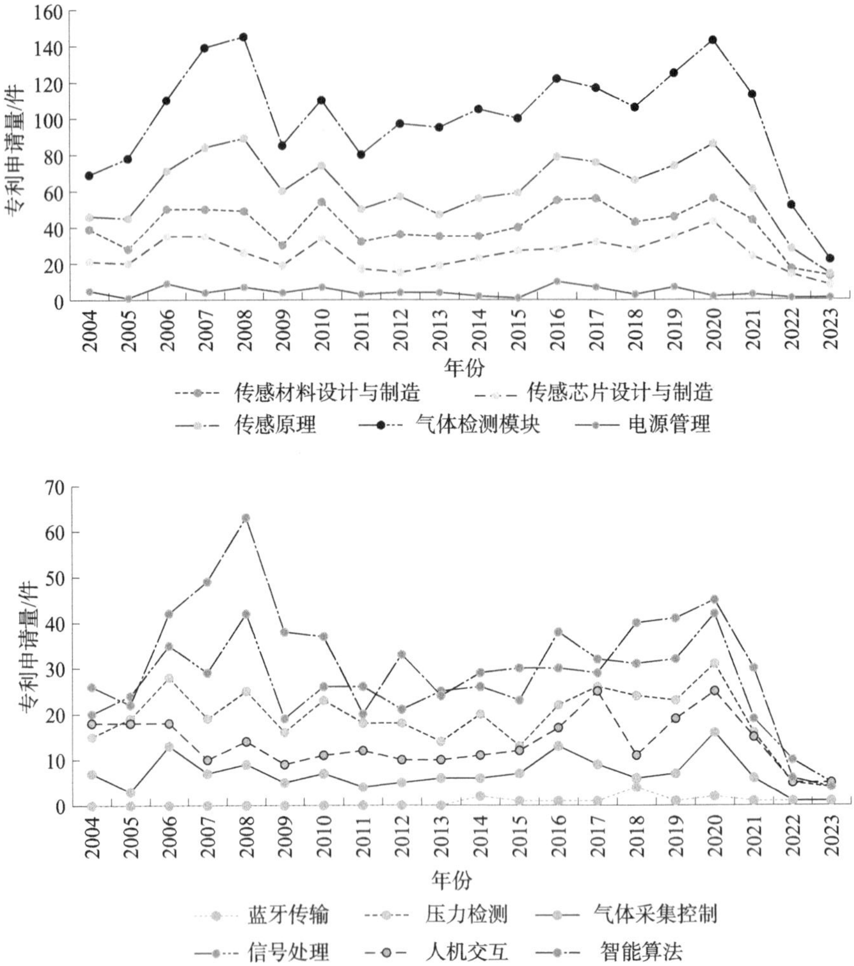

图 4-16 二级技术分支趋势

2004—2023年，人机交互和智能算法的数量保持相对稳定。这表明在呼出气体检测中，人机交互和智能算法的研究和应用相对稳定。

综上所述，气体检测模块在传感技术中占据专利数量最多的地位，传感原理、传感材料设计与制造和传感芯片设计与制造也具有一定的专利数量。信号处理、智能算法及压力检测等技术也得到了一定的关注和发展。电源管理、蓝牙传输、气体采集控制和人机交互等方面还有待进一步的研究和创新。感知技术、电子电路技术和智能分析技术在呼出气体检测中的发展呈现出不同的趋势，大部分技术数量保持相对稳定。

4.3.3　天津市专利布局重点及热点

1. 一级技术分支热点分布及趋势

从图 4-17 可以看出，感知技术在一级分支中占据了 63% 的专利数量，是最主要的研究方向。其次是智能分析技术占据了 20% 的专利数量，电子电路技术占据了 17% 的专利数量。

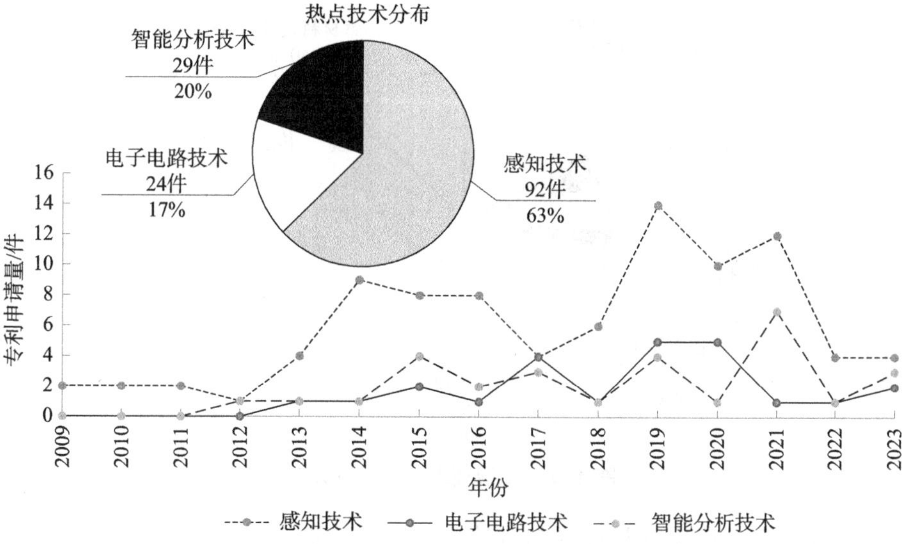

图 4-17　一级技术分支热点分布及趋势

综上所述，2009—2023 年，感知技术一直是专利申请的主要领域。在最近几年，感知技术的申请数量有所增加，从 2019 年开始呈现明显的上升趋势。而电子电路技术在 2014—2020 年之间呈现出较大的增长，但整体数量相对较少。智能分析技术在 2015—2021 年之间经历了增长，但在其他年份中相对稳定。

综合分析，感知技术在呼出气体检测中一直是研究的重点，并且在最近几年有明显的增长趋势。电子电路技术和智能分析技术相对而言在数量上较少，但在某些年份有一定的增长。这表明感知技术在呼出气体检测中的应用和研究更加广泛，而电子电路技术和智能分析技术的发展相对较为有限。未来，随着技术的进一步发展和应用需求的增加，电子电路技术和智能分析技术可能会有更多的发展机会。

2. 二级技术分支热点分布及趋势

由图 4-18 可以看出，气体检测模块占据了 30% 的专利数量，紧随其后的是传感原理，占据了 18% 的专利数量。这表明在呼出气体检测中对于传感原理的研究和创新也非常重要。这两个技术二级分支是专利申请数量最多的领域。传感材料设计与制造占据了 13% 的专利数量，位列第三。传感芯片是呼出气体检测中的核心部件，其设计与制造的专利数量反映了对于高性能、高精度传感器芯片的需求。传感芯片设计与制造占据了 11% 的专利数量，位居第四。在其他技术二级分支中，电源管理、蓝牙传输、压力检测、气体采集控制、信号处理、人机交互和智能算法的专利数量相对较少，分别占据了 2% ～ 7% 的比例。

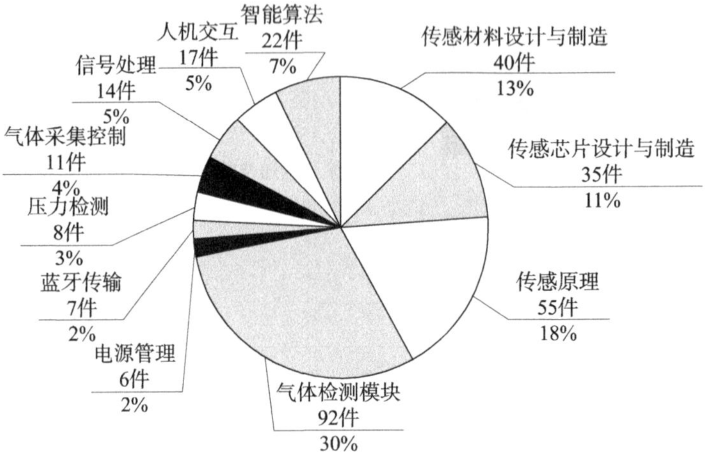

图 4-18　二级技术分支热点分布

综合分析，传感材料设计与制造、传感芯片设计与制造、传感原理和气体检测模块是呼出气体检测领域中专利申请数量较多的二级技术分支。这表明在呼出气体检测中，对于传感器材料、芯片设计、传感原理和气体检测模块的研究和创新具有重要意义。其他二级技术分支的专利数量相对较少，但也可能代表着未来的发展方向和研究重点。

由图 4-19 可以看出，天津市呼出气体检测技术起步较晚，从 2009 年才开始相关专利的申请。人机交互、气体采集控制从 2017 年开始有专利申请，而蓝牙传输、电源管理更晚，从 2021 年才开始有专利申请。各二级技术分支中，气体检测模块的申请量最多，从 2009 年开始每年都有专利申请，整体呈增加趋势，但每年的申请数量很少，除 2019—2021 年申请量达到 10 余件外，其余每年申请量均为个位数；其他各二级技术分支，年申请量也很少，大多为个位数。

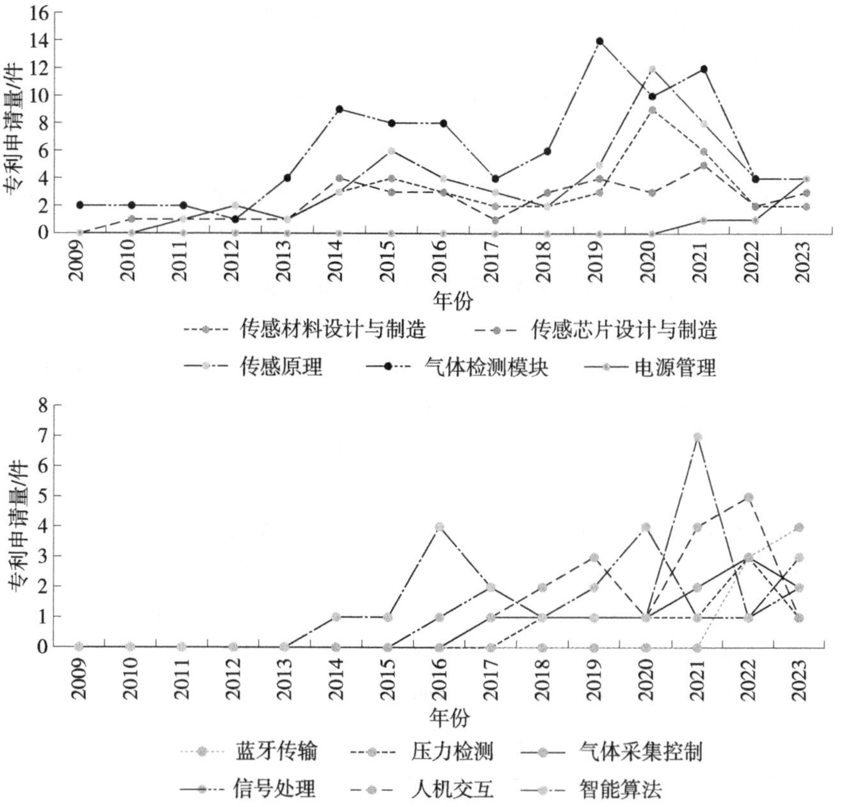

图 4-19　二级技术分支申请趋势

综上所述，近 20 年来，传感材料设计与制造、传感芯片设计与制造、传感原理和气体检测模块是呼出气体检测领域中专利申请数量较多的技术。这表明在呼出气体检测中，对于传感器材料、芯片设计、传感原理和气体检测模块的研究和创新具有重要意义。其他技术的发展相对较为稳定，但也代表着未来的发展方向和研究重点。

4.3.4　天津市专利布局和国内外的差异对比分析

从表 4-2 可以看出，天津市在传感材料设计与制造、传感芯片设计与制造、传感原理和气体检测模块方面的占比与中国、美国和日本的占比相近。这意味着天津市在这些技术领域的研究和应用相对较为接近其他国家。然而，在压力检测、信号处理和智能算法等技术方面，天津的占比相对较低，远低于中国、美国和日本。这可能暗示着天津在这些领域的研究和应用相对较弱。具体来说，在电源管理方面，天津占比约为2%，相比之下，美国和日本的占比更低。蓝牙传输方面，天津占比仅为2%，而美国和日本也只有1%和0%的占比。压力检测方面，天津占比为3%，低于美国的8%、中国和日本的6%。在气体采集控制、信号处理、人机交互和智能算法方面，天津的占比分别为4%、5%、6%和7%。我们可以看出天津在某些技术领域相对较弱，需要加强相关领域的研究和发展，提高天津在技术创新方面的竞争力。

表4-2 天津与国内外专利布局数据对比

技术二级	中国		美国		日本		天津	
	数量/件	占比/%	数量/件	占比/%	数量/件	占比/%	数量/件	占比/%
传感材料设计与制造	2 113	12	2 334	12	1 118	12	40	13
传感芯片设计与制造	1 904	10	1 279	6	701	7	35	11
传感原理	2 835	16	3 533	18	1 711	18	55	18
气体检测模块	5 674	31	6 018	30	3 015	31	92	30
电源管理	464	3	251	1	116	1	6	2
蓝牙传输	195	1	113	1	15	0	7	2
压力检测	1 081	6	1 543	8	573	6	8	3
气体采集控制	654	4	409	2	202	2	11	4
信号处理	1 156	6	1 872	9	793	8	14	5
人机交互	863	5	1 068	5	436	5	17	6
智能算法	1 250	7	1 678	8	931	10	22	7

4.4 创新主体竞争格局分析

4.4.1 全球创新主体分析

1. 全球申请人类型分布

由图4-20可知，公司是全球专利申请的主要申请人类型，其申请数量为32 795件，占比72.23%，远远超过其他类型的申请人。这表明公司在技术创新和知识产权保护方面扮演着重要的角色。个人是第二大申请人类型，占比15.13%，其申请数量为6 866件。高等院校和科研院所是第三大申请人类型，其申请数量为4 136件，占比9.11%。这表明学术界和科研机构在技术研发和创新方面发挥了重要作用，并通过专利申请来保护其研究成果。医院是专利申请的另一个重要申请人类型，其申请数量为1 036件。这反映了本领域的技术创新和医疗机构对知识产权保护的重视。其他类型的申请人包括各种非常规的申请人，其申请数量为 333 件。这可能涵盖了个体创新者、非营利组织等。政府机构是专利申请的另一个重要参与者，其申请数量为 213 件。政府机构可以通过专利申请来保护国家利益、推动技术发展或促进创新。

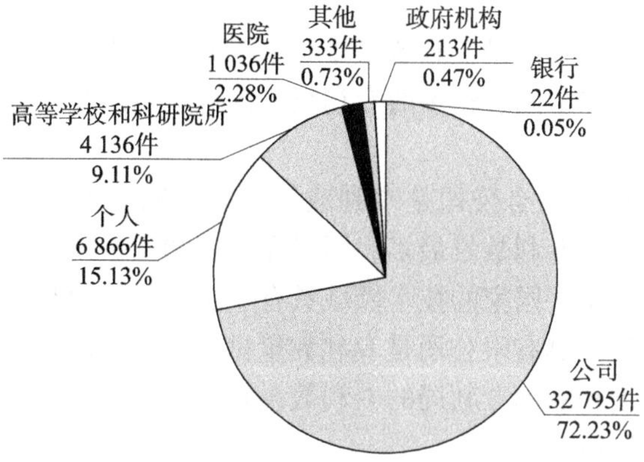

图 4-20　全球申请人类型

综上所述，全球申请人类型分布显示了不同类型申请人在专利申请中的参与程度。公司是最主要的申请人类型，而个人、高等院校和科研院所、医院、政府机构和其他类型的申请人也在专利申请中发挥着重要作用。这些不同类型的申请人共同推动了全球的技术创新和知识产权保护。

2. 全球申请人排名

根据数据图 4-21 可以看出不同申请人在专利数量方面的差异。

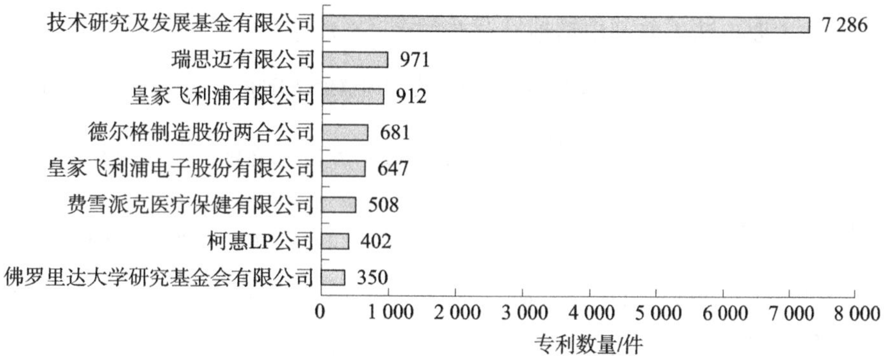

图 4-21　全球申请人排名

技术研究及发展基金有限公司是专利数量最多的申请人，拥有 7 286 件专利。这显示出该公司在技术研究和创新方面的活跃程度，以及其在知识产权保护方面的重视。该公司在美国、欧洲专利局、世界知识产权组织等国家、地区和组织都有大量的专利申请。

瑞思迈有限公司是专利数量排名第二的申请人，拥有 971 件专利。该公司在美国和日本的专利数量较高，这可能反映出其在这些国家的技术创新和市场竞争活动。

皇家飞利浦有限公司是专利数量排名第三的申请人，拥有 912 件专利。该公司在欧洲专利局和中国有较多的专利数量，这显示出其在这些地区的技术研究和创新投入。

德尔格制造股份两合公司是专利数量排名第四的申请人，拥有 681 件专利。该公司在德国的专利数量最多，同时在美国和日本也有较高的数量。这可能反映出该公司在这些国家的技术领域具有一定的影响力和创新能力。

费雪派克医疗保健有限公司是专利数量排名第六的申请人，拥有 508 件专利。该公司在美国和欧洲专利局的专利数量较高，这显示出其在医疗保健领域的技术创新和研发投入。

柯惠 LP 公司是专利数量排名第七的申请人，拥有 402 件专利。该公司在美国的专利数量最多，这可能反映出其在该国的技术创新和市场活动。

佛罗里达大学研究基金会有限公司是专利数量排名第八的申请人，拥有 350 件专利。尽管数量较少，但该公司仍然在技术研究和创新方面作出了一定的贡献。

这些数据反映了不同申请人在专利申请和创新活动方面的差异。专利数量的多少可以反映出申请人在技术研究、创新投入和市场竞争方面的实力和活跃程度。

全球主要申请人专利申请地域分布如表 4-3 所示。

表 4-3　全球主要申请人专利申请地域分布　　单位：件

公司	美国	欧洲专利局	世界知识产权组织	日本	德国	中国	以色列	澳大利亚	奥地利	加拿大
技术研究及发展基金有限公司	2 244	1 050	1 153	263	315	228	569	265	186	192
瑞思迈有限公司	214	174	69	148	25	83	0	83	41	4
皇家飞利浦有限公司	164	223	110	0	59	128	0	3	71	0
德尔格制造股份两合公司	147	34	16	46	207	37	0	22	13	8

续表

公司	美国	欧洲专利局	世界知识产权组织	日本	德国	中国	以色列	澳大利亚	奥地利	加拿大
皇家飞利浦电子股份有限公司	99	21	76	258	7	76	0	21	5	0
费雪派克医疗保健有限公司	83	75	41	64	13	34	0	69	7	25
柯惠 LP 公司	257	47	19	3	13	16	0	9	11	25
佛罗里达大学研究基金会有限公司	98	69	66	18	14	6	0	17	19	23
RIC 投资有限责任公司	113	46	41	48	9	3	0	2	11	2
马奎特紧急护理公司	78	68	23	23	38	22	0	1	19	0

这些数据提供了各公司在不同国家、地区和组织的专利数量，反映了它们在全球范围内的专利申请和创新活动。以下是对各公司地域分布的详细描述。

技术研究及发展基金有限公司在多个国家、地区和组织拥有较高的专利数量。在美国，该公司拥有 2 244 件专利，这显示出其在美国市场的技术研发和创新投入。此外，该公司在欧洲专利局和世界知识产权组织也有 1 050 件和 1 153 件专利，表明其在欧洲和国际市场的专利保护和创新活动也很活跃。此外，该公司在中国、以色列和澳大利亚等地区也有较多的专利数量，显示出其在这些地区的创新影响力。

瑞思迈有限公司在美国和日本的专利数量较高。在美国，该公司拥有 214 件专利，显示出其在美国市场的技术创新和保护活动。在日本，该公司有 148 件专利，这表明其在日本市场的技术研发和创新投入。然而，在以色列没有专利数量，表示该公司在该地区的专利申请相对较少。

皇家飞利浦有限公司在欧洲专利局和中国拥有较多的专利数量。在欧洲专利局，该公司拥有 223 件专利，显示出其在欧洲市场的技术研发和创新投入。在中国，该公司有 128 件专利，这反映出其在中国市场的技术创新和保护活动。然而，在日本和以色列没有专利数量，表示该公司在这些地区的专利申请较少。

德尔格制造股份两合公司在德国的专利数量最多，显示出其在德国市场的技术研发和创新投入。此外，在美国和日本也有较高的专利数量，这反映出该公司在这些国家的技术领域具有一定的影响力和创新能力。然而，在以色列没有专利数量，表示该公司在该地区尚未进行专利布局。

皇家飞利浦电子股份有限公司在美国、中国和德国等地区拥有一定数量的专利。在美国，该公司有99件专利，显示出其在该市场的技术研发和创新投入。在中国，该公司有76件专利，表明其在中国市场的技术创新和保护活动。在德国，该公司有7件专利，这反映出其在该国的技术领域具有一定的影响力和创新能力。然而，在加拿大没有专利数量，表示该公司在这些地区的专利申请较少。

费雪派克医疗保健有限公司在美国和欧洲专利局的专利数量较高。在美国，该公司拥有83件专利，显示出其在美国市场的技术创新和保护活动。在欧洲专利局，该公司有75件专利，表明其在欧洲市场的技术研发和创新投入。然而，在以色列没有专利数量，表示该公司在该地区尚未进行专利布局。

柯惠LP公司在美国的专利数量最多，显示出其在美国市场的技术创新和保护活动。在欧洲专利局和中国也有一定数量的专利。然而，在以色列没有专利数量，表示该公司在该地区尚未进行专利布局。

佛罗里达大学研究基金会有限公司在美国和欧洲专利局的专利数量较高。在美国，该公司拥有98件专利，显示出其在美国市场的技术研发和创新投入。在欧洲专利局，该公司有69件专利，表明其在欧洲市场的技术创新和保护活动。然而，在以色列没有专利数量，表示该公司在该地区尚未进行专利布局。

RIC投资有限责任公司在美国和欧洲专利局的专利数量较高。在美国，该公司拥有113件专利，显示出其在美国市场的技术创新和保护活动。在欧洲专利局，该公司有46件专利，表明其在欧洲市场的技术研发和创新投入。然而，在以色列没有专利数量，表示该公司在该地区尚未进行专利布局。

马奎特紧急护理公司在美国和德国的专利数量较高。在美国，该公司拥有78件专利，显示出其在美国市场的技术创新和保护活动。在德国，该公司有38件专利，表明其在德国市场的技术研发和创新投入。然而，在以色列和加拿大没有专利数量，表示该公司在该地区尚未进行专利布局。

这些数据反映了各公司在不同国家、地区和组织的专利申请和创新活动。它们可能在不同的国家、地区和组织寻求专利保护，以保护其技术和创新成果，并在全球范围内推动技术发展和市场竞争。美国是各公司申请专利数量最高的地区之一。多个公司在美国拥有大量专利，显示了美国在全球创新和技术领域的重要地位。欧洲是各公司申请专利数量较高的地区，几家公司在欧洲专利局拥有较多专利，这表明欧洲在技术研发和创新方面具有一定的实力。中国在近年来的专利申请和创新活动中扮演着重要角色。多家公司在中国拥有一定数量的专利，反映了中国在全球技术创新中的崛起。日本在某些公司的专利数量上也占据一席之地。这显示了日本在此领域的技术创新和专利保护方面的影响力。某些公司在德国也拥有一定数量的专利。这反映了德国在工程技术和制造业领域的创新能力和专利保护水平。

综上所述，美国、欧洲、中国和日本等国家和地区在全球技术创新和专利申请方面具有重要地位，各自在不同领域和公司的专利数量上都有所突出。这些国家和地区的技术创新能力和专利保护水平对于全球经济和科技发展具有重要影响。

3. 全球申请人申请趋势

根据图 4-22 可以看出：

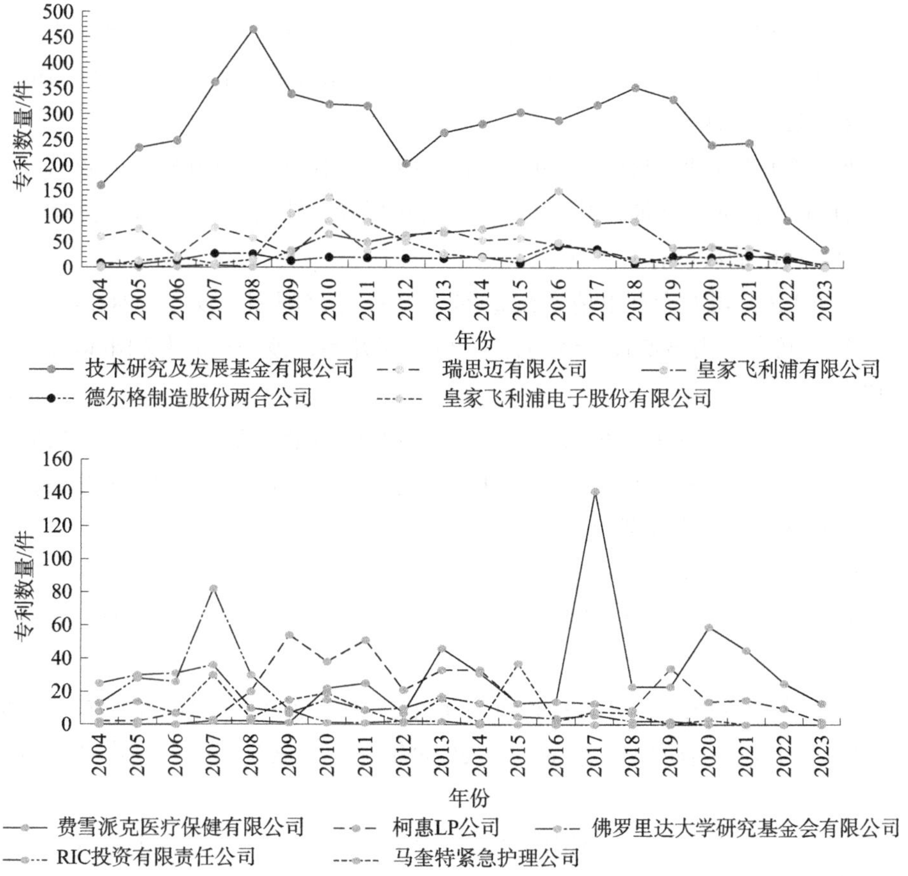

图 4-22　申请人趋势图

技术研究及发展基金有限公司的专利申请量在2004—2016年逐渐增加，但在2017—2023年之间出现了一定的波动。总体上，该公司的专利申请数量相对较高。瑞思迈有限公司的专利申请量在2004—2006年之间相对较低，但在2007—2011年之间有了明显增长。然而，从2012年开始，该公司的专利申请数量呈现下降趋势。

皇家飞利浦有限公司的专利申请量在2004—2009年之间较低，但从2010年开始迅速增加，并在2016—2018年期间达到高峰。然而，从2019年开始，该公司的专利申请数量有所下降。

德尔格制造股份两合公司的专利申请量在2004—2007年之间相对较低，但在2008—2016年之间逐渐增加。然而，从2017年开始，该公司的专利申请数量有所下降。

皇家飞利浦电子股份有限公司的专利申请量在2004—2011年之间相对较低，但在2012—2016年之间迅速增加。然而，从2017年开始，该公司的专利申请数量逐渐减少。

费雪派克医疗保健有限公司的专利申请量在2004—2010年之间较低，但从2011年开始迅速增加，并在2017年达到高峰。然而，从2018年开始，该公司的专利申请数量有所下降。

柯惠LP公司的专利申请量在2004—2011年之间相对较低，但在2012—2016年之间有了明显增长。然而，从2017年开始，该公司的专利申请数量逐渐减少。

佛罗里达大学研究基金会有限公司的专利申请量在2004—2006年之间相对较低，但在2007—2012年之间有了一定增长。然而，从2013年开始，该公司的专利申请数量逐渐减少。

RIC投资有限责任公司的专利申请量在2004—2006年之间相对较低，但在2007—2010年之间有了明显增长。然而，从2011年开始，该公司的专利申请数量逐渐减少。

马奎特紧急护理公司的专利申请量在2004—2007年之间相对较低，但从2008年开始逐渐增加。然而，从2014年开始，该公司的专利申请数量有所下降。

在整个20年的时间范围内，各申请人的专利申请数量总体上呈现出一定的波动和变化。

2004—2008年，多个申请人的专利申请数量呈现增长趋势，其中技术研究及发展基金有限公司、瑞思迈有限公司和皇家飞利浦有限公司的专利申请数量增长较为显著。在 2009—2013 年之间，一些申请人的专利申请数量出现了波动或下降，如技术研究及发展基金有限公司和瑞思迈有限公司。从 2014 年开始，多个申请人的专利申请数量再次呈现增长趋势，其中技术研究及发展基金有限公司、皇家飞利浦有限公司和费雪派克医疗保健有限公司的专利申请数量有所增加。然而，从 2019 年开始，一些申请人的专利申请数量再次出现下降，如技术研究及发展基金有限公司、瑞思迈有限公司和皇家飞利浦有限公司。

需要注意的是，最近几年的数据（2022 年和 2023 年）显示了一些申请人的专利申请数量呈明显减少的趋势，这可能是因为数据截至 2021 年，而 2022 年和 2023 年的数据尚未完整统计。

综上所述，整体趋势显示了不同申请人在 20 年时间范围内的专利申请数量的波动和变化。不同申请人在不同时间段表现出增长、下降或波动的趋势，这可能受到各公司的技术研发和创新活动、市场需求及法律和商业环境等因素的影响。

4.4.2　中国创新主体分析

1. 中国专利申请人类型分布

从图 4-23 可知，在呼出气体检测产业中公司是专利数量最多的申请人类型，共有 4 218 件专利申请，占比 62.7%。这表明许多公司在该领域积极进行专利申请，可能是为了保护他们的技术和创新成果，同时也反映了公司在该领域的活跃度和竞争程度。高等院校和科研院所是第二大申请人类型，共有 1 025 件专利申请。这表明在该领域，许多高等院校和科研机构也积极进行专利申请，这意味着他们在该领域的研究和创新活动较为活跃。个人是第三大申请人类型，共有 828 件专利申请。相较于公司，个人专利申请数量较少，意味着个人在该领域的创新和研究相对较少，或者更多依赖于公司或其他机构进行专利申请。医院是专利申请数量第四多的申请人类型，共有 644 件专利申请。这表明医院在该领域也有一定的参与和创新活动，可能与医疗相关的技术和创新有关。

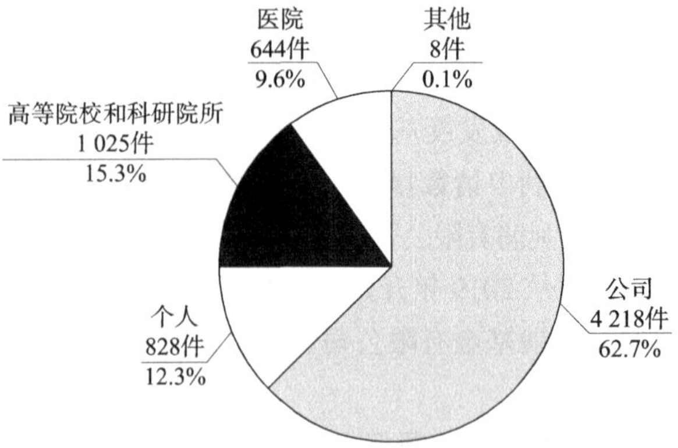

图 4-23 申请人类型分布

综上所述，该表格数据显示了不同类型的申请人在该领域中的专利数量分布。公司是专利数量最多的申请人类型，个人、高等院校和科研院所和医院也有一定的参与。

2. 中国申请人排名

从图 4-24 可以看出，在呼出气体检测产业中，技术研究及发展基金有限公司是中国申请人中专利数量最多的，共有 228 件专利申请。这显示该公司在呼出气体检测领域的创新和研究活动非常活跃，可能是该领域的主要技术推动力之一。深圳市中核海得威生物科技有限公司排名第二，申请了 137 件专利。该公司在呼出气体检测领域的专利数量较多，表明其在该领域的研究和创新方面有一定的实力。

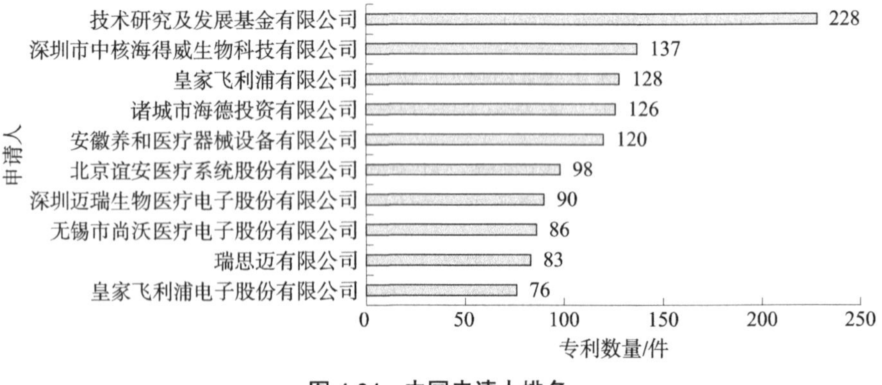

图 4-24 中国申请人排名

皇家飞利浦有限公司、诸城市海德投资有限公司和安徽养和医疗器械设备有限公司分别排名第三、第四和第五，分别申请了 128 件、126 件和 120 件专利。这些公司在该领域的专利申请数量相近，都表明他们在呼出气体检测产业中的参与度较高。北京谊安医疗系统股份有限公司、深圳迈瑞生物医疗电子股份有限公司、无锡市尚沃医疗电子股份有限公司和瑞思迈有限公司分别排名第六到第九，申请的专利数量分别为 98、90、86 和 83 件。这些公司在呼出气体检测产业中也有一定的专利申请数量，表明它们在该领域的研究和创新活动也具备一定的实力。皇家飞利浦电子股份有限公司排名第十，申请了 76 件专利。尽管数量较少，但也显示了该公司在呼出气体检测领域的一定程度的研究和创新。

综上所述，中国的呼出气体检测产业中有多家公司和机构积极进行专利申请，并在该领域的研究和创新活动中发挥重要作用。技术研究及发展基金有限公司、深圳市中核海得威生物科技有限公司及其他排名靠前的公司在该产业中的专利申请数量较多，展示了在呼出气体检测领域的领先地位和创新实力。

根据图 4-25 可以看到，在近 20 年中，呼出气体检测产业中排名前 10 的中国申请人的专利申请趋势呈现多样化的特点。

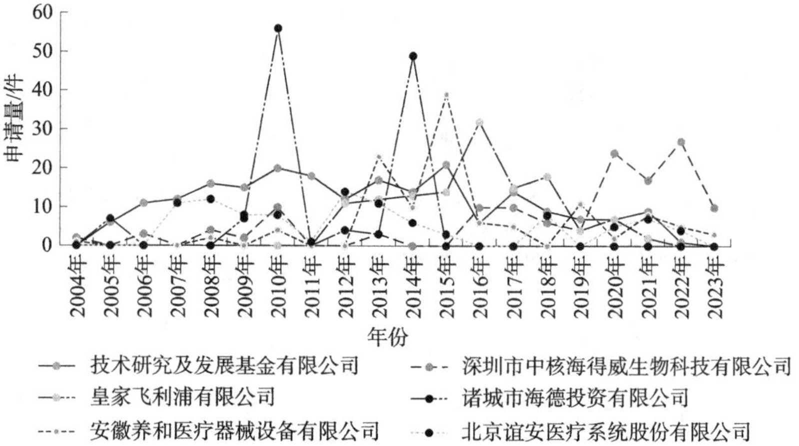

图 4-25　申请人趋势分析

技术研究及发展基金有限公司的专利申请数量在早期相对稳定，然后在 2011—2013 年期间有所增加，但之后又出现了波动。反映了该公司在这个领域的研究和创新活动的变化，以及可能的市场需求和竞争态势。深圳市中核海得威生物科技有限公司的专利申请数量在近 20 年中呈现起伏的趋势。从 2013 年开始，申请数量逐渐增长，并在 2022 年和 2023 年达到最高点。这意味着该公司在呼出气体检测领域的研究和创新活动逐渐增加，并取得了一定的成果。皇家飞利浦有限公司的专利申请数量在早期较低，然后在 2011—2014 年期间有所增加。然而，之后申请数量逐渐下降，最近几年甚至只有少量申请。这与该公司在呼出气体检测领域的研究方向和战略调整有关。诸城市海德投资有限公司的专利申请数量在早期较低，然后在2010—2013年期间大幅增加，之后又减少至零。这反映了该公司在呼出气体检测领域的研究和创新活动的变化，或者是战略调整的结果。安徽养和医疗器械设备有限公司的专利申请数量在早期较少，但从2015年开始逐渐增加。这可能意味着该公司在近年来加大了在呼出气体检测领域的研究和创新力度，并取得了一定的成果。北京谊安医疗系统股份有限公司的专利申请数量在2007—2011年期间有所增加，然后相对稳定。从2016年开始，申请数量逐渐下降。这可能反映了该公司在呼出气体检测领域的研究和创新活动的变化，或者是市场需求的调整。

根据表4-4可知，拥有最多感知技术专利数量的公司是技术研究及发展基金有限公司，共有151件专利；电子电路技术专利数量最多的公司是皇家飞利浦有限公司，共有35件专利；在智能分析技术方面，无锡市尚沃医疗电子股份有限公司拥有最多的专利，共计30件。

表4-4 企业作为一级技术分支申请主体信息　　单位：件

感知技术		电子电路技术		智能分析技术	
申请人	专利数量	申请人	专利数量	申请人	专利数量
技术研究及发展基金有限公司	151	皇家飞利浦有限公司	35	无锡市尚沃医疗电子股份有限公司	30
诸城市海德投资有限公司	126	无锡市尚沃医疗电子股份有限公司	34	汉威科技集团股份有限公司	23
深圳市中核海得威生物科技有限公司	117	汉威科技集团股份有限公司	31	皇家飞利浦有限公司	20
安徽养和医疗器械设备有限公司	113	瑞思迈有限公司	26	深圳市步锐生物科技有限公司	15
皇家飞利浦有限公司	71	皇家飞利浦电子股份有限公司	16	安徽养和医疗器械设备有限公司	15
北京华亘安邦科技有限公司	64	深圳市步锐生物科技有限公司	15	瑞思迈感测技术有限公司	14
北京谊安医疗系统股份有限公司	63	安徽养和医疗器械设备有限公司	15	深圳市中核海得威生物科技有限公司	14
无锡市尚沃医疗电子股份有限公司	60	瑞思迈感测技术有限公司	14	瑞思迈有限公司	12
汉威科技集团股份有限公司	58	深圳市中核海得威生物科技有限公司	14	广州华友明康光电科技有限公司	11
深圳市步锐生物科技有限公司	55	深圳市迈瑞生物医疗电子股份有限公司	13	深圳市迈瑞生物医疗电子股份有限公司	10
技术研究及发展基金有限公司	151	北京谊安医疗系统股份有限公司	12	必睿思（杭州）科技有限公司	9

续表

感知技术		电子电路技术		智能分析技术	
申请人	专利数量	申请人	专利数量	申请人	专利数量
瑞思迈有限公司	54	安徽养和医疗器械设备有限公司	12	德尔格制造股份两合公司	8
深圳迈瑞生物医疗电子股份有限公司	52	深圳市中核海得威生物科技有限公司	12	北京谊安医疗系统股份有限公司	7
广州华友明康光电科技有限公司	45	广州华友明康光电科技有限公司	11	江苏华亘泰来生物科技有限公司	7
安徽中核桐源科技有限公司	44	费雪派克医疗保健有限公司	10	皇家飞利浦电子股份有限公司	7
江苏华亘泰来生物科技有限公司	43	佳思德科技（深圳）有限公司	9	艾森利克斯公司	6
皇家飞利浦电子股份有限公司	38	合肥微谷医疗科技有限公司	8	深圳市美好创亿医疗科技股份有限公司	6
佳思德科技（深圳）有限公司	33	马奎特紧急护理公司	8	合肥微谷医疗科技有限公司	5
湖南明康中锦医疗科技股份有限公司	27	浙江亿联康医疗科技有限公司	8	赛客（厦门）医疗器械有限公司	5
深圳市安保医疗科技股份有限公司	27	深圳市先亚生物科技有限公司	8	深圳市威尔电器有限公司	5
上海得威文化娱乐发展有限公司	26	深圳市美好创亿医疗科技股份有限公司	8	杭州巨之灵科技有限公司	4
北京航天长峰股份有限公司	25	艾森利克斯公司	7	云南中烟工业有限责任公司	4
费雪派克医疗保健有限公司	25	康泰医学系统（秦皇岛）股份有限公司	7	江苏阳光海克医疗器械有限公司	4
德尔格制造股份两合公司	23	北京森美希克玛生物科技有限公司	6	纳智源科技（唐山）有限责任公司	4
瑞思迈感测技术有限公司	21	赛客（厦门）医疗器械有限公司	6	佐尔医药公司	4
苏州华亘阀门有限公司	21	柯惠 LP 公司	6	南通永康检测技术有限公司	4
河北华亘科技有限公司	18	北京雅果科技有限公司	5	深圳市先亚生物科技有限公司	4
浙江亿联康医疗科技有限公司	18	通用电气公司	5	立本医疗器械（成都）有限公司	4
北京雅果科技有限公司	15	惠雨恩科技（深圳）有限公司	5	海南聚能科技创新研究院有限公司	4
濡新（北京）科技发展有限公司	15	瑞思迈巴黎公司	5	忠信制模（东莞）有限公司	4

续表

感知技术		电子电路技术		智能分析技术	
申请人	专利数量	申请人	专利数量	申请人	专利数量
康泰医学系统（秦皇岛）股份有限公司	15	深圳市威尔电器有限公司	5	费雪派克医疗保健有限公司	4
山东艾泰克环保科技股份有限公司	14	深圳融昕医疗科技有限公司	5	康泰医学系统（秦皇岛）股份有限公司	4
深圳市美好创亿医疗科技股份有限公司	14	杭州巨之灵科技有限公司	4	佳思德科技（深圳）有限公司	4
深圳市威尔电器有限公司	14	西门子股份公司	4	辐瑞森生物科技（昆山）有限公司	4
必睿思（杭州）科技有限公司	13	心脏起搏器股份公司	4	艾可系统瑞典公司	3
瑞思迈巴黎公司	13	北京知几未来医疗科技有限公司	4	西门子股份公司	3
合肥微谷医疗科技有限公司	12	纳智源科技（唐山）有限责任公司	4	迈柯唯销售服务德国有限公司	3
奥斯通医疗有限公司	12	特鲁德尔医学国际公司	4	新绎健康科技有限公司	3
迪亚特电子（深圳）有限公司	12	深圳市科运科技有限公司	4	广州弘凯物联网服务有限公司	3
惠雨恩科技（深圳）有限公司	12	广州瑞普医疗科技有限公司	4	杭州汇馨传感技术有限公司	3
深圳市先亚生物科技有限公司	12	南京鱼跃软件技术有限公司	4	深圳鼎邦生物科技有限公司	3
湖北华强科技股份有限公司	12	欧姆龙健康医疗事业株式会社	4	北京知几未来医疗科技有限公司	3
马奎特紧急护理公司	11	佐尔医药公司	4	日本光电工业株式会社	3
3M 创新有限公司	11	南通永康检测技术有限公司	4	上海朔茂网络科技有限公司	3
深圳市科运科技有限公司	11	江苏鱼跃医疗设备股份有限公司	4	广州瑞普医疗科技有限公司	3
赛客（厦门）医疗器械有限公司	11	诺顿（沃特福德）有限公司	4	亿联康（杭州）智能医疗科技有限公司	3
深圳迈瑞科技有限公司	11	海南聚能科技创新研究院有限公司	4	一汽奔腾轿车有限公司	3
南京诺令生物科技有限公司	11	飞利浦 RS 北美有限责任公司	4	切尔卡斯亚有限公司	3
中国同辐股份有限公司	11	佳思德科技（深圳）有限公司	9	无锡市尚沃医疗电子股份有限公司	30

从公司角度来看，无锡市尚沃医疗电子股份有限公司在感知技术、电子电路技术和智能分析技术方面都拥有较高的专利数量，分别为 60 件、34 件和 30 件，表现突出。此外，专利数量较多的公司还有：皇家飞利浦有限公司、深圳市中核海得威生物科技有限公司、安徽养和医疗器械设备有限公司、瑞思迈有限公司等。

从表 4-5 可以看出，感知技术在不同学校和科研院所中的专利数量呈现出一定的差异。根据提供的数据可以看出，中国科学院大连化学物理研究所在感知技术领域拥有 35 件专利，位居榜首。这显示出该研究所在感知技术方面的研究实力和创新能力。紧随其后的是浙江大学，拥有 33 件感知技术专利，展示了该校在该领域的研究实力。重庆大学紧随其后，拥有 27 件感知技术专利，也表明了该校在该领域的研究活动。此外，哈尔滨工业大学深圳研究生院以 26 件专利位列第四，深圳市中核海得威生物科技有限公司以 24 件专利紧随其后，山东大学和中国科学院合肥物质科学研究所分别拥有 23 件和 21 件专利。在电子电路技术方面，重庆大学以 20 件专利数量位居榜首。中国科学院大连化学物理研究所和浙江大学分别拥有 18 件和 16 件专利。在智能分析技术方面，中国科学院大连化学物理研究所以 26 件专利数量再次位居榜首。浙江大学和重庆大学分别拥有 19 件和 14 件专利。

表 4-5　高等院校和科研院所作为一级技术分支申请主体信息　　单位：件

感知技术		电子电路技术		智能分析技术	
申请人	专利数量	申请人	专利数量	申请人	专利数量
中国科学院大连化学物理研究所	35	重庆大学	20	中国科学院大连化学物理研究所	26
浙江大学	33	中国科学院大连化学物理研究所	18	浙江大学	19
重庆大学	27	浙江大学	16	重庆大学	14
哈尔滨工业大学深圳研究生院	26	吉林大学	12	吉林大学	12
山东大学	23	中国科学院合肥物质科学研究所	10	中国科学院合肥物质科学研究所	12
中国科学院合肥物质科学研究所	21	华南理工大学	9	上海交通大学	11
吉林大学	20	四川大学	8	山东大学	8

续表

感知技术		电子电路技术		智能分析技术	
申请人	专利数量	申请人	专利数量	申请人	专利数量
广东以色列理工学院	19	电子科技大学	7	复旦大学	7
上海交通大学	15	北京航空航天大学	7	河北工业大学	7
中国人民解放军空军军医大学	14	上海交通大学	6	四川大学	7
中山大学	11	河北工业大学	6	浙江工业大学	5
北京航空航天大学	11	浙江师范大学	6	中山大学	5
四川大学	11	中国矿业大学	5	理工大学	5
中国矿业大学	10	中山大学	5	上海工程技术大学	5
复旦大学	10	南京信息工程大学	5	东南大学	5
清华大学	10	东南大学	5	暨南大学	5
天津大学	10	天津大学	5	天津大学	5
华南理工大学	9	合肥工业大学	5	合肥工业大学	5
河北工业大学	8	山东大学	5	北京大学	5
浙江理工大学	8	北京大学	5	浙江师范大学	5
东南大学	8	浙江工业大学	4	上海理工大学	4
合肥工业大学	8	西安交通大学	4	中国矿业大学	4
北京大学	8	复旦大学	4	西安交通大学	4
浙江师范大学	8	南京大学	4	湖南大学	4
浙江工业大学	7	中国科学院长春光学精密机械与物理研究所	4	南京信息工程大学	4
上海健康医学院	7	清华大学	4	电子科技大学	4
南京大学	7	广东工业大学	4	广东工业大学	4
西安建筑科技大学	7	中国计量大学	3	上海交通大学医学院附属第九人民医院	4
电子科技大学	7	上海理工大学	3	中国科学院上海微系统与信息技术研究所	3
上海理工大学	6	中国人民解放军空军军医大学	3	中国计量大学	3
西安交通大学	6	普林斯顿大学理事会	3	广州呼吸健康研究院	3
黄河科技学院	6	湖南大学	3	普林斯顿大学理事会	3

续表

感知技术		电子电路技术		智能分析技术	
申请人	专利数量	申请人	专利数量	申请人	专利数量
上海工程技术大学	6	福州大学	3	徐州医科大学	3
南京信息工程大学	6	徐州医科大学	3	南京大学	3
暨南大学	6	中国科学院生态环境研究中心	3	中国科学院长春光学精密机械与物理研究所	3
加利福尼亚大学董事会	6	哈尔滨工业大学深圳研究生院	3	南京邮电大学	3
深圳大学	6	南京邮电大学	3	中国烟草总公司郑州烟草研究院	3
武汉大学	5	中国烟草总公司郑州烟草研究院	3	中南大学	3
广州呼吸健康研究院	5	江苏师范大学	3	江苏师范大学	3
华北理工大学	5	华北理工大学	3	长春理工大学	3
北京化工大学	5	暨南大学	3	广州医科大学附属第一医院（广州呼吸中心）	3
中国科学院上海微系统与信息技术研究所	4	河北大学	3	河北大学	3
南华大学	4	加利福尼亚大学董事会	3	中国石油大学（华东）	3
东北大学	4	中国中医科学院	3	北京航空航天大学	3
中国船舶重工集团公司第七一八研究所	4	中国科学院心理研究所	3	中国中医科学院	3
哈尔滨工业大学	4	军事科学院军事医学研究院军事兽医研究所	3	军事科学院军事医学研究院军事兽医研究所	3
中国人民解放军海军医学研究所	4	之江实验室	2	之江实验室	3

通过对这些数据的分析，可以看出中国科学院大连化学物理研究所在感知技术、电子电路技术和智能分析技术方面表现出色，是该领域的领先研究机构之一。同时，浙江大学、重庆大学等也在感知技术领域展现出了较高的研究实力。

具体到二级分支对应的中国申请主体信息见表 4-6。

表 4-6　二级分支申请主体信息

单位：件

传感材料设计与制造		传感芯片设计与制造		传感原理		气体检测模块		电源管理		蓝牙传输		压力检测		气体采集控制		信号处理		人机交互		智能算法	
申请人	专利数量	申请人	专利数量	申请人	专利数量	申请人	专利数量	申请人	专利数量	申请人	专利数量	申请人	专利数量	申请人	专利数量	申请人	专利数量	申请人	专利数量	申请人	专利数量
皇家飞利浦有限公司	50	北京谊安医疗系统股份有限公司	30	皇家飞利浦有限公司	62	皇家飞利浦有限公司	71	深圳市步锐生物科技有限公司	15	深圳市步锐生物科技有限公司	15	皇家飞利浦有限公司	25	无锡市尚沃医疗电子股份有限公司	25	皇家飞利浦有限公司	31	皇家飞利浦有限公司	15	无锡市尚沃医疗电子股份有限公司	29
瑞思迈有限公司	45	无锡市尚沃医疗电子股份有限公司	23	瑞思迈有限公司	46	北京谊安医疗系统股份有限公司	63	安徽养和医疗器械设备有限公司	15	安徽养和医疗器械设备有限公司	15	无锡市尚沃医疗电子股份有限公司	24	汉威科技集团股份有限公司	18	汉威科技集团股份有限公司	23	深圳市步锐生物科技有限公司	15	中国科学院大连化学物理研究所	25
无锡市尚沃医疗电子股份有限公司	31	中国科学院大连化学物理研究所	23	无锡市尚沃医疗电子股份有限公司	39	无锡市尚沃医疗电子股份有限公司	60	深圳市中核海得威生物科技有限公司	14	深圳市中核海得威生物科技有限公司	14	瑞思迈有限公司	22	深圳市步锐生物科技有限公司	15	瑞思迈有限公司	19	安徽养和医疗器械设备有限公司	15	浙江大学	17
北京谊安医疗系统股份有限公司	23	深圳迈瑞生物医疗电子股份有限公司	33	北京谊安医疗系统股份有限公司	33	汉威科技集团股份有限公司	58	汉威科技集团股份有限公司	12	广州华友明康光电科技有限公司	11	汉威科技集团股份有限公司	17	安徽养和医疗器械设备有限公司	15	重庆大学	16	瑞思迈感测技术有限公司	14	深圳市步锐生物科技有限公司	15

续表

传感材料设计与制造		传感芯片设计与制造		传感原理		气体检测模块		电源管理		蓝牙传输	
申请人	专利数量	申请人	专利数量	申请人	专利数量	申请人	专利数量	申请人	专利数量	申请人	专利数量
汉威科技集团股份有限公司	23	浙江大学	22	皇家飞利浦电子股份有限公司	28	瑞思迈有限公司	54	广州华友明康光电科技有限公司	11	汉威科技集团股份有限公司	5
皇家飞利浦电子股份有限公司	21	重庆大学	22	汉威科技集团股份有限公司	25	深圳迈瑞生物医疗电子股份有限公司	52	重庆大学	6	浙江大学	5
深圳迈瑞生物医疗电子股份有限公司	20	吉林大学	19	深圳迈瑞生物医疗电子股份有限公司	24	皇家飞利浦电子股份有限公司	38	无锡市尚沃医疗电子股份有限公司	5	河北工业大学	4
费雪派克医疗保健有限公司	19	汉威科技集团股份有限公司	16	浙江大学	22	中国科学院大连化学物理研究所	35	深圳市美好创亿医疗科技股份有限公司	5	北京道贞健康科技发展有限责任公司	3

压力检测		气体采集控制		信号处理		人机交互		智能算法	
申请人	专利数量	申请人	专利数量	申请人	专利数量	申请人	专利数量	申请人	专利数量
深圳市步锐生物科技有限公司	15	深圳市中核海得威生物科技有限公司	14	深圳市步锐生物科技有限公司	15	深圳市中核海得威生物科技有限公司	14	汉威科技集团股份有限公司	15
安徽养和医疗器械设备有限公司	15	中国科学院大连化学物理研究所	11	安徽养和医疗器械设备有限公司	15	无锡市尚沃医疗电子股份有限公司	12	安徽养和医疗器械设备有限公司	15
深圳市中核海得威生物科技有限公司	14	广州华友明康光电科技有限公司	11	瑞思迈感测技术有限公司	14	汉威科技集团股份有限公司	12	深圳市中核海得威生物科技有限公司	14
北京谊安医疗系统股份有限公司	11	浙江大学	10	深圳市中核海得威生物科技有限公司	14	广州华友明康光电科技有限公司	11	广州华友明康光电科技有限公司	11

续表

传感材料设计与制造		传感芯片设计与制造		传感原理		气体检测模块		电源管理		蓝牙传输		压力检测		气体采集控制		信号处理		人机交互		智能算法	
申请人	专利数量	申请人	专利数量	申请人	专利数量	申请人	专利数量	申请人	专利数量	申请人	专利数量	申请人	专利数量	申请人	专利数量	申请人	专利数量	申请人	专利数量	申请人	专利数量
瑞思迈感测技术有限公司	17	中国科学院合肥物质科学研究所	13	费雪派克医疗保健有限公司	21	浙江大学	33	纳智源科技（唐山）有限责任公司	4	技术研究及发展基金有限公司	3	广州华友明康光电科技有限公司	11	重庆大学	9	浙江大学	13	浙江大学	10	吉林大学	11
浙江大学	15	山东大学	13	瑞思迈感测技术有限公司	20	佳思德科技（深圳）有限公司	33	浙江大学	4	费雪派克医疗保健有限公司	3	瑞思迈感测技术有限公司	11	深圳迈瑞生物医疗电子股份有限公司	8	中国科学院大连化学物理研究所	12	重庆大学	10	中国科学院合肥物质科学研究所	11
湖南明康中锦医疗科技股份有限公司	14	德尔格制造股份两合公司	13	重庆大学	20	复旦大学附属中山医院	27	海南聚能科技创新研究院有限公司	4	重庆大学	3	深圳市安保医疗科技股份有限公司	11	深圳市美好创亿医疗科技股份有限公司	7	皇家飞利浦电子股份有限公司	12	瑞思迈有限公司	9	上海交通大学	10
重庆大学	14	费雪派克医疗保健有限公司	12	湖南明康中锦医疗科技股份有限公司	19	湖南明康中锦医疗科技股份有限公司	27	四川大学	4	饶彬	2	德尔格制造股份两合公司	10	北京森美希克玛生物科技有限公司	6	广州华友明康光电科技有限公司	11	深圳迈瑞生物医疗电子股份有限公司	8	深圳市安保医疗科技股份有限公司	10

续表

传感材料设计与制造		传感芯片设计与制造		传感原理		气体检测模块		电源管理		蓝牙传输		压力检测		气体采集控制		信号处理		人机交互		智能算法	
申请人	专利数量	申请人	专利数量	申请人	专利数量	申请人	专利数量	申请人	专利数量	申请人	专利数量	申请人	专利数量	申请人	专利数量	申请人	专利数量	申请人	专利数量	申请人	专利数量
德尔格制造股份两合公司	13	必睿思（杭州）科技有限公司	11	吉林大学	17	深圳市安保医疗科技股份有限公司	27	瑞思迈有限公司	3	杨章民	2	费雪派克医疗保健有限公司	10	深圳市先亚生物科技有限公司	6	无锡市尚沃医疗电子股份有限公司	11	河北工业大学	7	皇家飞利浦有限公司	8
北京航天长峰股份有限公司	13	浙江亿联康医疗科技有限公司	10	德尔格制造股份两合公司	16	重庆大学	27	中国矿业大学	3	橙意家人科技（天津）有限公司	2	深圳迈瑞生物医疗电子股份有限公司	9	皇家飞利浦有限公司	5	德尔格制造股份两合公司	11	中国科学院合肥物质科学研究所	6	广州医科大学附属第一医院（广州呼吸中心）	8
深圳市安保医疗科技股份有限公司	13	康泰医学系统（秦皇岛）股份有限公司	10	山东大学	16	北京航天长峰股份有限公司	25	吉林大学	3	无锡市尚沃医疗电子股份有限公司	2	浙江亿联康医疗科技有限公司	8	江苏阳光海克医疗器械有限公司	5	吉林大学	9	广州医科大学附属第一医院（广州呼吸中心）	6	重庆大学	8
北京雅果科技有限公司	12	瑞思迈有限公司	10	深圳市安保医疗科技股份有限公司	16	费雪派克医疗保健有限公司	25	瑞思迈感测技术有限公司	3	北京华亘安邦科技有限公司	2	复旦大学附属中山医院	7	中国科学院合肥物质科学研究所	5	深圳迈瑞生物医疗电子股份有限公司	9	德尔格制造股份两合公司	5	惠雨恩科技（深圳）有限公司	7

续表

传感材料设计与制造		传感芯片设计与制造		传感原理		气体检测模块		电源管理		蓝牙传输		压力检测		气体采集控制		信号处理		人机交互		智能算法	
申请人	专利数量	申请人	专利数量	申请人	专利数量	申请人	专利数量	申请人	专利数量	申请人	专利数量	申请人	专利数量	申请人	专利数量	申请人	专利数量	申请人	专利数量	申请人	专利数量
濡新（北京）科技发展有限公司	11	皇家飞利浦有限公司	9	北京航天长峰股份有限公司	13	德尔格制造股份两合公司	23	上海朔茂网络科技有限公司	3	上海朔茂网络科技有限公司	2	浙江大学	7	南京信息工程大学	5	复旦大学附属中山医院	8	合肥微谷医疗科技有限公司	4	皇家飞利浦电子股份有限公司	7
瑞思迈巴黎公司	11	北京航天长峰股份有限公司	9	北京雅果科技有限公司	12	山东大学	23	中国科学院合肥物质科学研究所	3	福州大学	2	深圳市美好创亿医疗科技股份有限公司	7	惠雨恩科技（深圳）有限公司	5	华南理工大学	8	纳智源科技（唐山）有限责任公司	4	山东大学	7
山东大学	11	湖南明康中锦医疗科技股份有限公司	9	濡新（北京）科技发展有限公司	12	瑞思迈感测技术有限公司	21	深圳迈瑞生物医疗电子股份有限公司	3	深圳怦怦科技有限公司	2	重庆大学	7	复旦大学附属中山医院	4	费雪派克医疗保健有限公司	8	复旦大学	4	瑞思迈有限公司	6
复旦大学附属中山医院	10	复旦大学附属中山医院	9	中国科学院合肥物质科学研究所	12	中国科学院合肥物质科学研究所	21	深圳市鑫尔盾科技有限公司	3	上海摩融信息科技有限公司	2	合肥微谷医疗科技有限公司	6	中国矿业大学	4	ESSE-NLIX公司	7	赛客（厦门）医疗器械有限公司	4	北京谊安医疗系统股份有限公司	6

4.4.3　天津市创新主体分析

从表 4-7 可以看到天津市各公司在感知技术、电子电路技术及智能分析技术领域的专利数量。天津开发区合普工贸有限公司在感知技术、智能分析技术领域的专利数量分别为 6 件和 2 件。这家公司在感知技术领域的专利数量相对较多，表明其在呼出气体检测研发方面具有一定的实力。橙意家人科技（天津）有限公司在三个领域的专利数量较为平均，均为 2 件。这表明该公司在感知技术、电子电路技术及智能分析技术方面都有一定的研发实力。万盈美（天津）健康科技有限公司在感知技术和智能分析技术领域的专利数量分别为 3 件和 1 件。这表明该公司在感知技术和智能分析技术方面有一定的研发优势。天津美迪斯医疗用品有限公司在感知技术的专利数量分别为 3 件。这表明该公司在感知技术方面有一定的研发优势。天津市圣宁生物科技有限公司在感知领域的专利数量为 2 件。这表明该公司在感知技术领域有一定的研发实力。天津创嘉志豪科技有限公司在电子电路技术和智能分析技术领域的专利数量均为 1 件。这表明该公司在电子电路技术和智能分析技术方面具有较强的研发实力。

表 4-7　天津企业一级技术分支信息　　单位：件

感知技术		电子电路技术		智能分析技术	
申请人	专利数量	申请人	专利数量	申请人	专利数量
天津开发区合普工贸有限公司	6	橙意家人科技（天津）有限公司	2	橙意家人科技（天津）有限公司	2
万盈美（天津）健康科技有限公司	3	天津智善生物科技有限公司	2	天津开发区合普工贸有限公司	2
天津美迪斯医疗用品有限公司	3	天津创青春科技有限公司	1	天津智善生物科技有限公司	2
天津市圣宁生物科技有限公司	2	天津森宇科技股份有限公司	1	万盈美（天津）健康科技有限公司	1
橙意家人科技（天津）有限公司	2	天津创嘉志豪科技有限公司	1	天津创嘉志豪科技有限公司	1

根据表 4-8 可以看到不同机构在感知技术、电子电路技术及智能分析技术领域的专利数量。天津大学在感知技术、电子电路技术及智能分析技术领域的专利数量分别为 10 件、5 件和 5 件。这显示出天津大学在这三个领域的研发实力较强。河北工业大学在感知技术、电子电路技术及智能分析技术领域的专利数量分别为 8 件、6 件和 7 件。河北工业大学在电子电路技术领域的专利数

量最多，表明该校在该领域的研究和创新方面表现突出。农业农村部环境保护科研监测所在感知技术领域的专利数量为 4 件，中国医学科学院生物医学工程研究所在电子电路技术和智能分析技术领域的专利数量均为 1 件，军事科学院系统工程研究院卫勤保障技术研究所在智能分析技术领域的专利数量也为 1 件。这些机构在相关领域具有一定的研发实力。南开大学、中国医学科学院生物医学工程研究所、天津中医药大学、天津科技大学、现代中医药海河实验室和天津理工大学在感知技术领域的专利数量为 1 件或 2 件。这表明这些机构在相关领域的研究和创新也有一定的贡献。

表 4-8　天津高校科研院所一级技术分支信息　　单位：件

感知技术		电子电路技术		智能分析技术	
申请人	专利数量	申请人	专利数量	申请人	专利数量
天津大学	10	河北工业大学	6	河北工业大学	7
河北工业大学	8	天津大学	5	天津大学	5
农业农村部环境保护科研监测所	4	中国医学科学院生物医学工程研究所	1	军事科学院系统工程研究院卫勤保障技术研究所	1
天津工业大学	2	—	—	中国医学科学院生物医学工程研究所	1
军事科学院系统工程研究院卫勤保障技术研究所	2	—	—	—	—
南开大学	2	—	—	—	—
中国医学科学院生物医学工程研究所	2	—	—	—	—
天津中医药大学	1	—	—	—	—
天津科技大学	1	—	—	—	—
现代中医药海河实验室	1	—	—	—	—
天津理工大学	1	—	—	—	—

综上所述，这些机构或大学在感知技术、电子电路技术及智能分析技术领域的专利数量有所差异。其中，天津大学和河北工业大学在这三个领域的研发实力较为突出。其他机构或大学在某些领域也展现出一定的研究能力。

具体到二级分支对应的天津申请主体名称详见表 4-9。

表 4-9　二级技术分支申请主体排名

（单位：件）

传感材料设计与制造		传感芯片设计与制造		传感原理		气体检测模块		电源管理		蓝牙传输		压力检测		气体采集控制		信号处理		人机交互		智能算法	
申请人	专利数量	申请人	专利数量	申请人	专利数量	申请人	专利数量	申请人	专利数量	申请人	专利数量	申请人	专利数量	申请人	专利数量	申请人	专利数量	申请人	专利数量	申请人	专利数量
河北工业大学	5	天津大学	8	河北工业大学	8	天津大学	10	河北工业大学	2	河北工业大学	4	河北工业大学	2	河北工业大学	3	天津大学	4	河北工业大学	7	天津大学	5
农业农村部环境保护科研监测所	4	河北工业大学	5	天津大学	8	河北工业大学	8	田凯	1	橙意家人科技（天津）有限公司	2	天津大学	2	天津大学	3	河北工业大学	2	橙意家人科技（天津）有限公司	2	河北工业大学	4
天津大学	4	天津市圣宁生物科技有限公司	2	天津开发区合普工贸有限公司	4	天津开发区合普工贸有限公司	6	高俊阁	1	天津创嘉志豪科技有限公司	1	天津市第五中心医院	1	天津智善生物科技有限公司	2	天津智善生物科技有限公司	2	天津开发区合普工贸有限公司	2	天津医科大学总医院	2
天津工业大学	2	兰永柱	2	农业农村部环境保护科研监测所	4	农业农村部环境保护科研监测所	4	天津市北辰区梁雅淇教育信息咨询服务中心	1	—	—	天津市胸科医院	1	田凯	1	天津创青春科技有限公司	1	万盈美（天津）健康科技有限公司	1	天津开发区合普工贸有限公司	2
天津市圣宁生物科技有限公司	2	天津开发区合普工贸有限公司	2	天津工业大学	2	万盈美（天津）健康科技有限公司	3	天津大学	1	—	—	天津智善生物科技有限公司	1	高俊阁	1	田凯	1	天津医科大学总医院	1	天津智善生物科技有限公司	2

续表

传感材料设计与制造		传感芯片设计与制造		传感原理		气体检测模块		电源管理		蓝牙传输		压力检测		气体采集控制		信号处理		人机交互		智能算法	
申请人	专利数量	申请人	专利数量	申请人	专利数量	申请人	专利数量	申请人	专利数量	申请人	专利数量	申请人	专利数量	申请人	专利数量	申请人	专利数量	申请人	专利数量	申请人	专利数量
兰永柱	2	天津智善生物科技有限公司	2	万盈美（天津）健康科技有限公司	2	天津美迪斯医疗用品有限公司	3	天津创嘉志豪科技有限公司	1	—	—	中国医学科学院生物医学工程研究所	1	高原	1	高俊阁	1	天津市第五中心医院	1	万盈美（天津）健康科技有限公司	1
天津开发区合普工贸有限公司	2	逸兴泰辰技术有限公司	2	天津市圣宁生物科技有限公司	2	天津工业大学	2	—	—	—	—	—	—	天津市北辰区梁雅淇教育信息咨询服务中心	1	高原	1	天津市北辰区梁雅淇教育信息咨询服务中心	1	军事科学院系统工程研究院卫勤保障技术研究所	1
天津天维移动通讯终端检测有限公司	2	天津工业大学	1	兰永柱	2	天津医科大学总医院	2	—	—	—	—	—	—	—	—	天津市北辰区梁雅淇教育信息咨询服务中心	1	天津大学	1	田凯	1
南开大学	2	万盈美（天津）健康科技有限公司	1	天津天维移动通讯终端检测有限公司	2	天津市圣宁生物科技有限公司	2	—	—	—	—	—	—	—	—	天津森宇科技股份有限公司	1	天津创嘉志豪科技有限公司	1	高俊阁	1

续表

传感材料设计与制造		传感芯片设计与制造		传感原理		气体检测模块		电源管理		蓝牙传输		压力检测		气体采集控制		信号处理		人机交互		智能算法	
申请人	专利数量	申请人	专利数量	申请人	专利数量	申请人	专利数量	申请人	专利数量	申请人	专利数量	申请人	专利数量	申请人	专利数量	申请人	专利数量	申请人	专利数量	申请人	专利数量
天津怡和嘉业医疗科技有限公司	1	天津医科大学总医院	1	南开大学	2	军事科学院系统工程研究院卫勤保障技术研究所	2	—	—	—	—	—	—	—	—	天津创嘉志豪科技有限公司	1	—	—	高原	1
张赫	1	李和翼	1	天津怡和嘉业医疗科技有限公司	1	橙意家人科技（天津）有限公司	2	—	—	—	—	—	—	—	—	—	—	—	—	天津市北辰区梁雅淇教育信息咨询服务中心	1
陈正炎	1	军事科学院系统工程研究院卫勤保障技术研究所	1	张赫	1	兰永柱	2	—	—	—	—	—	—	—	—	—	—	—	—	中国医学科学院生物医学工程研究所	1
李和翼	1	天津市第五中心医院	1	陈正炎	1	天津智善生物科技有限公司	2	—	—	—	—	—	—	—	—	—	—	—	—	孙世钧	1

续表

传感材料设计与制造		传感芯片设计与制造		传感原理		气体检测模块		电源管理		蓝牙传输		压力检测		气体采集控制		信号处理		人机交互		智能算法	
申请人	专利数量	申请人	专利数量	申请人	专利数量	申请人	专利数量	申请人	专利数量	申请人	专利数量	申请人	专利数量	申请人	专利数量	申请人	专利数量	申请人	专利数量	申请人	专利数量
军事科学院系统工程研究院卫勤保障技术研究所	1	天津科技大学	1	李和翼	1	天津天维移动通讯终端检测有限公司	2	—	—	—	—	—	—	—	—	—	—	—	—	—	—
天津市第五中心医院	1	天津创青春科技有限公司	1	军事科学院系统工程研究院卫勤保障技术研究所	1	南开大学	2	—	—	—	—	—	—	—	—	—	—	—	—	—	—
田凯	1	展讯通信（天津）有限公司	1	天津市第五中心医院	1	天津尼科斯测试技术有限公司	2	—	—	—	—	—	—	—	—	—	—	—	—	—	—
天津睿铂环境科技有限公司	1	李新鹏	1	天津创青春科技有限公司	1	中国医学科学院生物医学工程研究所	2	—	—	—	—	—	—	—	—	—	—	—	—	—	—

续表

传感材料设计与制造		传感芯片设计与制造		传感原理		气体检测模块		电源管理		蓝牙传输		压力检测		气体采集控制		信号处理		人机交互		智能算法	
申请人	专利数量	申请人	专利数量	申请人	专利数量	申请人	专利数量	申请人	专利数量	申请人	专利数量	申请人	专利数量	申请人	专利数量	申请人	专利数量	申请人	专利数量	申请人	专利数量
高俊阁	1	中国汽车技术研究中心有限公司	1	田凯	1	逸兴泰辰技术有限公司	2	—	—	—	—	—	—	—	—	—	—	—	—	—	—
天津天堰科技股份有限公司	1	邱玉洁	1	天津睿铂环境科技有限公司	1	天津怡和嘉业医疗科技有限公司	1	—	—	—	—	—	—	—	—	—	—	—	—	—	—
高原	1	—	—	高俊阁	1	张赫	1	—	—	—	—	—	—	—	—	—	—	—	—	—	—
致尚中金（天津）新能源科技有限公司	1	—	—	天津天堰科技股份有限公司	1	陈正炎	1	—	—	—	—	—	—	—	—	—	—	—	—	—	—
天津市北辰区梁雅淇教育信息咨询服务中心	1	—	—	天津理工大学	1	天津中医药大学	1	—	—	—	—	—	—	—	—	—	—	—	—	—	—

续表

传感材料设计与制造		传感芯片设计与制造		传感原理		气体检测模块		电源管理		蓝牙传输		压力检测		气体采集控制		信号处理		人机交互		智能算法	
申请人	专利数量	申请人	专利数量	申请人	专利数量	申请人	专利数量	申请人	专利数量	申请人	专利数量	申请人	专利数量	申请人	专利数量	申请人	专利数量	申请人	专利数量	申请人	专利数量
波纳维科（天津）医疗科技有限公司	1	—	—	高原	1	邹德伟	1	—	—	—	—	—	—	—	—	—	—	—	—	—	—
中国汽车技术研究中心有限公司	1	—	—	致尚中金（天津）新能源科技有限公司	1	李和翼	1	—	—	—	—	—	—	—	—	—	—	—	—	—	—
天津创嘉志豪科技有限公司	1	—	—	天津市北辰区梁雅淇教育信息咨询服务中心	1	张守林	1	—	—	—	—	—	—	—	—	—	—	—	—	—	—
—	—	—	—	天津森宇科技股份有限公司	1	天津市第五中心医院	1	—	—	—	—	—	—	—	—	—	—	—	—	—	—
—	—	—	—	波纳维科（天津）医疗科技有限公司	1	天津大港油田宇信质量检测有限公司	1	—	—	—	—	—	—	—	—	—	—	—	—	—	—

续表

传感材料设计与制造		传感芯片设计与制造		传感原理		气体检测模块		电源管理		蓝牙传输		压力检测		气体采集控制		信号处理		人机交互		智能算法	
申请人	专利数量	申请人	专利数量	申请人	专利数量	申请人	专利数量	申请人	专利数量	申请人	专利数量	申请人	专利数量	申请人	专利数量	申请人	专利数量	申请人	专利数量	申请人	专利数量
—	—	—	—	中国汽车技术研究中心有限公司	1	天津科技大学	1	—	—	—	—	—	—	—	—	—	—	—	—	—	—
—	—	—	—	天津创嘉志豪科技有限公司	1	天津创青春科技有限公司	1	—	—	—	—	—	—	—	—	—	—	—	—	—	—
—	—	—	—	中国医学科学院生物医学工程研究所	1	环世科技天津有限公司	1	—	—	—	—	—	—	—	—	—	—	—	—	—	—

4.4.4 全国高校专利布局情况

呼出气体检测领域的国内 TOP3 的高校、科研院所如表 4-10 所示，为中国科学院大连化学物理研究所、浙江大学、重庆大学。在感知技术、电子电路技术、智能分析技术均有涉及。在感知技术方面，中国科学院大连化学物理研究所的专利数量最多，达到 35 件；其次是浙江大学，有 33 件；重庆大学在该领域的专利数量为 27 件。在电子电路技术方面，重庆大学的专利数量最多，达到 20 件；其次是中国科学院大连化学物理研究所，有 18 件；浙江大学在该领域的专利数量为 16 件。在智能分析技术方面，中国科学院大连化学物理研究所的专利数量最多，达到 26 件；重庆大学在该领域的专利数量为 14 件。可以看出中国科学院大连化学物理研究所在三个领域的专利数量都相对较高，尤其在感知技术和智能分析技术方面表现突出。浙江大学在感知技术和智能分析技术方面专利数量较多，但在电子电路技术方面相对较少。重庆大学在电子电路技术和感知技术方面专利数量较多，但在智能分析技术方面相对较少。

表 4-10 国内 TOP3 高校、科研院所专利分布 单位：件

感知技术		电子电路技术		智能分析技术	
申请人	专利数量	申请人	专利数量	申请人	专利数量
中国科学院大连化学物理研究所	35	重庆大学	20	中国科学院大连化学物理研究所	26
浙江大学	33	中国科学院大连化学物理研究所	18	浙江大学	19
重庆大学	27	浙江大学	16	重庆大学	14

具体涉及专利列举如表 4-11 所示。

表 4-11 国内 TOP3 高校、科研院所申请专利

公开（公告）号	名称	申请日	申请（专利权）人
CN215525242U	一种一体化人体可挥发性代谢物采集分析装置	2021-02-07	国珍健康科技（北京）有限公司、浙江大学
CN112798368A	一种一体化人体可挥发性代谢物采集分析装置及方法	2021-02-07	国珍健康科技（北京）有限公司、浙江大学
CN114778614A	一种导电 MOF 修饰气敏材料及其制备方法和应用	2022-04-20	杭州汇馨传感技术有限公司、浙江大学

续表

公开（公告）号	名称	申请日	申请（专利权）人
CN113791121A	三元复合气体传感芯片、制备方法及应用方法和气体传感材料	2021-09-30	杭州汇馨传感技术有限公司、浙江大学
CN116671895A	床边即时全面的呼吸功能监护仪及其应用方法和电子设备	2023-05-30	浙江大学
CN113435283B	一种基于呼吸样本空间的超宽带雷达身份识别方法	2021-06-18	浙江大学
CN115486834A	一种基于 MXene 的可穿戴呼出气丙酮检测方法及装置	2022-10-09	浙江大学
CN115326986A	一种测定人体呼出气中有机酸和阴离子的分析装置及方法	2022-08-29	浙江大学
CN115326972A	冷凝收集非侵入式测定人体呼出气中糖类的分析装置及方法	2022-08-18	浙江大学
CN114359131A	幽门螺杆菌胃部视频全自动智能分析系统及其标记方法	2021-11-12	浙江大学
CN111632351B	一种 COPD 居家运动康复系统	2020-05-25	浙江大学
CN112229880A	基于碳化钛抗氧化复合结构的湿度传感器、湿度检测系统及方法	2020-11-05	浙江大学
CN109876262B	一种基于小波的呼吸机管道积液自动检测方法	2019-03-29	浙江大学
CN209884147U	一种便携式呼出气采集装置	2019-04-03	浙江大学
CN110506702A	一种新型的心脏骤停动物模型的建立方法	2019-08-09	浙江大学
CN109938736A	一种便携式呼出气采集装置及方法	2019-04-03	浙江大学
CN105784433B	一种人体呼出气体中 VOCs 和 EBCs 的并行采集装置	2016-03-08	浙江大学
CN108318590A	基于采用呼出气体标记物谱的常见病原菌感染所致的肺炎的诊断系统	2017-12-25	浙江大学
CN203117165U	一种在线监测血液中异丙酚浓度的系统	2013-03-05	浙江大学
CN204723707U	一种基于呼吸困难度反馈的机器人肺康复训练系统	2015-06-11	浙江大学
CN103168233B	同时检测人体呼出气体中 EBCs 和 VOCs 的一体化分析装置	2010-12-01	浙江大学
CN206696232U	在线监测呼出气中吸入式麻醉药浓度的装置	2017-04-28	浙江大学

续表

公开（公告）号	名称	申请日	申请（专利权）人
CN206453773U	一种用于呼吸内镜下测量肺内呼气末二氧化碳的装置	2016-08-25	浙江大学
CN103163218B	在线监测血液中异丙酚浓度的系统及方法	2013-03-05	浙江大学
CN104922879B	基于呼吸困难度反馈的机器人肺康复训练系统	2015-06-11	浙江大学
CN103048382B	在线监测异丙酚麻醉药的系统和方法	2012-12-21	浙江大学
CN105769200A	可穿戴人体呼吸测量系统及测量方法	2016-03-01	浙江大学
CN206353145U	一种二氧化碳浓度修正的呼出气多组分检测仪	2016-12-03	浙江大学、海菲尔（辽宁）生物科技有限公司
CN106770738A	一种二氧化碳浓度修正的呼出气多组分检测仪及检测方法	2016-12-03	浙江大学、海菲尔（辽宁）生物科技有限公司
CN211697813U	一种用于穿戴式的呼末二氧化碳检测的适配器	2020-01-10	浙江大学、红河创新技术研究院有限责任公司
CN114203274A	一种慢性呼吸衰竭病人远程康复训练指导系统	2021-12-14	浙江大学、浙江大学滨江研究院
CN115541663A	一种铂负载的空心氧化铟微球丙酮传感材料及其制备方法	2022-09-29	浙江大学、浙江大学温州研究院
CN115804585B	一种基于机械通气波形检测气道高阻力的方法及系统	2023-02-08	浙江大学、浙江工业大学
CN219417371U	一种提高鼻腔呼出末端氨气检测灵敏度的富集装置	2022-11-15	中国科学院大连化学物理研究所
CN111982650B	一种 VOCs 在线除湿装置及其气路控制方法	2019-05-23	中国科学院大连化学物理研究所
CN116297795A	一种检测呼出末端气中丙酮浓度的分析方法	2021-12-08	中国科学院大连化学物理研究所
CN219104853U	一种消除呼出气吸附的在线检测采样装置	2022-11-15	中国科学院大连化学物理研究所
CN116165262A	一种丙泊酚实时在线监测差分离子迁移谱方法	2021-11-25	中国科学院大连化学物理研究所
CN116026910A	一种检测幽门螺杆菌的新方法	2021-10-26	中国科学院大连化学物理研究所
CN218419850U	一种呼出气的在线除湿装置	2022-07-25	中国科学院大连化学物理研究所
CN112924526B	一种同时在线检测呼出气氨和丙酮的方法	2019-12-06	中国科学院大连化学物理研究所

续表

公开（公告）号	名称	申请日	申请（专利权）人
CN111220682B	一种离子迁移谱在线监测呼出气麻醉剂的方法	2018-11-25	中国科学院大连化学物理研究所
CN114624321A	一种用于丙酮富集的高灵敏度呼出气检测装置	2020-12-09	中国科学院大连化学物理研究所
CN111974773B	呼出气采集用气袋清洗方法	2019-05-23	中国科学院大连化学物理研究所
CN112924533B	一种在线检测呼出气丙酮的方法	2019-12-06	中国科学院大连化学物理研究所
CN213933298U	一种呼出气丙泊酚标准气体在线发生装置	2020-12-01	中国科学院大连化学物理研究所
CN109813792B	一种离子迁移谱用于样品检测的定量方法	2017-11-21	中国科学院大连化学物理研究所
CN112924527A	一种提高呼出气丙泊酚检测灵敏度的方法	2019-12-06	中国科学院大连化学物理研究所
CN109839424B	一种用于呼出气中正戊烷直接质谱法检测的前处理方法	2017-11-27	中国科学院大连化学物理研究所
CN112649493A	一种同时检测呼出气中氨气与一氧化氮的装置和方法	2020-12-15	中国科学院大连化学物理研究所
CN111220683A	一种实时在线监测呼出气丙泊酚的方法	2018-11-25	中国科学院大连化学物理研究所
CN109900776A	一种高灵敏在线检测呼出气中 HCN 的装置和应用	2017-12-11	中国科学院大连化学物理研究所
CN109839427A	一种同时检测呼出气冷凝液中的硝酸盐和亚硝酸盐的方法	2017-11-28	中国科学院大连化学物理研究所
CN109781827A	一种呼出气中丙泊酚的正离子迁移谱检测方法	2017-11-13	中国科学院大连化学物理研究所
CN109781473A	一种呼出气中丙泊酚的负离子迁移谱检测方法	2017-11-13	中国科学院大连化学物理研究所
CN108088888A	一种实时、快速、在线监测样品的微分迁移谱方法	2016-11-23	中国科学院大连化学物理研究所
CN108088712A	一种用于直接质谱法检测的呼出气采样装置及采样方法	2016-11-21	中国科学院大连化学物理研究所
CN207351767U	一种呼出气的自动采样进样装置	2017-11-02	中国科学院大连化学物理研究所
CN105092689A	一种实时在线的呼出气监测仪	2014-05-20	中国科学院大连化学物理研究所

续表

公开（公告）号	名称	申请日	申请（专利权）人
CN102455319A	一种在线监测丙泊酚麻醉药的方法	2010-10-29	中国科学院大连化学物理研究所
CN105617823A	一种半导体冷却降湿除水装置及应用	2014-10-28	中国科学院大连化学物理研究所
CN103868976A	一种检测气体样品中 NOX 的方法	2012-12-12	中国科学院大连化学物理研究所
CN100585374C	一种呼出气体中酒精检测器的气体进样方法	2005-01-27	中国科学院大连化学物理研究所
CN203275423U	一种用于采集呼出气的加热保温密封装置	2013-04-18	中国科学院大连化学物理研究所
CN106872553A	一种消除七氟烷干扰的丙泊酚检测方法	2015-12-14	中国科学院大连化学物理研究所
CN105572214A	同时监测呼出气中丙泊酚和六氟化硫离子迁移谱仪及应用	2014-10-28	中国科学院大连化学物理研究所
CN103868974A	一种检测呼出气中 NO 和 / 或丙泊酚的方法	2012-12-12	中国科学院大连化学物理研究所
CN104713750A	一种用于呼出气中挥发性有机物检测的末端气体采样装置	2013-12-13	中国科学院大连化学物理研究所
CN112089418B	基于人体组织电导率变频调幅法的胸腔电阻抗检测方法	2020-09-25	重庆大学
CN115590497A	基于气 - 电同步测量的肺通气功能障碍疾病诊断系统	2022-07-29	重庆大学
CN114046596B	基于 TRP 生化指标检测的室内空气质量控制系统及方法	2021-11-17	重庆大学
CN114271808A	一种穿戴式呼吸生理参数测量装置	2021-11-06	重庆大学
CN214310516U	活塞式挥发性有机物电子鼻检测装置	2020-10-16	重庆大学
CN111317476A	基于呼吸气流信号的睡眠呼吸暂停综合征检测装置	2020-03-03	重庆大学
CN109758138A	基于心率监测的人体热应激预警系统及劳动代谢预测方法	2018-12-14	重庆大学
CN108693353A	一种基于电子鼻检测呼出气体的远程糖尿病智能诊断系统	2018-05-08	重庆大学
CN107638239A	一种智能化多功能高血压呼吸降压仪	2017-07-21	重庆大学
CN102863450A	一种用于检测肺癌呼出气体己醛的新型化合物	2012-10-15	重庆大学

续表

公开（公告）号	名称	申请日	申请（专利权）人
CN101334399B	一种肺癌诊断的便携式装置	2008-07-15	重庆大学
CN102841082B	双信号肺癌呼出气体检测系统	2012-09-10	重庆大学
CN101411652A	高血压治疗仪及其控制方法	2008-11-18	重庆大学
CN104287735A	一种呼吸监测与呼气分析系统	2014-10-24	重庆大学
CN204260747U	一种呼吸监测与呼气分析系统	2014-10-24	重庆大学
CN102866054B	肺癌患者呼出气体 VOCs 富集除杂方法	2012-09-19	重庆大学
CN102798594B	一种用于肺癌呼出气体检测的气体反应装置	2012-09-10	重庆大学
CN102798623B	双信号肺癌呼出气体检测方法	2012-09-10	重庆大学
CN202583915U	呼出气体采样标准化温度控制装置	2012-06-08	重庆大学
CN202735237U	一种用于肺癌呼出气体检测的反应室	2012-09-10	重庆大学
CN102274579B	多功能高血压治疗仪及工作方法	2011-05-06	重庆大学
CN202720183U	一种用于肺癌呼出气体检测的激发光源转换机构	2012-09-10	重庆大学
CN102841008B	肺癌患者呼出气体 VOCs 富集除杂系统及其方法	2012-09-19	重庆大学
CN102798631B	一种用于肺癌呼出气体检测的可见光检测装置	2012-09-10	重庆大学
CN102818798B	一种用于肺癌呼出气体检测的荧光检测装置	2012-09-10	重庆大学
CN114618132A	一种脂肪肝治疗系统	2022-02-28	重庆大学、重庆医点康科技有限公司
CN114470671A	一种慢呼吸训练引导系统	2022-02-28	重庆大学、重庆医点康科技有限公司

4.5 新进入者专利布局分析

图 4-26 显示了近 5 年来新进入呼出气体检测领域的公司的各异表现。安徽中核桐源科技有限公司在 2023 年取得了 50 件专利申请，展示出其在该领域

的突出表现。麦克罗博医疗公司的申请数量有所波动，而瑞思迈亚洲私人有限公司的申请数量逐年增加。广东以色列理工学院的申请数量保持相对稳定，而上海得威文化娱乐发展有限公司和现代摩比斯株式会社的申请数量呈现增长趋势。贝勒罗丰公司的申请数量有所波动，而苏州华亘阀门有限公司的申请数量在不同年份有变化。综上所述，这些公司在新进入呼出气体检测领域的专利申请活动中呈现出不同的趋势和兴趣程度。

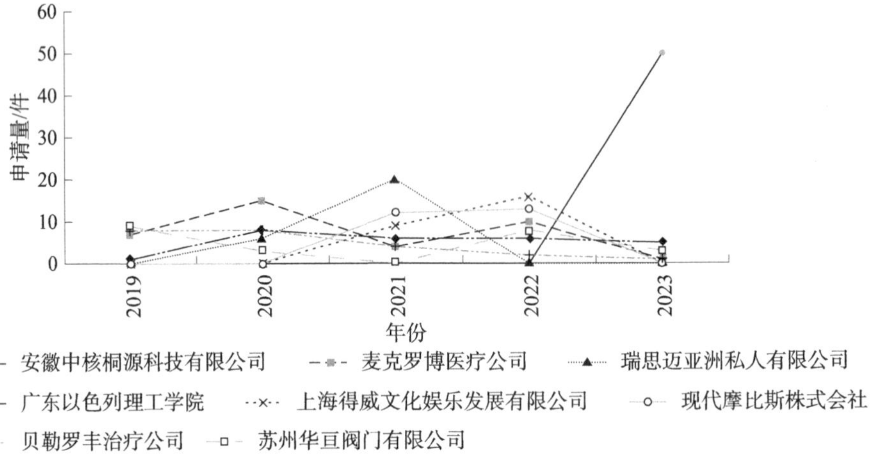

图 4-26　新进入者趋势分析

总的来说，这些新进入的公司在近五年内对呼出气体检测领域进行了不同程度的专利申请活动。安徽中核桐源科技有限公司在 2023 年的大量专利申请中显示出其在该领域的突出表现。然而，其他公司的申请数量有所波动。这些新进入的公司对呼出气体检测领域的兴趣和投入程度存在差异。

4.6　协同创新情况分析

从表 4-12 中可以看出，在呼出气体检测领域的协同申请中，技术研究及发展基金有限公司是最活跃的申请人之一。其与梯瓦制药工业有限公司合作申请了 157 件专利，显示出他们在该领域的突出地位。此外，技术研究及发展基金有限公司还与其他合作伙伴展开了合作申请，其中包括耶路撒冷希伯来大学伊森姆研究发展公司（88 件）、特拉维夫大学拉莫特有限公司（51 件）、拉姆巴姆迈德科技有限公司（45 件）、耶达研究及发展有限公司（44 件）、麦克罗博医疗公司（39 件）和拉莫特大学应用研究与工业开发有限公司（30 件）。

表 4-12　合作申请列表

申请人	合作申请人	合作申请数量 / 件
技术研究及发展基金有限公司	梯瓦制药工业有限公司	157
	耶路撒冷希伯来大学伊森姆研究发展公司	88
	特拉维夫大学拉莫特有限公司	51
	拉姆巴姆迈德科技有限公司	45
	耶达研究及发展有限公司	44
	麦克罗博医疗公司	39
	拉莫特大学应用研究与工业开发有限公司	30
	比奥雷德实验室股份有限公司	27
	约瑟夫·伊茨科维茨 - 艾尔多	25
	科斯纳斯有限公司	24
皇家飞利浦有限公司	HELFENBEIN ERIC	3
	ZHOU SOPHIA HUAI	3
	BABAEIZADEH SAEED	2
	LAURA LAPOINT MANUEL	2
	BUTLER DAWN	2
	VOGT JURGEN	1
	VAN ELSWIJK GIJS ANTONIUS FRANCISCUS	1
	BALOA WELZIEN LEONARDO ALBERTO	1
	SAALBERG SEPPEN CONSTANCE JEANNE ELIZABETH	1
	TIJS TIM JOHANNES WILLEM	1
瑞思迈有限公司	FARRUGIA STEVEN PAUL	7
	MARTIN DION CHARLES CHEWE	6
	瑞思迈感测技术有限公司	5
	KWOK PHILIP RODNEY	5
	ARMITSTEAD JEFFREY PETER	5
	BASSIN DAVID JOHN	3
	ALDER MATTHEW	3
	MULQUEENY QESTRA CAMILLE	3
	SOMAIYA CHINMAYEE	3
	RICHARD RON	3

续表

申请人	合作申请人	合作申请数量 / 件
皇家飞利浦电子股份有限公司	SHELLY BENJAMIN IRWIN	5
	ORR JOSEPH ALLEN	4
	亚琛工业大学	3
	KANE MICHAEL THOMAS	3
	MATTHEWS GREGORY DELANO	3
	VINK TEUNIS JOHANNES	3
	艾佩斯制药公司	3
	MCDERMOTT MARK C	3
	VAN KESTEREN HANS WILLEM	3
	TRUSCHEL WILLIAM A	3
德尔格制造股份两合公司	HEINR & BERNH DRAEGER	1
费雪派克医疗保健有限公司	EVANS ALICIA JERRAM HUNTER	2
	CHURCH JONATHAN MARK	2
	CRONE CHRISTOPHER MALCOLM	1
	ANDREW GORDON GERRED	1
	BOULTON SIMON	1
	BAIN BRENDA LOUISE	1
	KAPELEVICH VITAL	1
	STEINER OLIVER SAMUEL	1
	LOVE DAVID JOHN	1
	SPENCE CALLUM JAMES THOMAS	1
佛罗里达大学研究基金会有限公司	MELKER RICHARD J	20
	BETA BIOMED SERVICES	14
	DENNIS DONN MICHAEL	10
	艾克斯哈乐公司	6
	埃克斯海尔诊断有限公司	6
	BJORAKER DAVID G	5
	GOLD MARK S	5
	BATICH CHRISTOPHER D	4
	BOOTH MATTHEW M	3
	EULIANO NEIL R	3

续表

申请人	合作申请人	合作申请数量 / 件
通用电气公司	HUNSICKER PAUL DAVID	1
	PAYNE JESSICA BERYL	1
	威斯康星校友研究基金会	1
	KALFON ZIV	1
	STEPHENSON MATTHEW MICHAEL	1
RIC 投资有限责任公司	飞利浦 RS 北美有限责任公司	7
	RESPIRONICS NOVAMETRIX	1
	CEWERS GORAN	1

此外，皇家飞利浦有限公司、瑞思迈有限公司、费雪派克医疗保健有限公司、德尔格制造股份两合公司、佛罗里达大学研究基金会有限公司、通用电气公司和 RIC 投资有限责任公司等公司也参与了呼出气体检测领域的合作申请。

这些合作申请显示了不同公司之间在呼出气体检测领域的合作和合作伙伴关系。合作申请的数量也反映了各家公司在该领域的研发活动和技术创新的程度。通过合作申请专利，这些公司共同致力于推动呼出气体检测领域的创新和发展。在呼出气体检测领域的合作申请中，技术研究及发展基金有限公司与梯瓦制药工业有限公司的合作申请数量最多，显示出其在该领域的突出地位。其他公司也通过与合作伙伴的合作申请专利，展示了在呼出气体检测领域的合作研发活动。这些合作申请反映了该领域的技术创新和合作伙伴关系的重要性。各家公司的合作申请活动共同推动了呼出气体检测领域的发展和进步。

不同公司在专利合作申请和专利布局方面的地域分布情况如下：

①技术研究及发展基金有限公司在专利合作申请上表现出较为广泛的布局，申请数量最多的地区是美国（2 244 件），其次是世界知识产权组织（1 153 件）、欧洲专利局（1 050 件）和以色列（569 件）。这表明该公司在这些地区都有较为活跃的专利申请活动。

②瑞思迈有限公司的专利合作申请主要集中在美国（214 件）、日本（148 件）和中国（83 件）。这显示出该公司在这些地区有较为密集的专利布局，尤其在美国的专利申请数量较高。

③皇家飞利浦有限公司在专利合作申请上的布局相对较为均衡，申请数量最多的地区是欧洲专利局（223 件）、中国（128 件）和美国（164 件）。这

表明该公司在欧洲、中国和美国都有较为重要的专利申请活动。

④德尔格制造股份两合公司的专利合作申请主要集中在德国（207件）、美国（147件）和日本（46件）。这显示出该公司在德国的专利申请数量较高，同时在美国和日本也有一定的专利布局。

⑤皇家飞利浦电子股份有限公司的专利合作申请布局主要集中在日本（258件）、中国（76件）和美国（99件）。这表明该公司在日本的专利申请数量较高，同时在中国和美国也有一定的专利布局。

其他公司的专利合作申请地域分布相对较为分散，但可以看出它们在不同地区都有一定的专利布局，尤其是柯惠LP公司在美国的专利申请数量较高。

综上所述，不同公司在专利合作申请和专利布局方面的地域分布存在差异。一些公司在特定地区有较为密集的专利申请活动，而其他公司的专利布局相对较为分散。这些数据反映了这些公司在不同地区的技术研发和知识产权保护活动。

4.7 专利运用活跃度情况分析

4.7.1 中国专利权利转移、质押和许可分析

权利转移专利数量是指专利权人将专利权转让给他人的数量，这反映了各省市在知识产权交易和转让方面的活跃程度。质押专利数量表示专利权人将专利作为质押物用于融资或借款的数量，这反映了各省市在利用专利进行融资活动方面的情况。许可专利数量表示专利权人授权他人使用专利的数量。

呼出气体检测各二级分类的权利转移、质押和许可情况及运用占比情况如表4-13所示。

表4-13 中国专利权利转移、质押和许可数据

技术一级分支	技术二级分支	专利数量/件			运用占比/%
		权利转移	质押	许可	
感知技术	传感材料设计与制造	134	13	5	0.80
	传感芯片设计与制造	121	10	2	0.74
	传感原理	184	15	6	0.77
	气体检测模块	360	22	14	0.85

续表

技术一级分支	技术二级分支	专利数量 / 件			运用占比 /%
		权利转移	质押	许可	
电子电路技术	电源管理	31	3	1	1.67
	蓝牙传输	15	1	1	2.80
	压力检测	74	3	4	0.94
	气体采集控制	37	3	4	1.54
	信号处理	76	6	6	0.95
智能分析技术	人机交互	56	4	6	1.24
	智能算法	73	4	3	0.87

感知技术分支下传感材料设计与制造分支有 134 件专利的权利被转移给其他方，有 13 件专利被质押，有 5 件专利被许可使用，专利的权利转移、质押、许可数量占该分类专利数量的 0.80%。传感芯片设计与制造分支下有 121 件专利的权利被转移给其他方，有 10 件专利被质押，有 2 件专利被许可使用，专利的权利转移、质押和许可占该分类专利数量的 0.74%。传感原理分支下共有 184 件专利的权利被转移给其他方，有 15 件专利被质押，有 6 件专利被许可使用，专利的权利转移、质押和许可占该分类专利数量的 0.77%。气体检测模块分支下共有 360 件专利的权利被转移给其他方，有 22 件专利被质押，有 14 件专利被许可使用，专利的权利转移和质押和许可占该分类专利数量的 0.85%。

电子电路技术分支下电源管理分支共有 31 件专利的权利被转移给其他方，有 3 件专利被质押，有 1 件专利被许可使用，专利的权利转移、质押和许可占该分类专利数量的 1.67%。蓝牙传输该分类下共有 15 件专利的权利被转移给其他方，有 1 件专利被质押，有 1 件专利被许可使用，专利的权利转移、质押和许可占该分类专利数量的 2.80%。压力检测分支下共有 74 件专利的权利被转移给其他方，有 3 件专利被质押，有 4 件专利被许可使用，专利的权利转移、质押和许可占该分类专利数量的 0.94%。气体采集控制该分支下共有 37 件专利的权利被转移给其他方，有 3 件专利被质押，有 4 件专利被许可使用，专利的权利转移、质押和许可占该分类专利数量的 1.54%。信号处理分支下共有 76 件专利的权利被转移给其他方，有 6 件专利被质押，有 6 件专利被许可使用。专利的权利转移、质押和许可占该分类专利数量的 0.95%。

智能分析技术分支下的人机交互共有 56 件专利的权利被转移给其他方，有 4 件专利被质押，有 6 件专利被许可使用，专利的权利转移、质押和许可占该类专利数量的 1.24%。智能算法分类下共有 73 件专利的权利被转移给其他方，有 4 件专利被质押，有 3 件专利被许可使用，专利的权利转移、质押和许可占该分类专利数量的 0.87%。

通过对表 4-13 数据的解读和分析，可以观察到不同技术二级分类在专利数量、权利转移、质押和许可方面的差异。气体检测模块在权利转移、质押和许可方面的数量都是最多的，但是运用占比一般；传感原理的专利运用数量排名第二，但是运用占比也较低；与此相反，蓝牙传输和电源管理的专利运用的数量较少，但是运用占比较高。

国内申请主体专利运用数量排名的前 10 名如图 4-27 所示，第一名为飞利浦 RS 北美有限责任公司，以 23 件专利运用数量位列前 10 名中的首位。其次为深圳市中核海得威生物科技有限公司，有 17 件专利进行了专利转移、许可、质押。第三名江苏华亘泰来生物科技有限公司有 15 件，其他专利运用主体如山东艾泰克环保科技股份有限公司、中国同辐股份有限公司、深圳迈瑞生物医疗电子股份有限公司、技术研究及发展基金有限公司、深圳市步锐生物科技有限公司、北京雅果科技有限公司、航天长峰医疗科技（成都）有限公司，这些主体在专利运用方面展现出较高的活跃度和数量。

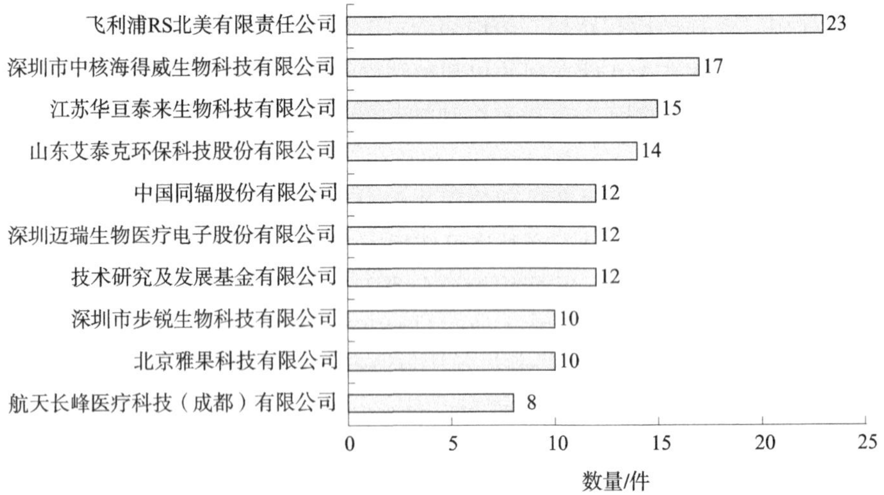

图 4-27　国内申请主体专利运用数量前 10 名

4.7.2　天津专利权利转移、质押和许可分析

在呼出气体检测领域，天津发生的专利运用事件比较少，共有 4 件专利发

生权利转移，具体如表 4-14 所示。

表 4-14　天津专利权转移数据

序号	公开（公告）号	名称	申请日	转让人	受让人
1	CN111833330B	基于影像与机器嗅觉融合的肺癌智能检测方法及系统	2020-07-14	中国医学科学院生物医学工程研究所 天津万星美智慧科技合伙企业（有限合伙）	天津万星美智慧科技合伙企业（有限合伙） 万盈美（天津）健康科技有限公司
2	CN111710372A	一种呼出气检测装置及其呼出气标志物的建立方法	2020-05-21	中国医学科学院生物医学工程研究所 天津万星美智慧科技合伙企业（有限合伙）	天津万星美智慧科技合伙企业（有限合伙） 万盈美（天津）健康科技有限公司
3	CN210697633U	一种用于肺癌诊断的呼吸采样装置	2019-05-29	中国医学科学院生物医学工程研究所 天津万星美智慧科技合伙企业（有限合伙）	天津万星美智慧科技合伙企业（有限合伙） 万盈美（天津）健康科技有限公司
4	CN205729933U	与 CO_2 浓度监测装置相配套用的呼吸麻醉医疗器械组件	2015-12-15	邹德伟	天津美迪斯医疗用品有限公司

从表 4-14 中可以看出，天津在本领域发生的专利权转移主要来自天津万星美智慧科技合伙企业（有限合伙）和中国医学科学院生物医学工程研究所，转让给万盈美（天津）健康科技有限公司和天津万星美智慧科技合伙企业（有限合伙），其领域涉及基于影像与机器嗅觉融合的肺癌智能检测方法及系统、一种呼出气检测装置及其呼出气标志物的建立方法、一种用于肺癌诊断的呼吸采样装置。另一件事由个人转移给公司，涉及领域为与 CO_2 浓度监测装置相配套用的呼吸麻醉医疗器械组件。

1. CN111833330B 基于影像与机器嗅觉融合的肺癌智能检测方法及系统

本专利摘要内容如下：

本发明公开了一种基于影像与机器嗅觉融合的肺癌智能检测方法及系统，该方法包括选定训练对象、获取 CT 影像、获取呼吸数据、数据融合处理以及输出检测结果五个步骤，该方法将肿瘤影像组学与机器嗅觉代谢组学相融合，基于前期由资深专业医生对病理结果给出的肺癌分型和分期结果相关的数据，以及对应患者呼出气体数据，构建得到肺癌智能诊断模型，通过对模型进行验证和测试，得到优化后的模型，后期将待检测患者的CT影像数据和呼吸数据输入上述优化后的模型，即可得到肺癌检测结果，检测过程更加快捷、方便，且成本更低。附图如图4-28所示。

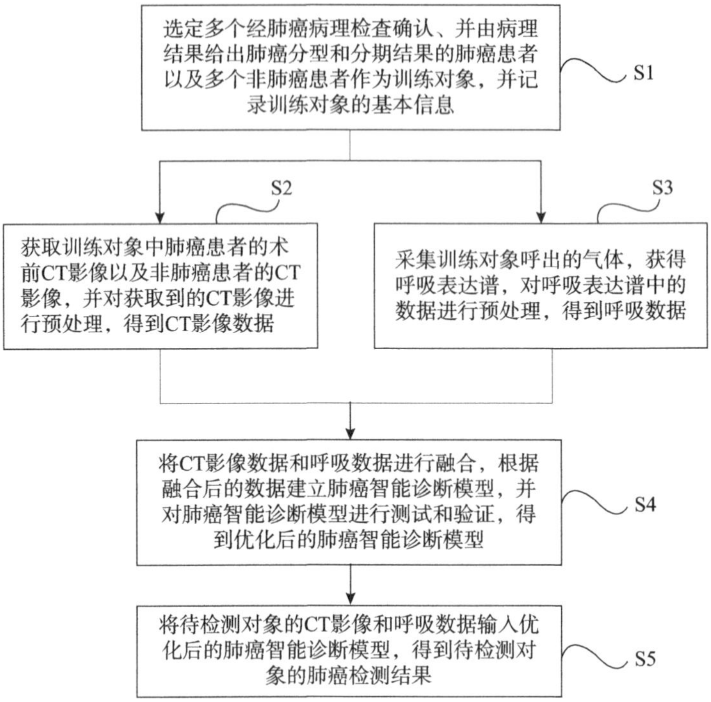
选定多个经肺癌病理检查确认、并由病理结果给出肺癌分型和分期结果的肺癌患者以及多个非肺癌患者作为训练对象，并记录训练对象的基本信息
S1
S2
S3
获取训练对象中肺癌患者的术前CT影像以及非肺癌患者的CT影像，并对获取到的CT影像进行预处理，得到CT影像数据
采集训练对象呼出的气体，获得呼吸表达谱，对呼吸表达谱中的数据进行预处理，得到呼吸数据
将CT影像数据和呼吸数据进行融合，根据融合后的数据建立肺癌智能诊断模型，并对肺癌智能诊断模型进行测试和验证，得到优化后的肺癌智能诊断模型
S4
将待检测对象的CT影像和呼吸数据输入优化后的肺癌智能诊断模型，得到待检测对象的肺癌检测结果
S5

图4-28　CN1118333013附图

2. CN111710372A 一种呼出气检测装置及其呼出气标志物的建立方法

本专利摘要内容如下：

本发明公开一种呼出气检测装置及其呼出气标志物的建立方法，提出两种建模方法，一种为分别用无关变量消除法（UVE）、竞争性自适应重加权算法（CARS）、连续投影算法（SPA）3种特征变量筛选方法分别选取了呼出气中具有显著差异性的VOCs，然后应用机器学习算法反向传播神经网络（BPNN）对训练集数据进行训练，建立了一种分析模型，得到呼出气化合物指纹图谱，另外一种建模方法为将所有呼出气成分和浓度作为输入，采用机器学习算法建立分析模型，得到呼出气化合物指纹图谱，利用特征分类方法选取分析模型建立的前十种重要的VOCs。附图如图4-29所示。

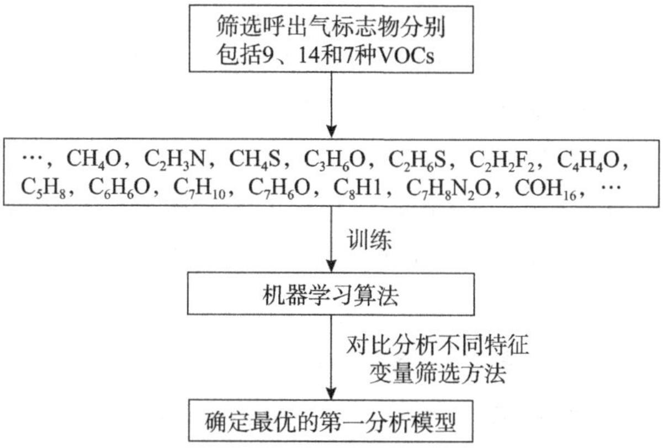

图 4-29　CN210697633U 附图

3. CN210697633U 一种用于肺癌诊断的呼吸采样装置

本专利摘要内容如下：

本实用新型公开了一种用于肺癌诊断的呼吸采样装置，包括气体腔，所述气体腔的一端固定有呼气头，所述呼气头与气体腔的内部连通，所述气体腔远离呼气头的一端通过导气管与呼吸分析仪的输入端连接，所述气体腔的顶部固定有监测机构，所述监测机构包括连接装置、检测箱、气压平衡装置、排气装置、气压检测装置和指示装置，所述检测箱位于气体腔的正上方，且检测箱的底部通过连接装置与气体腔固定，所述气压平衡装置固定在检测箱的顶部，所述排气装置固定在气体腔上，此用于肺癌诊断的呼吸采样装置，通过监测机构可检测出患者呼出气体的压强，以判断患者呼出的气体量的大小，并可提醒患者呼出适量的气体，提高了肺癌诊断的准确性。附图如图 4-30 所示。

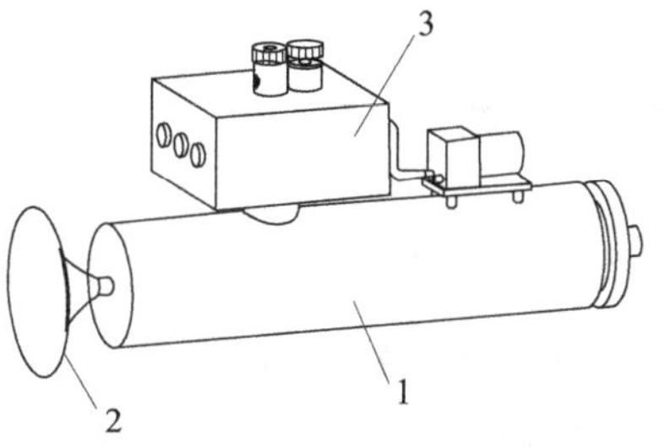

图 4-30　CN205729933U 附图

4.7.3　天津市专利运用和中国其他省市的差异对比分析

综合来看，广东、江苏、北京和山东等地在专利权利转移、质押和许可方面表现较为活跃，这与这些地区的经济发展、科技创新和知识产权保护水平有关。这些数据也反映了这些地区在知识产权运用和交易方面的重要性，以及对知识产权价值的认可和利用。

由表4-15可以得出：广东省在权利转移、质押和许可方面的专利数量最多，分别为134件、13件和6件；北京市的专利数量也相对较高，权利转移专利数量为60件，质押专利数量为4件，许可专利数量为2件；江苏省和山东省的专利数量也较为显著。

表4-15 各省市专利运用数量　单位：件

省份	权利转移专利数量	质押专利数量	许可专利数量
天津	4	0	0
北京	60	4	2
上海	24	0	1
广东	134	13	6
浙江	32	5	2
江苏	66	9	2
山东	53	4	0
湖北	12	1	0
湖南	17	4	0
重庆	12	0	0

4.8 创新人才储备分析

4.8.1 中国发明人分析

由表4-16可知，对各个技术分支的人才数量进行分析。

表4-16 各省市人才数量　单位：人

技术一级	技术二级	中国人才数量	北京	上海	广东	浙江	江苏	山东	湖北	湖南	重庆
感知技术	传感材料设计与制造	12 336	1 276	905	905	575	940	492	117	177	184
	传感芯片设计与制造	15 930	1 690	1 089	1 349	696	1 001	568	98	163	124
	传感原理	17 900	1 920	1 570	1 723	798	878	459	199	236	168
	气体检测模块	24 174	2 834	2 989	1 584	1 003	987	843	267	321	324

续表

技术一级	技术二级	中国人才数量	北京	上海	广东	浙江	江苏	山东	湖北	湖南	重庆
电子电路技术	电源管理	2 090	232	245	983	648	713	425	139	214	97
	蓝牙传输	1 063	119	132	712	467	527	389	97	148	73
	压力检测	6 635	728	382	951	614	677	356	124	193	161
	气体采集控制	3 935	589	293	678	397	514	238	87	132	117
	信号处理	7 215	482	189	374	374	286	399	197	74	108
智能分析技术	人机交互	5 232	375	147	292	290	193	291	144	61	95
	智能算法	7 654	367	105	410	210	132	211	105	48	84

传感材料设计与制造：这一技术分支的人才主要集中在北京、上海、广东和江苏等地。其中，北京的人才数量最多，达到 1 276 人。这说明这些地区的传感材料设计与制造产业发展较为成熟，对相关人才的需求较大。传感芯片设计与制造：这一技术分支的人才主要集中在北京、上海、广东和江苏等地。其中，北京和上海的人才数量最多，分别为 1 690 人和 1 089 人。这表明这些地区的传感芯片设计与制造产业具有较强的竞争力，吸引了大量人才加入。传感原理：这一技术分支的人才主要集中在北京、上海、广东和江苏等地。其中，北京和广东的人才数量最多，分别为 1 920 人和 1 723 人。这表明这些地区的传感原理研究较为活跃，对相关人才的需求较大。气体检测模块：这一技术分支的人才分布较为广泛，主要集中在上海、北京、广东、浙江等地。其中，上海的人才数量最多，达到 2 989 人。这表明上海地区的气体检测模块产业发展迅速，对相关人才的需求较大。

电源管理：这一技术分支的人才主要集中在广东、浙江、江苏、山东等地。其中，广东的人才数量最多，达到 983 人。这表明这些地区的电源管理产业发展较为成熟，对相关人才的需求较大。蓝牙传输：这一技术分支的人才主要集中在广东、浙江、江苏和山东等地。其中，广东的人才数量最多，达到 712 人。这表明这些地区的蓝牙传输产业发展较为成熟，对相关人才的需求较大。压力检测：这一技术分支的人才主要集中在北京、上海、江苏和广东等地。其中，广东的人才数量最多，达到 951 人。这表明这些地区的压力检测产业发展较为成熟，对相关人才的需求较大。气体采集控制：这一技术分支的人才主要集中在北京、江苏、广州和浙江等地。其中，广东的人才数量最多，达到 678 人。这表明这些地区的气体采集控制产业发展较为成熟，对相关人才的需求较大。信号处理：这一技术分支的人才主要集中在北京、广东、浙江、山东等地。其中，北京的人才数量最多，达到 482 人。这表明这些地区的信号处理产业发展较为成熟，对相关人才的需求较大。

人机交互：这一技术分支的人才主要集中在北京、广东、浙江和山东等地。其中，北京的人才数量最多，达到 375 人。这表明这些地区的人机交互产业发展较为成熟，对相关人才的需求较大。 智能算法：这一技术分支的人才主要集中在北京、广东、浙江和山东等地。其中，广东的人才数量最多，达到 410 人。这表明这些地区的智能算法产业发展较为成熟，对相关人才的需求较大。

综合来看，北京在传感材料设计与制造、传感芯片设计与制造、传感原理、信号处理和人机交互等技术领域，北京都是人才数量最多的城市。这显示了北京在这些领域的技术实力和人才培养上的优势。北京作为中国的首都和科技创新中心，吸引了大量的高科技人才和研究机构。上海在传感材料设计与制造、传感芯片设计与制造、传感原理和气体检测模块等技术领域，上海也是人才数量较多的城市。上海作为中国的经济中心和国际大都市，具有较强的产业基础和吸引力，吸引了众多的高科技企业和研发机构。广东在传感材料设计与制造、传感芯片设计与制造、气体检测模块、电源管理和蓝牙传输等技术领域，广东的人才数量较多。广东作为中国的制造业重要基地之一，具有广泛的产业链和完善的供应链，吸引了许多相关领域的人才。特别是在电源管理和蓝牙传输领域，广东的人才数量显著超过其他省市，反映出该地区在这两个领域的优势。综上所述，北京、上海和广东在传感技术相关领域具有较强的人才优势。这主要得益于这些地区的科技创新实力、产业基础和吸引力。这也为这些地区未来在相关领域的发展提供了有利条件。

4.8.2 天津市发明人分析

1. 天津市各分支领域发明人

通过表 4-17 可知，感知技术分支下天津在传感材料设计与制造领域拥有 132 名人才，占全国人才数量的 1.07%，尽管人才数量相对较少，但显示了天津在该领域的一定实力和专业能力。天津在传感芯片设计与制造领域拥有 148 名人才，占全国人才数量的 0.93%，虽然相对于全国范围而言，人才数量较少，但表明天津在该领域的研究和创新能力。天津在传感原理领域拥有 227 名人才，占全国人才数量的 1.27%。这表明天津在传感原理方面有一定的研究实力和专业知识。天津在气体检测模块领域拥有 335 名人才，占全国人才数量的 1.39%，这显示了天津在该领域的一定影响力和专业能力。

表 4-17　天津市各分支领域发明人数量及全国占比　　单位：人

技术一级	技术二级	人才数量 / 人		天津人才占比 /%
		全国	天津	
感知技术	传感材料设计与制造	12 336	132	1.07
	传感芯片设计与制造	15 930	148	0.93
	传感原理	17 900	227	1.27
	气体检测模块	24 174	335	1.39
电子电路技术	电源管理	2 090	21	1.00
	蓝牙传输	1 063	37	3.48
	压力检测	6 635	38	0.57
	气体采集控制	3 935	48	1.22
	信号处理	7 215	49	0.68
智能分析技术	人机交互	5 232	76	1.45
	智能算法	7 654	96	1.25

天津在电源管理领域拥有 21 名人才，占全国人才数量的 1.00%，尽管人才数量相对较少，表明天津在电源管理领域的研究和发展取得了一定成果。天津在蓝牙传输领域拥有 37 名人才，占全国人才数量的 3.48%，相对于其他领域，天津在蓝牙传输领域的人才数量相对较多，这表明天津在该领域的研究和发展具有一定优势。天津在压力检测领域拥有 38 名人才，占全国人才数量的 0.57%，尽管人才数量相对较少，但这显示了天津在该领域有一定的研究和发展能力。天津在气体采集控制领域拥有 48 名人才，占全国人才数量的 1.22%，这表明天津在该领域的研究和发展具有一定实力和潜力。天津在信号处理领域拥有 49 名人才，占全国人才数量的 0.68%，尽管人才数量相对较少，但这显示了天津在该领域的专业知识和技能。

天津在人机交互领域拥有 76 名人才，占全国人才数量的 1.45%，这表明天津在该领域的研究和发展具有一定的实力和影响力。天津在智能算法领域拥有 96 名人才，占全国人才数量的 1.25%，这表明天津在智能算法方面的研究和发展具有一定的实力和潜力。

综上可看出，蓝牙传输领域的人才占比最高，达到了 3.48%，这表明天津在蓝牙传输领域的人才数量相对较多，显示出该地区在该领域的研究和发展具有一定的优势和领先地位。

人机交互领域的人才占比为 1.45%，位居第二，这表明天津在人机交互领域的人才数量相对较多，显示出该地区在该领域的研究和发展具有一定的实力。

气体检测模块、传感原理、智能算法、气体采集控制和传感材料设计与制造领域的人才占比分别为 1.39%、1.27%、1.25%、1.22% 和 1.07%。这表明天津在这些领域的人才数量相对较多，显示出该地区在这些领域的研究和发展具有一定的实力和潜力。其他领域的人才占比相对较低，如压力检测、传感芯片设计与制造、信号处理和电源管理等领域的人才占比都在 1% 及以下。尽管人才数量相对较少，但这并不代表该地区在这些领域的研究和发展没有潜力，可能是因为这些领域的人才数量相对较少，或者相关研究和发展还处于起步阶段。

总体来看，天津在蓝牙传输和人机交互领域的人才占比较高，显示出该地区在这些领域的研究和发展具有一定的优势。其他领域的人才占比相对较低，但这并不代表该地区在这些领域没有研究和发展的潜力，可能是因为这些领域的人才数量相对较少或者相关研究和发展还处于起步阶段。

2. 天津市发明人排名

由图 4-31 可知，范维林以 9 件专利的数量位居榜首，是天津市呼出气体检测领域专利数量最多的发明人，显示出范维林在该领域具有较强的创新能力和研究水平。花中秋以 7 件专利的数量排名第二，其在呼出气体检测领域的专利数量表明他在该领域的研究和创新能力较强。郝东霞、范书瑞、王新、王新和孙美秀这五位发明人都拥有 6 件专利，数量相同且并列第三，他们在呼出气体检测领域的创新成果表明他们具有一定的专业知识和技能。陈波波、杨嘉琛、李青原三位发明人都拥有 5 件专利，数量相同且并列第四。虽然他们的专利数量较少，但这并不代表他们的贡献不重要，可能是因为他们专注于特定领域或者有其他方面的创新成果。

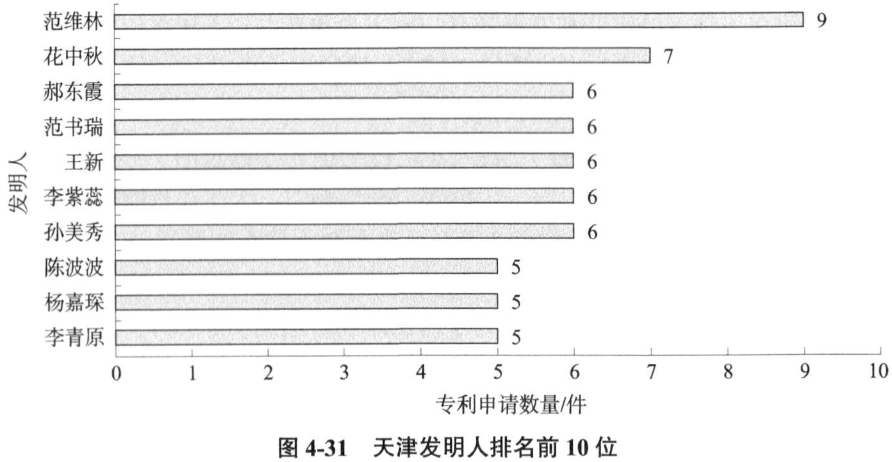

图 4-31　天津发明人排名前 10 位

综上所述，根据图 4-31 中的数据，范维林在天津市呼出气体检测领域的专利数量最多，显示出他在该领域的研究和创新能力。虽然其他发明人专利数量较少，但也表明他们为该领域的研究和发展作出了一定的贡献。这些发明人的创新成果反映了天津市在呼出气体检测领域的研究和发展取得的成果和实力。

他们的具体研究成果如表 4-18 所示。

表 4-18　天津前 10 发明人成果

序号	公开（公告）号	名称	申请日	发明人	申请（专利权）人
1	CN112255192A	一种基于光谱反演的多组分痕量呼出气体协同测量方法	2020-10-11	李青原、魏鑫、孙美秀	中国医学科学院生物医学工程研究所
2	CN111833330A	基于影像与机器嗅觉融合的肺癌智能检测方法及系统	2020-07-14	孙美秀、李青原	万盈美（天津）健康科技有限公司
3	CN111833330B	基于影像与机器嗅觉融合的肺癌智能检测方法及系统	2020-07-14	孙美秀、李青原	万盈美（天津）健康科技有限公司
4	CN212207388U	一种能够缓冲末潮呼气的呼气进样器及呼气分析仪	2020-05-29	陆宁、宋敏、张晨生、吴志远、王少华、花中秋	河北工业大学
5	CN111710372A	一种呼出气检测装置及其呼出气标志物的建立方法	2020-05-21	孙美秀、李迎新	万盈美（天津）健康科技有限公司
6	CN110179467A	一种用于肺癌诊断的呼吸采样装置	2019-05-29	孙美秀、艾钰凯、魏鑫、李静、李青原、李迎新	中国医学科学院生物医学工程研究所
7	CN210697633U	一种用于肺癌诊断的呼吸采样装置	2019-05-29	孙美秀、艾钰凯、魏鑫、李静、李青原、李迎新	万盈美（天津）健康科技有限公司
8	CN108572252A	一种呼气纳米传感阵列检测装置及检测方法	2018-07-05	范书瑞、王新、花中秋、郝东霞、李紫蕊	河北工业大学
9	CN108742630A	一种呼气纳米传感健康预警系统及实现方法	2018-07-05	范书瑞、王新、花中秋、李紫蕊、郝东霞	河北工业大学

续表

序号	公开（公告）号	名称	申请日	发明人	申请（专利权）人
10	CN208902729U	一种呼气纳米传感阵列检测装置	2018-07-05	范书瑞、王新、花中秋、郝东霞、李紫蕊	河北工业大学
11	CN209347036U	一种呼气纳米传感健康预警系统	2018-07-05	范书瑞、王新、花中秋、李紫蕊、郝东霞	河北工业大学
12	CN108572252B	一种呼气纳米传感阵列检测装置及检测方法	2018-07-05	范书瑞、王新、花中秋、郝东霞、李紫蕊	河北工业大学
13	CN108742630B	一种呼气纳米传感健康预警系统及实现方法	2018-07-05	范书瑞、王新、花中秋、李紫蕊、郝东霞	河北工业大学
14	CN105167777A	主流式多种呼出气体浓度和呼吸气压同步监测装置及方法	2015-09-15	杨嘉琛、陈波波、周建雄	天津大学
15	CN103705243B	主流式呼吸二氧化碳浓度和呼吸流量同步监测方法	2013-12-16	杨嘉琛、王海涛、陈波波	天津大学
16	CN103705243A	主流式呼吸二氧化碳浓度和呼吸流量同步监测方法	2013-12-16	杨嘉琛、王海涛、陈波波	天津大学
17	CN103705244B	主流式呼吸气压和呼吸二氧化碳浓度同步监测方法	2013-12-16	杨嘉琛、王海涛、陈波波	天津大学
18	CN103705244A	主流式呼吸气压和呼吸二氧化碳浓度同步监测方法	2013-12-16	杨嘉琛、王海涛、陈波波	天津大学
19	CN103645070B	一种小动物呼吸实验用径向无回流气体采样装置	2013-12-10	范维林	天津开发区合普工贸有限公司
20	CN203576687U	一种全密封隔离小动物口鼻暴露架	2013-12-10	范维林	天津开发区合普工贸有限公司
21	CN203587399U	一种小动物呼吸实验用径向无回流气体采样装置	2013-12-10	范维林	天津开发区合普工贸有限公司
22	CN103645070A	一种小动物呼吸实验用径向无回流气体采样装置	2013-12-10	范维林	天津开发区合普工贸有限公司

续表

序号	公开（公告）号	名称	申请日	发明人	申请（专利权）人
23	CN103610514B	一种全密封隔离小动物口鼻暴露架	2013-12-10	范维林	天津开发区合普工贸有限公司
24	CN103610514A	一种全密封隔离小动物口鼻暴露架	2013-12-10	范维林	天津开发区合普工贸有限公司
25	CN203328848U	口鼻式分层多浓度染毒控制装置	2013-07-05	范维林	天津开发区合普工贸有限公司
26	CN103340699B	口鼻式分层多浓度染毒控制装置	2013-07-05	范维林	天津开发区合普工贸有限公司
27	CN103340699A	口鼻式分层多浓度染毒控制装置	2013-07-05	范维林	天津开发区合普工贸有限公司

据表 4-18 中的内容可知，范维林是 9 件专利的发明人，他的专利涉及呼吸实验用径向无回流气体采样装置、全密封隔离小动物口鼻暴露架及口鼻式分层多浓度染毒控制装置等。他所在的公司是天津开发区合普工贸有限公司。

范维林的专利涉及呼吸实验和染毒控制方面的技术。其中，他提出的呼吸实验用径向无回流气体采样装置可能用于动物的呼吸实验，可以有效地采集动物呼吸中的气体样品；全密封隔离小动物口鼻暴露架可以用于对小动物进行实验时，实现对其呼吸系统的隔离和控制，以确保实验的可靠性和安全性；口鼻式分层多浓度染毒控制装置可用于对小动物进行实验时，实现对其呼吸系统的染毒控制，以模拟不同浓度的气体环境。

综合来看，范维林在呼吸实验和染毒控制方面的专利表明他在这些领域具有技术创新和研发能力。他的专利可为动物实验提供了更好的技术手段和安全保障，对于研究呼吸系统相关疾病、药物研发等具有重要意义。

花中秋是 7 件专利的发明人，其专利涉及呼气纳米传感阵列检测装置、呼气纳米传感健康预警系统及实现方法等领域。其所在的单位是河北工业大学，花中秋在学术界也具有一定影响力。

花中秋的专利涉及呼气纳米传感技术，这是一种基于纳米材料的高灵敏度气体检测技术。其中，他提出的呼气纳米传感阵列检测装置可用于检测人体呼出气中的各种气体成分，以获取呼出气的特征信息；呼气纳米传感健康预警系统及实现方法则可用于根据呼出气的特征信息，对人体的健康状况进行监测和预警。

综合来看，花中秋在呼气纳米传感技术方面的专利表明他在这一领域具有技术创新和研发能力。他的专利为呼出气体检测提供了新的技术手段，提高了检测灵敏度和准确性，可能为医疗诊断、健康监测等领域提供重要的技术支持。

李青原、魏鑫和孙美秀是一种基于光谱反演的多组分痕量呼出气体协同测量方法的发明人，该技术可用于通过光谱反演分析，同时测量多种痕量呼出气体成分，为呼出气体分析提供了一种新的方法。杨嘉琛、王海涛和陈波波来自天津大学，是发明主流式多种呼出气体浓度和呼吸气压同步监测装置及方法的发明人，该技术可用于同时监测呼出气体中多种成分的浓度及呼吸气压，为呼吸系统的监测提供了一种全面的方法。李青原和孙美秀是基于影像与机器嗅觉融合的肺癌智能检测方法及系统的发明人，该技术可通过结合影像和机器嗅觉技术，实现对肺癌的智能检测，提高早期诊断的准确性和效率。河北工业大学的范书瑞、王新、花中秋、李紫蕊和郝东霞是 4 件专利的发明人，第一件和第二件是关于呼气纳米传感健康预警系统及实现方法的发明专利和实用新型专利，该技术可利用纳米传感器对呼气中的成分进行监测，并通过健康预警系统实时监测个体的健康状况，为早期预警和健康管理提供支持；第三件是一种呼气纳米传感阵列检测装置及检测方法，该技术可能利用纳米传感器阵列对呼气中的多种成分进行快速、灵敏的检测，为呼气气体分析提供了一种新的装置和方法；第四件是一种呼气纳米传感阵列检测装置及呼气纳米传感健康预警系统，该技术可结合纳米传感器和健康预警系统，实现对呼气气体成分的检测和个体健康状况的监测，为个体健康管理提供支持。

综上所述，这些发明人的专利涉及多种呼出气体检测技术和健康监测方法，包括基于光谱反演、影像与机器嗅觉融合、纳米传感等不同的技术手段。他们的研发成果在呼出气体分析和个体健康管理方面具有重要的应用价值。

4.9 本章小结

本章围绕天津市呼出气体检测产业的重点企业及目标高校的重点研究方向，从气体检测模块、传感材料设计与制造和智能算法三个领域展开重点技术分析，通过分析相关技术的发展现状、重点专利权人情况、涉诉情况，以及选取重点专利进行深入的分析和比较，包括专利摘要、权利要求和具体实施方式等，将专利数据转化为有价值的洞察，从而为提升天津市呼出气体检测产业的灵敏度、稳定性和选择性提供有力支撑。

第 5 章　重点技术领域分析

5.1　气体检测模块领域

5.1.1　专利申请趋势

2000—2023 年气体检测模块领域的全球及主要国家专利申请趋势如图 5-1 所示。

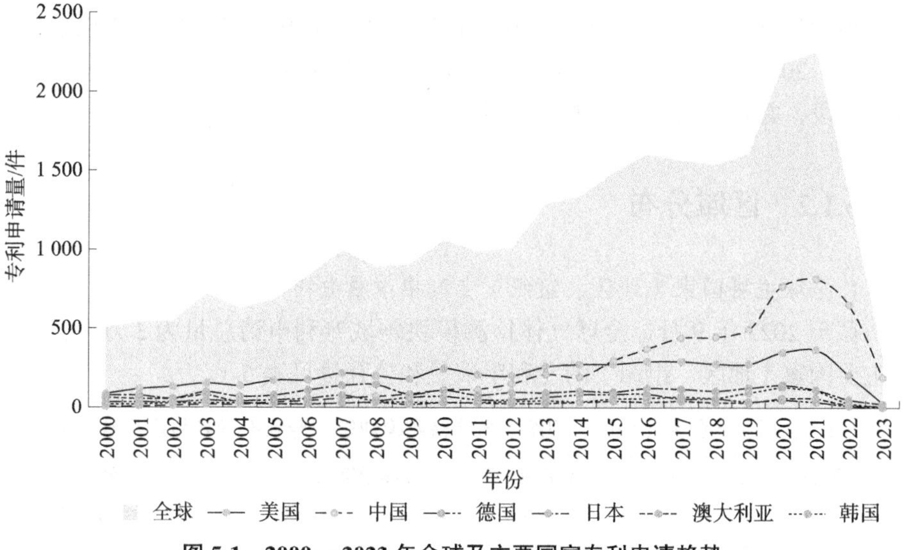

图 5-1　2000—2023 年全球及主要国家专利申请趋势

2000—2011 年全球气体检测模块领域的专利申请量以较缓慢的速度增长，但相对前几年增长速度有所加快；2011—2022 年，全球气体检测模块领域专利申请量快速增加，整体呈上升趋势。其中中国的专利申请量飞速增长，呈现直线式的增长趋势，中国对于全球专利申请量的增长有很大的贡献。相对于中国专利申请数量的激增，其他国家在气体检测模块领域的专利申请量保持比较平稳的趋势。

气体检测模块领域中国主要城市专利申请趋势如图 5-2 所示。

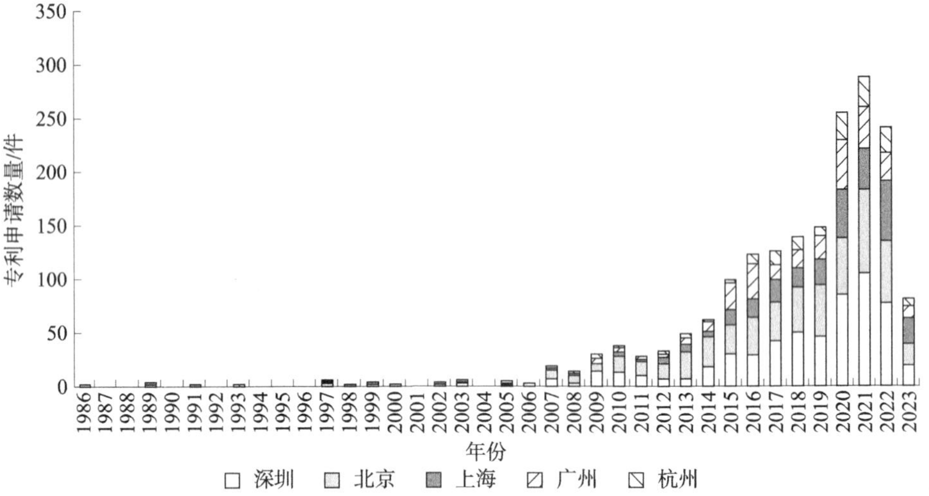

图 5-2　中国主要城市气体检测模块领域专利申请趋势

中国气体检测模块领域专利发展趋势主要是上升趋势，2007 年以前申请量较少，2012 年申请量开始增长，并以实用新型为主，2019 年以后进入快速发展阶段，并且发明专利申请量增多。

5.1.2　区域分布

1. 全球主要国家（地区、组织）专利申请量分布

截至 2023 年 9 月，全球气体检测模块领域专利申请总量为 3 万余件。全球主要国家（地区、组织）的专利申请量和公开量见表 5-1。

表 5-1　全球主要国家（地区、组织）气体检测模块领域专利申请量和公开量分布

来源国家（地区、组织）	申请量 / 件	目标国家（地区、组织）	公开量 / 件
美国	13 529	美国	6 018
中国	4 886	中国	5 674
日本	2 590	日本	3 015
德国	2 337	欧洲专利局	2 641
英国	1 403	德国	1 931
欧洲专利局	1 195	澳大利亚	1 183
韩国	1 089	韩国	1 160

从专利来源国家（地区、组织）来看，美国、中国、日本是专利申请的主要来源国，美国申请量最多，中国其次，日本位列第三。这三国的申请量总和超过全球申请量的 70%，说明美国、中国、日本在气体检测模块领域占据主要地位。

从专利目标国家（地区、组织）来看，美国、中国、日本是主要的受理国家，专利受理总量约占全球申请量的 50%，其中美国位列第一，超 6 000 件；中国位列第二，超 5 000 件；日本位列第三，超 3 000 件。由此看出，美国、中国、日本是各申请人进行专利布局的重点国家，证明三国也是全球检验检测行业的主要分布地和重要市场。

2. 中国气体检测模块领域国内专利申请量分布

从国内气体检测模块领域专利申请量分布（图 5-3）来看，我国气体检测专利技术主要集中分布在北京、上海、广州及江苏、浙江地区。其中，北京、上海和广州的专利申请总量排名前三位。在北京地区的相关专利申请中，发明专利占比较大。天津市的申请量排名仅排在第 14 位，说明天津在该行业技术基础相对薄弱。

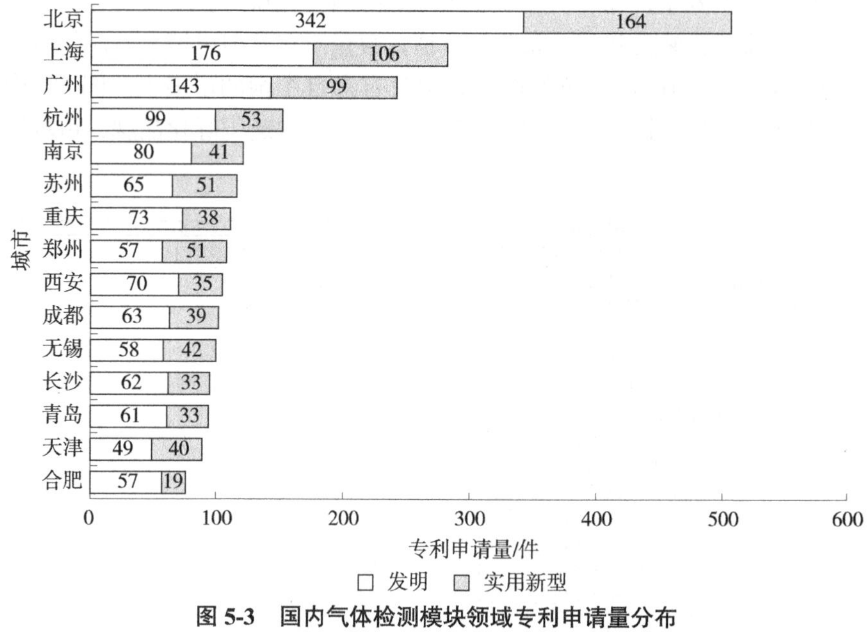

图 5-3 国内气体检测模块领域专利申请量分布

5.1.3 专利申请人分析

1. 全球申请人分析

（1）全球专利申请人类型分布

从气体检测模块领域全球专利申请人类型分布（图 5-4）可以看出，全球

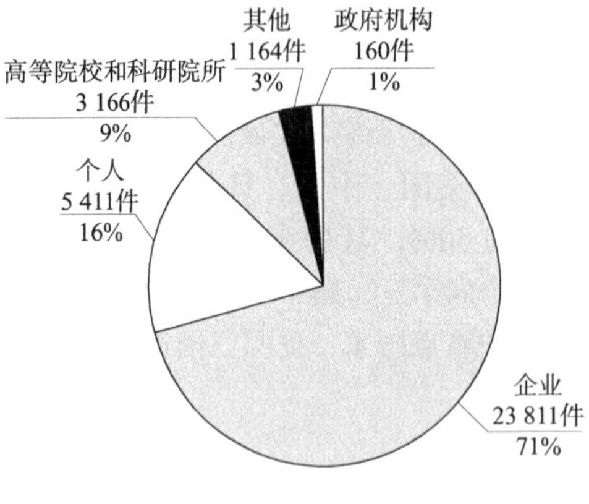

图 5-4　全球专利申请人类型分布

专利申请人以企业申请人为主，占比71%，这说明该领域技术产业化程度比较高，技术应用比较广泛；个人申请量占比为16%，这说明该领域涉及范围较为广泛，技术跨度大。高等院校和科研院所的申请人占比达到9%，这说明高等院校和科研院所聚集着一批优质人才；政府机构申请人的专利申请量占比为1%，可见该领域更注重市场自主调节。

（2）全球专利申请人排名

从全球气体检测模块领域主要专利申请人排名（图5-5）可以看出，申请人前20位主要以医疗器械公司为主，主要来自荷兰、澳大利亚、新西兰、美国、德国、日本6个国家，其中美国和德国的企业相对较多。虽然前20位的申请人中，荷兰、澳大利亚、新西兰申请人数量不多，但申请人对应的申请量排名均比较靠前。在前20位的申请人中没有来自中国的申请人。图5-5中的数据说明我国在气体检测模块领域缺乏龙头企业，缺乏国际化品牌，市场影响力较小。

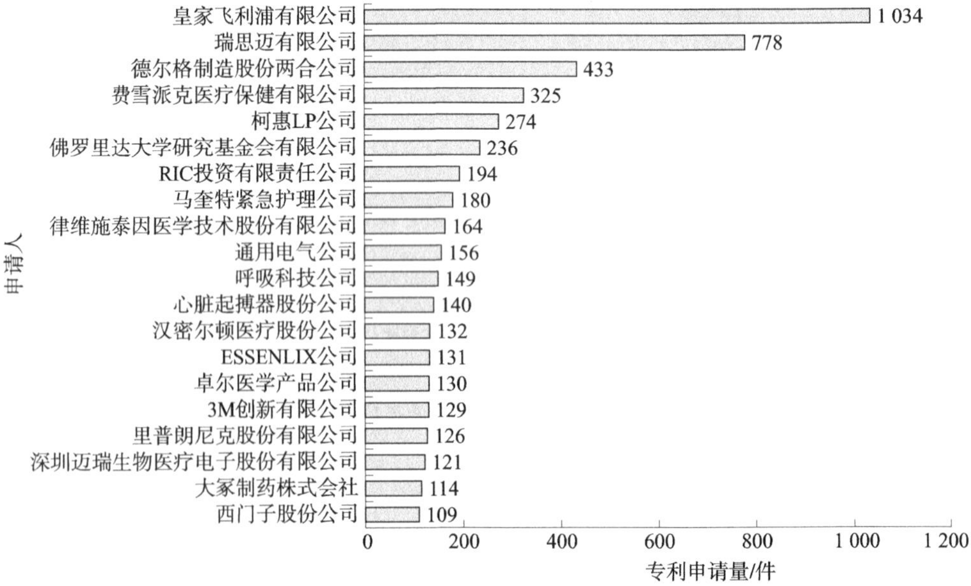

图 5-5　全球气体检测模块领域主要专利申请人排名

2. 中国申请人分析

（1）中国专利申请人类型分布

中国气体检测模块领域专利申请人类型分布如图 5-6 所示。中国专利申请人同样以企业为主，其专利申请量占比 58.1%；高等院校和科研院所专利申请量占比 16.6%，其科研实力处于领先地位；个人申请占比较小，专利申请量只有 14.1%；政府机构专利申请量占比极低，明显低于其他的创新主体的申请量。企业化发展已经成为我国气体检测模块领域的主流模式。

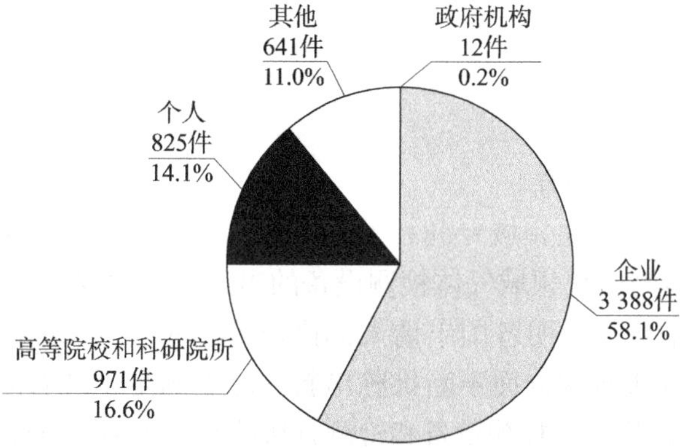

图 5-6　中国气体检测模块领域专利申请人类型分布

（2）中国专利申请人排名

从中国气体检测模块领域的主要专利申请人（表 5-2）来看，排名前 10 位的企业申请人中，外国企业有三家，其余均为中国企业，可见中国企业在本土范围内进行专利布局比重更大。排名前 10 位的高等院校和科研院所申请人中，绝大部分申请人为高等院校及医院，只有两家研究所，说明中国的高校是气体检测模块领域的主要创新主体。在这些高等院校和科研院所申请人中，中国科学院大连化学物理研究所、浙江大学、复旦大学附属中山医院的专利申请量排名前 3，其研发实力突出。

表 5-2　中国气体检测模块领域的主要专利申请人　　单位：件

中国专利主要企业		中国专利主要高等院校和科研院所	
申请人	申请量	申请人	申请量
皇家飞利浦有限公司	118	中国科学院大连化学物理研究所	35
瑞思迈有限公司	87	浙江大学	33
北京谊安医疗系统股份有限公司	63	复旦大学附属中山医院	27
无锡市尚沃医疗电子股份有限公司	60	重庆大学	27
汉威科技集团股份有限公司	58	山东大学	23

续表

中国专利主要企业		中国专利主要高等院校和科研院所	
申请人	申请量	申请人	申请量
深圳迈瑞生物医疗电子股份有限公司	52	中国科学院合肥物质科学研究所	21
佳思德科技（深圳）有限公司	33	吉林大学	20
湖南明康中锦医疗科技股份有限公司	27	广州医科大学附属第一医院（广州呼吸中心）	18
深圳市安保医疗科技股份有限公司	27	上海交通大学	15
费雪派克医疗保健有限公司	25	中国人民解放军空军军医大学	14

5.1.4 技术分布

1. 全球专利技术分布

全球气体检测模块领域专利技术构成及申请趋势如图 5-7 所示，可以看出，全球气体检测模块领域气体检测设备的申请量占比仅 7%，要远低于气体检测方法的申请量，说明各国申请人都比较重视检测方法的专利布局，且各国在该领域的方法研究方面不断推陈出新，已不满足于现有的研究方法。从近 20 年来申请趋势看，检测设备和检测方法的专利申请一直处于增长的趋势，检测方法的增长尤为剧烈，自 2002 年起，检测方法相关专利出现指数型增长，检测设备的增长较为平稳。

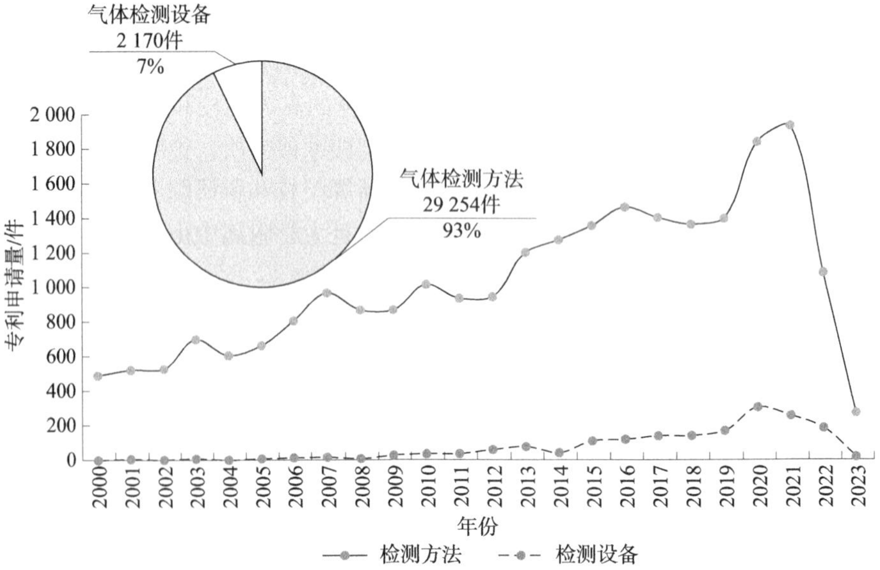

图 5-7　全球气体检测模块领域专利技术构成及申请趋势

气体检测模块领域的专利申请主要集中在传感器领域，且传感器相关专利申请量远高于其他技术分支，供电单元、报警器单元、气体传输结构、气体采集结构分别占据第二、第三、第四和第五的位置，四者数量上的差距并不是很大。检测主板单元占据较少的份额。排在前五位的技术分支中，检测方法的专利数量远大于检测设备的专利数量（图 5-8）。

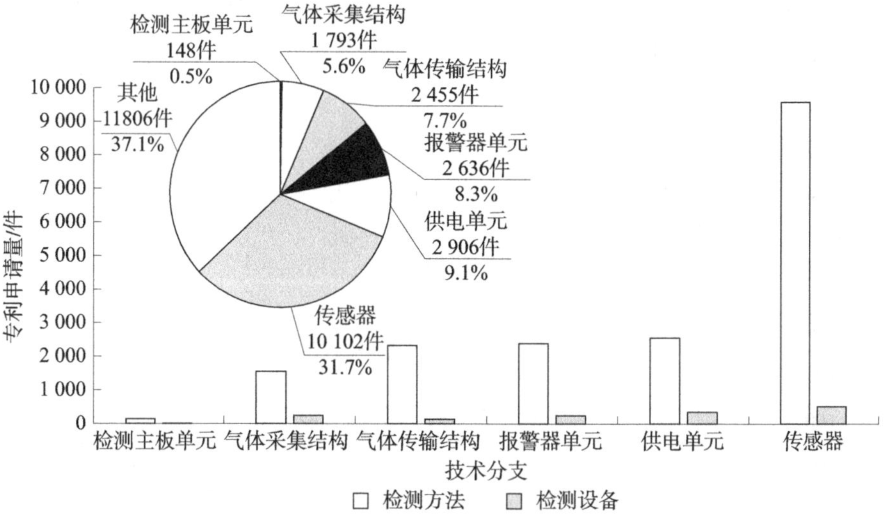

图 5-8　气体检测模块领域各技术分支全球专利申请量分布

图 5-9 展示了气体检测模块领域的各技术分支在 2004—2023 年的专利申请量变化趋势。2004—2023 年，各分支的专利申请量都在以较快的速度增长，其中传感器和供电单元分支的专利数量增长最快。随着传感技术的发展及对呼吸气检测精度的要求的提升，传感器分支仍然是未来专利布局的重点和热点。

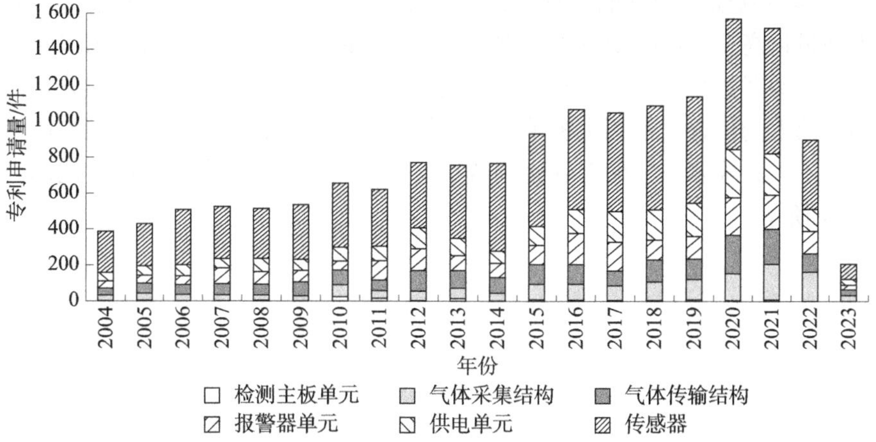

图 5-9　气体检测模块领域各技术分支全球专利申请量变化趋势

2. 中国专利技术分布

气体检测模块领域中国专利技术构成及申请趋势如图5-10所示，中国气体检测模块领域气体检测设备的申请量占31%，要高于全球范围内检测设备的申请量比例，说明在中国范围内，申请人更注重检测设备类的专利布局。中国范围内相关专利布局开始的时间比较晚，从2004年起显现出增长趋势，检测设备和检测方法的专利布局量同步增长。自2016年起，检测方法及检测设备的专利布局均进入快速增长阶段。

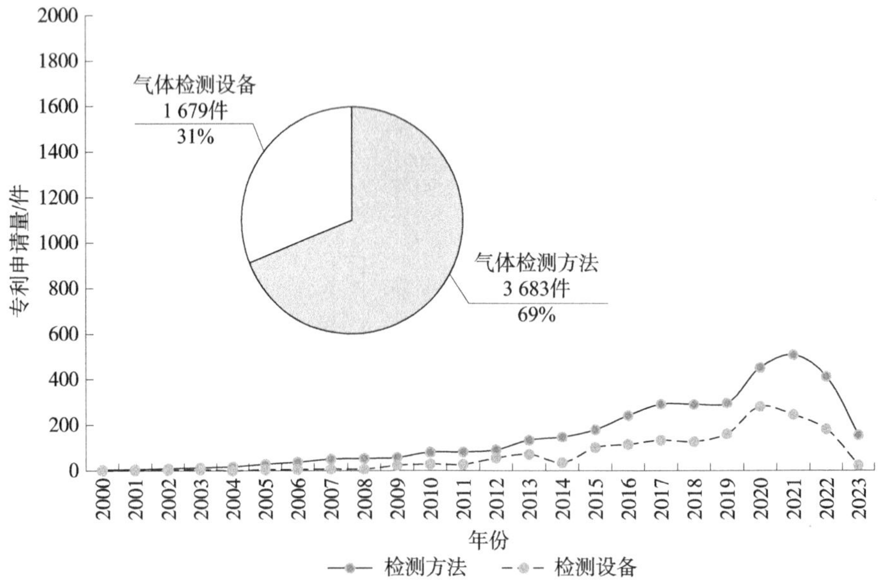

图5-10 中国气体检测模块领域专利技术构成及申请趋势

气体检测模块领域的专利申请主要集中在传感器领域，且传感器相关专利申请量远高于其他技术分支，供电单元和气体采集结构分别占据第二和第三的位置，两者数量上的差距并不是很大，报警器单元和气体传输结构分别占据第四和第五的位置，检测主板单元占据较少的份额，整体与全球专利申请量分布差距不大；检测方法的专利比例减小，但仍大于检测设备专利所占比例，如图5-11所示。

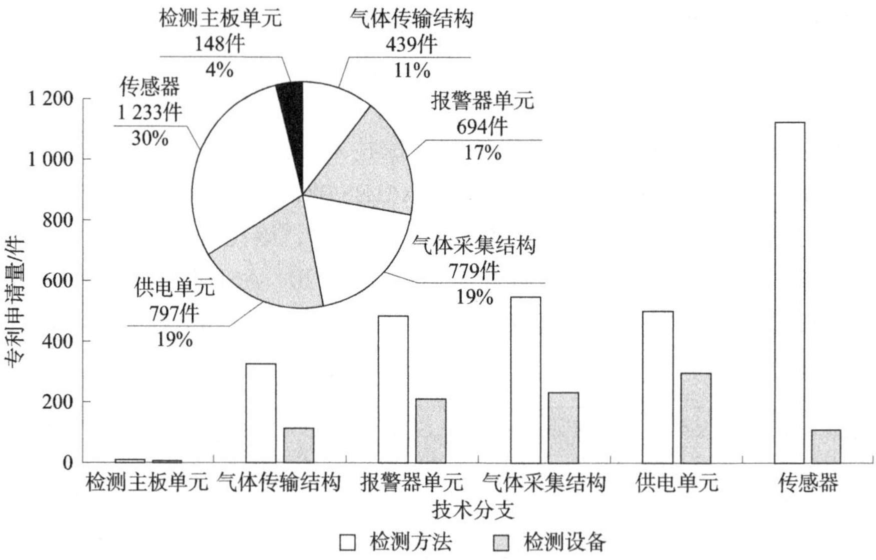

图 5-11　气体检测模块领域各技术分支中国专利申请量分布

图 5-12 展示了气体检测模块领域的各个技术分支在 2004—2023 年的专利申请量变化趋势。2004—2023 年，各个分支的申请量都在以较快的速度增长，其中传感器和报警器单元分支的专利数量增长最快，自 2020 年起，专利数量呈井喷式增长，可以预见，未来几年内中国的专利布局重点仍然在这些领域。

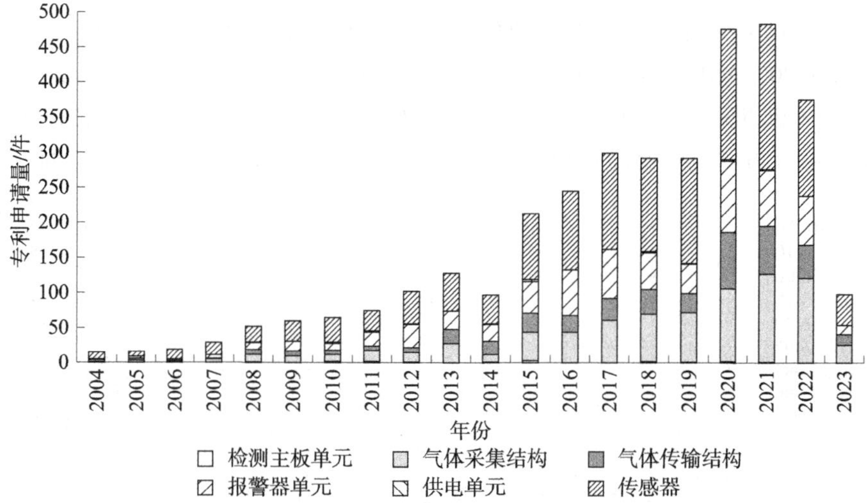

图 5-12　气体检测模块领域各技术分支中国专利申请量变化趋势

5.1.5 技术路线分析 / 功效矩阵分析

1. 全球技术路线分析

图 5-13 展示了气体检测模块领域全球技术路线方向。可以看出，分类号 A61M16/00、A61B5/08、A61B5/00 和 A61B5/087 始终为技术研发重点；G01N33/497 和 A61B5/083 近十年布局量明显减少，该技术在全球范围内减少了研发投入，被其余技术方向所替代；A61M16/20、A61M16/06、A61B5/097 和 A61M16/10 的布局量虽没有较大增幅，但布局连续，始终保持持续研究状态，具有研究潜力。

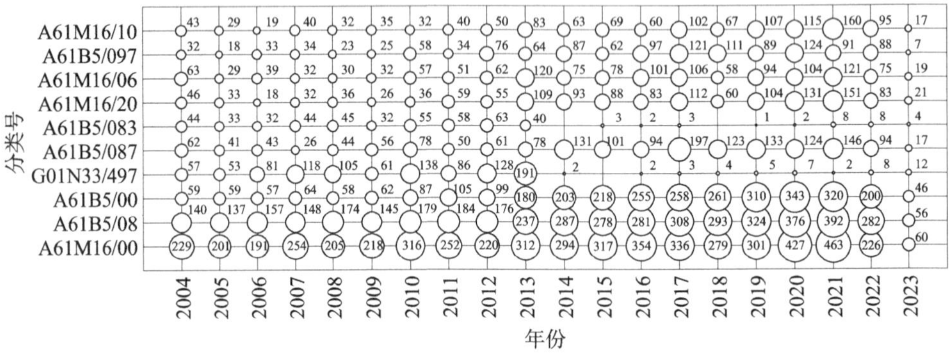

图 5-13 全球气体检测模块领域专利技术路线方向（单位：项）

2. 中国技术路线分析

图 5-14 展示了气体检测模块领域中国技术路线方向。可以看出，分类号 A61M16/00、A61B5/08、A61B5/00 和 A61B5/087 仍然为技术研发重点。国内相关技术起步较晚，但在各技术方向均有所发展和布局，在 G01N33/497 和 A61B5/083 方向也没有停止相关布局，力争能够逆向破局，整体发展全面。

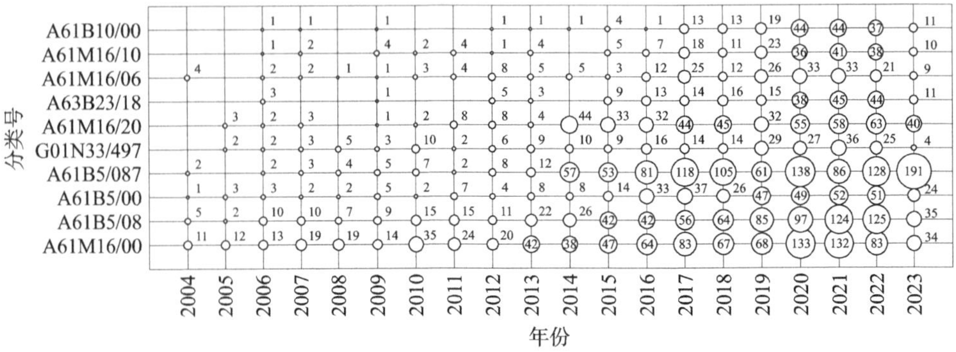

图 5-14 中国气体检测模块领域专利技术路线方向（单位：项）

5.1.6　重点专利分析

1. 中国专利无效情况

表 5-3 列出了气体检测模块领域发生无效的专利，其中部分专利未被完全无效，专利稳定性较好，企业应加以重视，避免专利侵权。

表 5-3　中国气体检测模块领域专利无效情况

序号	公开（公告）号	名称	申请日	申请（专利权）人	无效结果	当前法律状态
1	CN208031231U	一种幽门螺旋杆菌检测仪呼气卡	2017-12-22	辐瑞森生物科技（昆山）有限公司	部分无效	有效
2	CN101366672B	呼吸流量传送系统、呼吸流量产生设备及其方法	2008-08-14	瑞思迈有限公司	全部无效	无效
3	CN302253237S	呼气酒精测试仪（酒安 1800）	2012-05-22	潘卫江	全部无效	无效
4	CN103619390B	具有通气质量反馈单元的医疗通气系统	2012-05-16	佐尔医药公司	—	有效
5	CN303789959S	酒精测试仪（AT112）	2016-03-28	晏玉倩	全部无效	无效
6	CN301417120S	呼气酒精测试仪（酒安 1000）	2010-05-21	潘卫江	—	终止
7	CN2641658Y	带有无线打印功能的酒精测试仪	2003-08-27	深圳市威尔电器有限公司	—	终止

2. 中国专利许可情况

表 5-4 列出了气体检测模块领域发生专利许可的专利。发生许可的专利普遍具有较高经济价值，许可次数越多，潜在经济价值越高，企业应加以重视。

表 5-4　中国气体检测模块领域专利许可情况

序号	公开（公告）号	名称	申请日	申请（专利权）人	被许可人	许可类型	当前法律状态
1	CN215780723U	呼吸机构及兽用麻醉呼吸机	2020-12-31	深圳迈瑞生物医疗电子股份有限公司	深圳迈瑞动物医疗科技有限公司	普通许可	有效

续表

序号	公开（公告）号	名称	申请日	申请（专利权）人	被许可人	许可类型	当前法律状态
2	CN111449657B	图像监测系统和肺栓塞诊断系统	2020-4-15	中国医学科学院北京协和医院	点奇生物医疗科技（苏州）有限公司	普通许可	有效
3					深圳市安保医疗科技股份有限公司	普通许可	
4	CN208582831U	面罩接头及其所应用的正压面罩	2017-11-28	宁波圣宇瑞医疗器械有限公司	宁波正业建筑科技有限公司	普通许可	有效
5					威斯塔克（宁波）工业智能科技有限公司	普通许可	
6					中机博也（宁波）汽车技术有限公司	普通许可	
7					宁波普源新能源有限公司	普通许可	
8					浙江维普电能科技有限公司	普通许可	
9					瀚匠（浙江）精密科技有限公司	普通许可	
10					宁波昱达智能机械有限公司	普通许可	
11					宁波屹达科技有限公司	普通许可	
12					宁波英汇文化科技有限公司	普通许可	
13					宁波环洁超滤科技有限公司	普通许可	
14					宁波铭杰科技服务有限公司	普通许可	

3. 其他重点专利

企业在研发或产品上市之前要进行专利检索，避免造成技术的重复研发或专利侵权，表 5-5 列出了气体检测模块领域的其他重点专利。

表 5-5　气体检测模块领域其他重点专利

序号	领域	公开（公告）号	名称	申请（专利权）人	申请日
1	气体采集结构	BR112013029336A2	用于经鼻给药的控释鼻用睾酮凝胶、方法和预填充多剂量给药系统	埃瑟尔斯医药有限公司	2012-05-15
2	气体采集结构	EP2765420B1	呼出气中的药物检测	森撒部伊斯公司	2010-09-09
3	气体采集结构	EA023922B1	呼出气中的药物检测	森撒部伊斯公司	2010-09-09
4	气体采集结构	ES2484515T3	呼出气中的药物检测	森撒部伊斯公司	2010-09-09
5	气体采集结构	JP5992328B2	呼出气中的药物检测	森撒部伊斯公司	2010-09-09
6	气体采集结构	ES2659738T3	呼出气中的药物检测	森撒部伊斯公司	2010-09-09
7	气体采集结构	EP3336543A1	呼出气中的药物检测	森撒部伊斯公司	2010-09-09
8	气体采集结构	CA2771830C	呼出气中的药物检测	森撒部伊斯公司	2010-09-09
9	气体采集结构	US10520439B2	用于呼出气中药物检测的系统和方法	森撒部伊斯公司	2010-09-09
10	气体采集结构	NO2765420B1	呼出气中的药物检测	森撒部伊斯公司	2010-09-09
11	气体采集结构	US11567011B2	用于呼气中药物检测的系统和方法	森撒部伊斯公司	2019-11-08
12	气体采集结构	US20230125894A1	用于呼出气中药物检测的系统和方法	森撒部伊斯公司	2022-12-23
13	气体采集结构	HK1254027A	采集分析蒸汽凝析，特别是呼出气凝析的装置与系统，以及使用方法	艾森利克斯公司	2018-10-09
14	气体采集结构	JP6594528B2	用于收集和分析蒸汽冷凝物，尤其是呼吸冷凝物的装置和系统，以及它们的使用方法	艾森利克斯公司	2016-09-14
15	气体采集结构	CN108633304B	采集分析蒸汽凝析，特别是呼出气凝析的装置与系统，以及使用方法	艾森利克斯公司	2016-09-14
16	气体采集结构	MX392709B	用于收集和分析蒸汽冷凝物，特别是来自呼吸的呼出冷凝物的装置和系统及其使用方法	艾森利克斯公司	2018-03-13

续表

序号	领域	公开（公告）号	名称	申请（专利权）人	申请日
17	气体采集结构	MY192651A	用于收集和分析蒸汽冷凝物，特别是呼出气冷凝物的装置和系统，以及使用该装置和系统的方法	艾森利克斯公司	2016-09-14
18	气体采集结构	US10306922B2	用于量化和预测吸烟行为的系统和方法	齐拉格国际有限公司	2016-04-06
19	气体采集结构	JP2023018685A	用于量化和预测吸烟行为的系统和方法	麦克尼尔有限责任公司	2022-11-09
20	气体采集结构	BR112017021701B1	用于量化个人吸烟行为的方法和用于获取数据以量化个人吸烟行为的装置	麦克尼尔有限责任公司	2016-04-06
21	气体采集结构	NZ736516B	组织修复和再生方法	成都因诺生物医药科技有限公司	2016-04-08
22	气体采集结构	EP2707071A4	通风装置及相关部件和方法	卡尔福盛207公司	2012-05-09
23	气体采集结构	JP2014516672A	通风装置及相关部件和方法	卡尔福盛207公司	2012-05-09
24	气体采集结构	CA2835491A1	通风装置及相关部件和方法	圣迈德集团控股有限责任公司	2012-05-09
25	气体采集结构	CA3100306A1	通风装置及相关部件和方法	圣迈德集团控股有限责任公司	2012-05-09
26	气体采集结构	MX385884B	可互换的插入物	卡尔福盛207公司	2013-11-11
27	气体采集结构	CA3207764A1	通风装置及相关部件和方法	圣迈德集团控股有限责任公司	2012-05-09
28	气体采集结构	JPWO2011019091A1	呼吸波形信息运算器和使用呼吸波形信息的医疗设备	麻野井英次、心脏实验室公司	2010-08-11
29	气体采集结构	KR1020120062750A	呼吸波形信息计算装置及使用呼吸波形信息的医疗设备	麻野井英次、心脏实验室公司	2010-08-11

续表

序号	领域	公开（公告）号	名称	申请（专利权）人	申请日
30	气体采集结构	JP7084959B2	用于分析样品，特别是血液的装置和系统，以及它们的使用方法	艾森利克斯公司	2020-05-08
31	气体采集结构	MY194887A	用于分析样品特别是血液的装置和系统及其使用方法	艾森利克斯公司	2016-09-14
32	气体采集结构	EP2684043B1	用于从呼出气中对药物物质进行采样的便携式采样装置和方法	森撒部伊斯公司	2012-03-09
33	气体采集结构	EP2518499B1	一种用于从呼出气中检测药物的便携式采样装置和方法	森撒部伊斯公司	2011-03-09
34	气体采集结构	CN103814294B	用于从呼出气体采样药物物质的便携式采样装置及方法	森萨布伊斯有限公司	2012-03-09
35	气体采集结构	CO6870013A2	一种用于从呼出气中取样药物的便携式取样装置和方法	森撒部伊斯公司	2013-10-08
36	气体采集结构	ES2613088T3	一种用于从呼出气中取样药物的便携式取样装置和方法	森撒部伊斯公司	2012-03-09
37	气体采集结构	EA028862B1	用于从呼出气中采样药物的便携式采样装置和方法	森撒部伊斯公司	2012-03-09
38	气体采集结构	MX335337B	一种便携式采样设备和一种从呼出空气中对药物物质进行采样的方法	森撒部伊斯公司	2013-09-06
39	气体采集结构	US9977011B2	用于从呼出气中采样药物的便携式采样装置和方法	森撒部伊斯公司	2012-03-09
40	气体采集结构	JP6332597B2	用于从呼出气中采样药物的便携式采样装置和方法	森撒部伊斯公司	2012-03-09
41	气体采集结构	US20180306775A1	用于从呼出气中采样药物物质的便携式采样装置和方法	森撒部伊斯公司	2018-04-18
42	气体采集结构	CN105929145B	用于从呼出气体采样药物物质的便携式采样装置及方法	森萨布伊斯有限公司	2012-03-09

续表

序号	领域	公开（公告）号	名称	申请（专利权）人	申请日
43	气体采集结构	NO2684043B1	一种用于从呼出气中采样药物物质的便携式采样装置和方法	森撒部伊斯公司	2012-03-09
44	气体采集结构	AT842356T	从呼出气体中采集药物物质的便携式采样装置和方法	森撒部伊斯公司	2012-03-09
45	气体采集结构	CA2958557A1	通气面罩	革新医疗器械有限公司	2015-08-07
46	气体采集结构	JP6496402B2	通风面罩	革新医疗器械有限公司	2015-08-07
47	气体采集结构	JP5544048B2	酒精检测仪	AK 全球技术公司	2012-03-21
48	气体采集结构	RU2557922C1	校准呼气测试仪	AK 全球技术公司	2012-03-21
49	气体采集结构	JP5283220B2	用于在电子设备上显示运动成绩信息的界面和系统	耐克创新有限合伙公司	2006-07-20
50	气体传输结构	JP6017312B2	医疗电路零件	费雪派克医疗保健有限公司	2010-12-22
51	气体传输结构	GB2540695C	医疗电路元件	费雪派克医疗保健有限公司	2010-12-22
52	气体传输结构	GB2489178B	医疗电路组件	费雪派克医疗保健有限公司	2010-12-22
53	气体传输结构	AU2010334464B2	医疗电路元件	费雪派克医疗保健有限公司	2010-12-22
54	气体传输结构	US10532177B2	医疗电路元件	费雪派克医疗保健有限公司	2010-12-22
55	气体传输结构	BR112012017738B1	用于传导患者呼出的湿气的呼吸回路的呼气肢体	费雪派克医疗保健有限公司	2010-12-22
56	气体传输结构	US10814093B2	医疗电路元件	费雪派克医疗保健有限公司	2019-03-13
57	气体传输结构	EP2515980B1	医疗电路元件	费雪派克医疗保健有限公司	2010-12-22
58	气体传输结构	AU2019219855B2	医疗电路元件	费雪派克医疗保健有限公司	2019-08-23
59	气体传输结构	EP3909631A1	医疗电路元件	费雪派克医疗保健有限公司	2010-12-22
60	气体传输结构	ES2877784T3	医疗电路元件	费雪派克医疗保健有限公司	2010-12-22

续表

序号	领域	公开（公告）号	名称	申请（专利权）人	申请日
61	气体传输结构	IN379116B	医疗电路元件	费雪派克医疗保健有限公司	2012-07-20
62	气体传输结构	IL267751A	蒸发装置系统和方法	尤尔实验室有限公司	2014-12-23
63	气体传输结构	CA3105568A1	医用管及其制造方法	费雪派克医疗保健有限公司	2013-12-04
64	气体传输结构	CA3176235A1	医用管和制造方法	费雪派克医疗保健有限公司	2013-12-04
65	气体传输结构	IL219515A	通过外部磁动力操作治疗流体阻塞的系统	脉冲治疗公司	2010-11-02
66	气体传输结构	BR112013029336A2	用于经鼻给药的控释鼻用睾酮凝胶、方法和预填充多剂量给药系统	埃瑟尔斯医药有限公司	2012-05-15
67	气体传输结构	EA201270386A1	呼出气中的药物检测	森撒部伊斯公司	2010-09-09
68	气体传输结构	US20140058220A1	用于获得更清晰的生理信息信号的装置、系统和方法	尤卡魔法有限责任公司	2013-11-01
69	气体传输结构	US20140051948A1	带有光学和脚步传感器的生理和环境监测设备	尤卡魔法有限责任公司	2013-10-25
70	气体传输结构	US8652040B2	用于健康和环境监测的遥测装置	尤卡魔法有限责任公司	2007-06-12
71	气体传输结构	NZ597827B	用于呼吸器的导管	瑞思迈有限公司	2007-11-08
72	气体传输结构	NZ625605B	用于呼吸器的导管	瑞思迈有限公司	2007-11-08
73	气体传输结构	EP2729059A4	个性化营养和健康助理	生命 Q 全球有限公司	2012-07-06
74	气体传输结构	CA2839141A1	个性化营养和健康助理	生命 Q 全球有限公司	2012-07-06
75	气体传输结构	US20140128691A1	个性化营养和健康助理	生命 Q 全球有限公司	2012-07-06
76	气体传输结构	AU2016273911A1	个性化营养和健康助理	生命 Q 全球有限公司	2016-12-14
77	气体传输结构	EA201400118A1	个人营养和健康助理	生命 Q 全球有限公司	2012-07-06
78	气体传输结构	ZA201309473B	个性化营养和健康助理	生命 Q 全球有限公司	2013-12-13

续表

序号	领域	公开（公告）号	名称	申请（专利权）人	申请日
79	气体传输结构	IL239338A	用于分析对象呼出气体成分的装置和方法	生命Q全球有限公司	2012-07-06
80	气体传输结构	JP6310012B2	个性化营养与健康助理	生命Q全球有限公司	2016-06-21
81	气体传输结构	KR101883581B1	个性化营养和健康辅助用品	生命Q全球有限公司	2012-07-06
82	气体传输结构	KR101947254B1	个性化的营养和健康辅助	生命Q全球有限公司	2012-07-06
83	气体传输结构	EP3028627B1	呼出气体成分分析装置及方法	生命Q全球有限公司	2012-07-06
84	气体传输结构	CA2953600C	个性化营养和健康助理	生命Q全球有限公司	2012-07-06
85	气体传输结构	MX369316B	个性化的营养和健康助手	生命Q全球有限公司	2014-01-08
86	气体传输结构	SG195341B	个性化营养和健康助理	生命Q全球有限公司	2012-07-06
87	气体传输结构	SG10201503220WB	个性化营养和健康助理	生命Q全球有限公司	2012-07-06
88	气体传输结构	JP2018149329A5	呼吸湿化系统的适用性特征	费雪派克医疗保健有限公司	2018-05-09
89	气体传输结构	JP2020151486A5	生产一氧化氮的系统和方法	第三极股份有限公司	2020-05-11
90	气体传输结构	RU2728427C2	用于收集和分析蒸汽冷凝物，特别是呼出空气冷凝物的设备和系统及其使用方法	艾森利克斯公司	2016-09-14
91	气体传输结构	US11415570B2	快速蒸汽冷凝收集和分析	艾森利克斯公司	2020-10-06
92	气体传输结构	US9861126B2	用于量化和预测吸烟行为的系统和方法	齐拉格国际有限公司	2016-09-07
93	气体传输结构	US10306922B2	用于量化和预测吸烟行为的系统和方法	齐拉格国际有限公司	2016-04-06
94	气体传输结构	US10674761B2	用于量化和预测吸烟行为的系统和方法	齐拉格国际有限公司	2019-04-16
95	气体传输结构	US11412784B2	用于量化和预测吸烟行为的系统和方法	齐拉格国际有限公司	2020-06-01
96	气体传输结构	JP2023018685A	用于量化和预测吸烟行为的系统和方法	麦克尼尔有限责任公司	2022-11-09

续表

序号	领域	公开（公告）号	名称	申请（专利权）人	申请日
97	气体传输结构	BR112017021701B1	用于量化个人吸烟行为的方法和用于获取数据以量化个人吸烟行为的装置	麦克尼尔有限责任公司	2016-04-06
98	气体传输结构	US20060118115A1	商用飞机氧气保护系统	BE 知识产权公司	2004-12-08
99	气体传输结构	US20120010521A1	可扩展的 WLAN 网关	华为技术有限公司	2011-09-22
100	报警器单元	RU2656820C1	电子吸入装置	尼科创业贸易有限公司	2013-10-09
101	报警器单元	JP2016532481A	睡眠管理方法及系统	瑞思迈感测技术有限公司	2014-07-08
102	报警器单元	EP3019073A4	用于睡眠管理的方法和系统	瑞思迈感测技术有限公司	2014-07-08
103	报警器单元	US20160151603A1	用于睡眠管理的方法和系统	瑞思迈感测技术有限公司	2014-07-08
104	报警器单元	CN105592777A	用于睡眠管理的方法和系统	瑞思迈感测技术有限公司	2014-07-08
105	报警器单元	CN111467644A	用于睡眠管理的方法和系统	瑞思迈感测技术有限公司	2014-07-08
106	报警器单元	NZ755198B	睡眠管理的方法和系统	瑞思迈感测技术有限公司	2014-07-08
107	报警器单元	JP2022119930A	睡眠管理方法及系统	瑞思迈感测技术有限公司	2022-05-31
108	报警器单元	JP2023080065A	用于促进睡眠的系统和用于实现睡眠会话信息收集过程的方法	瑞思迈感测技术有限公司	2023-03-01
109	报警器单元	CN116328142A	用于睡眠管理的方法和系统	瑞思迈感测技术有限公司	2014-07-08
110	报警器单元	US20080146890A1	用于健康和环境监测的遥测设备	尤卡魔法有限责任公司	2007-06-12
111	报警器单元	NZ597827B	用于呼吸器的导管	瑞思迈有限公司	2007-11-08
112	报警器单元	NZ625605B	用于呼吸器的导管	瑞思迈有限公司	2007-11-08
113	报警器单元	JP2017517361A	用于先进气体源的系统和方法和 / 或治疗气体输送系统和方法和 / 或治疗气体输送的增强性能验证	马林克罗特医疗产品知识产权公司	2015-05-11

续表

序号	领域	公开（公告）号	名称	申请（专利权）人	申请日
114	报警器单元	CN115475312A	吸入监测系统和方法	诺顿（沃特福德）有限公司	2015-12-04
115	报警器单元	CN111658914B	吸入监测系统和方法	诺顿（沃特福德）有限公司	2015-12-04
116	报警器单元	US20170055573A1	用于量化和预测吸烟行为的系统和方法	齐拉格国际有限公司	2016-09-07
117	报警器单元	JP2018517913A	用于量化和预测吸烟行为的系统和方法	麦克尼尔有限责任公司	2016-04-06
118	报警器单元	EP3280329A4	用于量化和预测吸烟行为的系统和方法	麦克尼尔有限责任公司	2016-04-06
119	报警器单元	JP2023018685A	用于量化和预测吸烟行为的系统和方法	麦克尼尔有限责任公司	2022-11-09
120	报警器单元	BR112017021701B1	用于量化个人吸烟行为的方法和用于获取数据以量化个人吸烟行为的装置	麦克尼尔有限责任公司	2016-04-06
121	报警器单元	JP6926268B2	一氧化氮供应系统	马林克罗特医疗产品知识产权公司	2020-04-08
122	报警器单元	CN103249355B	根据微生物菌群肠气水平监测营养摄取的系统	金伯利—克拉克环球有限公司	2011-11-07
123	报警器单元	IL243263A	用于离体器官护理的系统和方法	特兰斯迈迪茨公司	2007-04-19
124	报警器单元	IL279711A	传感装置及系统	光环智能解决方案公司	2019-05-28
125	报警器单元	US10970985B2	传感器装置及系统	光环智能解决方案公司	2020-08-28
126	报警器单元	AU2019292029B2	传感装置及系统	光环智能解决方案公司	2019-05-28
127	报警器单元	AU2022203424B2	传感器装置及系统	光环智能解决方案公司	2022-05-20
128	报警器单元	EP2761267B1	校准呼气测醉器	AK 全球技术公司	2012-03-21
129	报警器单元	CO6890075A2	可校准的呼气测醉器	AK 全球技术公司	2014-02-26
130	报警器单元	JP5544048B2	酒精检测仪	AK 全球技术公司	2012-03-21

续表

序号	领域	公开（公告）号	名称	申请（专利权）人	申请日
131	报警器单元	US8224608B1	校准呼气测醉器	AK 全球技术公司	2012-03-21
132	报警器单元	AU2012329390B2	校准呼气测醉器	AK 全球技术公司	2012-03-21
133	报警器单元	US8515704B2	校准呼气测醉器	AK 全球技术公司	2012-07-05
134	报警器单元	KR101264610B1	校准呼气测醉器	AK 全球技术公司	2012-03-21
135	报警器单元	ES2617142T3	校准呼气测醉器	AK 全球技术公司	2012-03-21
136	报警器单元	CN103890581B	校准呼气测醉器	AK 全球技术公司	2012-03-21
137	报警器单元	ZA201402343B	校准呼气测醉器	AK 全球技术公司	2014-03-28
138	报警器单元	DK2761267T3	可校准的呼气测醉器	AK 全球技术公司	2012-03-21
139	报警器单元	MX348590B	校准呼气测醉器	AK 全球技术公司	2014-02-27
140	报警器单元	CA2847629C	校准呼气测醉器	AK 全球技术公司	2012-03-21
141	报警器单元	BR112013033785B1	校准呼吸表计设备和系统以校准呼吸表计	AK 全球技术公司	2012-03-21
142	报警器单元	NO2761267B1	校准呼吸器	AK 全球技术公司	2012-03-21
143	报警器单元	EP2603138A4	通过测量呼吸量、运动和变异性来监测呼吸变化的设备和方法	呼吸运动公司	2011-08-15
144	报警器单元	ZA201300054B	通过测量呼吸量、运动和变异性来监测呼吸变化的装置和方法	呼吸运动公司	2013-01-03
145	报警器单元	MX334938B	通过测量体积、运动和呼吸变异性来控制呼吸变异的装置和方法	呼吸运动公司	2013-02-08
146	报警器单元	US10271739B2	通过测量呼吸量、运动和变异性来监测呼吸变化的设备和方法	呼吸运动公司	2011-08-15
147	报警器单元	JP2018517448A	从特征信号中进行人体检测和识别	瑞思迈感测技术有限公司	2016-04-20

续表

序号	领域	公开（公告）号	名称	申请（专利权）人	申请日
148	报警器单元	US10690763B2	从特征信号中检测和识别人	瑞思迈感测技术有限公司	2016-04-20
149	报警器单元	EP3286577B1	从特征信号中检测和识别人	瑞思迈感测技术有限公司	2016-04-20
150	检测主板单元	MX2012008730A	用于肺部疾病的风险预测、诊断、预后和治疗的方法和组合物	国立犹太保健医院	2012-07-26
151	检测主板单元	NZ596452A	睡眠状态检测	瑞思迈有限公司	2010-07-14
152	检测主板单元	EP2453794A4	睡眠状态检测	瑞思迈有限公司	2010-07-14
153	检测主板单元	US9687177B2	睡眠状态检测	瑞思迈有限公司	2010-07-14
154	检测主板单元	EP3205267B1	睡眠状态检测	瑞思迈有限公司	2010-07-14
155	检测主板单元	AU2010217314B2	人机不同步检测	皇家飞利浦电子股份有限公司	2010-01-22
156	检测主板单元	US10137266B2	人机不同步检测	皇家飞利浦电子股份有限公司	2010-01-22
157	检测主板单元	EP2401016B1	人机不同步检测	皇家飞利浦有限公司	2010-01-22
158	检测主板单元	IN366521B	人机不同步检测	皇家飞利浦有限公司	2011-09-20
159	检测主板单元	NZ616615B	化学损伤检测系统和用于减少规避的方法	生命安全连锁公司	2009-05-28
160	检测主板单元	JP6960913B2	用于呼吸力学参数估计的异常检测装置和方法	皇家飞利浦电子股份有限公司	2016-10-13
161	检测主板单元	JP2016158806A	喘息检测器	欧姆龙健康医疗事业株式会社	2015-02-27
162	检测主板单元	DE112015006231T5	喘息检测装置	欧姆龙健康医疗事业株式会社	2015-11-19
163	检测主板单元	US10893845B2	喘息检测仪	欧姆龙健康医疗事业株式会社	2017-08-04
164	检测主板单元	JP6605767B2	睡眠呼吸暂停探测器	苏州泓乐智能科技有限公司	2017-03-14
165	检测主板单元	US9808182B2	呼吸检测仪	博纳斯创新有限责任公司	2015-03-20
166	检测主板单元	US10660543B2	呼吸检测仪	博纳斯创新有限责任公司	2017-09-01

续表

序号	领域	公开（公告）号	名称	申请（专利权）人	申请日
167	检测主板单元	US11471073B2	呼吸运动检测仪	皇家飞利浦电子股份有限公司	2011-04-13
168	检测主板单元	US11523790B2	用于医学检查的系统、方法、计算设备和存储介质	上海联影医疗科技股份有限公司	2020-11-11
169	检测主板单元	EP3773215B1	用于医学检查的系统、方法、计算设备和存储介质	上海联影医疗科技股份有限公司	2019-05-13
170	检测主板单元	DE602019029113T2	用于医学检查的系统、方法、计算设备和存储介质	上海联影医疗科技股份有限公司	2019-05-13
171	检测主板单元	AT1568113T	系统、管理、研究和医疗器械的研究	上海联影医疗科技股份有限公司	2019-05-13
172	检测主板单元	US9518972B2	检测细菌感染的方法	艾维萨制药公司、西南科学公司	2013-10-04
173	检测主板单元	CA3112181A1	使用酒精检测装置控制车辆运行的系统和方法	汽车交通安全联合公司	2019-09-10
174	检测主板单元	US11072345B2	使用酒精检测设备控制车辆运行的系统和方法	汽车交通安全联合公司	2019-09-10
175	检测主板单元	EP3849405A4	使用酒精检测装置控制车辆运行的系统和方法	汽车交通安全联合公司	2019-09-10
176	检测主板单元	ZA202102349A	使用酒精检测装置控制车辆运行的系统和方法	汽车交通安全联合公司	2021-04-09
177	检测主板单元	US7178522B2	试剂和 N_2O 检测仪	史密斯医疗ASD 公司	2004-06-01
178	检测主板单元	CN104713989B	一种基于混合室技术的气体代谢检测装置及方法	中国科学院合肥物质科学研究所、安庆师范大学	2015-02-04
179	检测主板单元	CN112449607A	通气触发检测方法、装置、通气设备及存储介质	深圳迈瑞生物医疗电子股份有限公司、中国医学科学院北京协和医院	2018-08-21
180	检测主板单元	US20210154423A1	通气触发检测方法及装置、通气装置	深圳迈瑞生物医疗电子股份有限公司、中国医学科学院、北京协和医院	2021-02-07

续表

序号	领域	公开（公告）号	名称	申请（专利权）人	申请日
181	检测主板单元	EP3834871A4	通气触发检测方法、装置、通气装置及存储介质	深圳迈瑞生物医疗电子股份有限公司、中国医学科学院北京协和医院	2018-08-21
182	检测主板单元	JP6268484B2	沼气检测装置、方法和程序	株式会社百利达、费加罗技研株式会社	2014-06-11
183	检测主板单元	AU2007228959B2	用于光谱分析气体的装置	柏林夏里特综合医药大学、柏林自由大学	2007-03-16
184	检测主板单元	KR101869225B1	利用图像的脉搏异常判别方法和利用图像的脉搏异常判别装置	成均馆大学产学研合作团	2016-11-15
185	检测主板单元	CN112205978A	一种生物技术用生物标志物检测设备	广州科为生物科技有限公司	2020-10-13
186	检测主板单元	HK1215069A	肺中的细菌负荷位置的确定	艾维萨制药公司	2016-03-15
187	检测主板单元	US20210213217A1	气道异常识别方法、通气装置及存储介质	深圳迈瑞生物医疗电子股份有限公司、中国医学科学院北京协和医院	2021-01-26
188	检测主板单元	AU2021290448A1	呼气检测装置及呼气检测方法	PEMDX 私人有限公司	2021-06-17
189	检测主板单元	EP4167851A4	呼气检测装置及呼气检测方法	PEMDX 私人有限公司	2021-06-17
190	检测主板单元	US20230201516A1	呼吸检测装置及呼吸检测方法	PEMDX 私人有限公司	2021-06-17
191	检测主板单元	TW201814278A	气体感测装置及其感测组件	财团法人金属工业研究发展中心	2016-10-06
192	检测主板单元	MX2023003526A	使用远程压力传感器进行呼吸检测	蒸汽热能公司	2023-03-24
193	检测主板单元	DE602010063534T2	患者通气中的不同步检测	皇家飞利浦有限公司	2010-01-22

续表

序号	领域	公开（公告）号	名称	申请（专利权）人	申请日
194	检测主板单元	US20230263984A1	带键控系统的自动救援呼吸装置	麦卡锡·丹尼尔、拉米雷斯·尼古拉斯、谢·阿尔文、汤米·安加林、约翰逊·兰登、阿里·利雅得、斯边尔斯·奥尔顿·杰拉尔德	2022-09-15
195	检测主板单元	CN204758613U	小型酒精检测机	深圳市威尔电器有限公司	2015-05-16
196	检测主板单元	CN110320141A	一种电动口罩送风量和净化性能的检测装置和检测方法	中国建筑科学研究院有限公司、中建研科技股份有限公司	2019-05-10
197	检测主板单元	CN114795141A	生物体信息检测方法、装置、设备和系统	欧姆龙健康医疗（中国）有限公司	2021-01-29
198	检测主板单元	CN208420657U	一种环境空气检测装置	杭州纳清光电科技有限公司	2018-05-09
199	检测主板单元	CN111408004A	用于高频喷射通气的气管内磁引导固定喷射管装置	西安交通大学医学院第一附属医院	2020-03-31
200	供电电源	RU2656820C1	电子吸入装置	尼科创业贸易有限公司	2013-10-09
201	供电电源	IL267751A	蒸发装置系统和方法	尤尔实验室有限公司	2014-12-23
202	供电电源	IL219515A	通过外部磁动力操作治疗流体阻塞的系统	脉冲治疗公司	2010-11-02
203	供电电源	MX320858B	鼻腔递送装置	奥普蒂诺斯公司	2010-04-05
204	供电电源	US8652040B2	用于健康和环境监测的遥测装置	尤卡魔法有限责任公司	2007-06-12
205	供电电源	NZ597827B	用于呼吸器的导管	瑞思迈有限公司	2007-11-08
206	供电电源	NZ625605B	用于呼吸器的导管	瑞思迈有限公司	2007-11-08
207	供电电源	EP2729059A4	个性化营养和健康助理	生命 Q 全球有限公司	2012-07-06
208	供电电源	CA2839141A1	个性化营养和健康助理	生命 Q 全球有限公司	2012-07-06

续表

序号	领域	公开（公告）号	名称	申请（专利权）人	申请日
209	供电电源	US20140128691A1	个性化营养和健康助理	生命Q全球有限公司	2012-07-06
210	供电电源	CN103648370A	个人化营养和保健辅助物	生命Q全球有限公司	2012-07-06
211	供电电源	AU2016273911A1	个性化营养和健康助理	生命Q全球有限公司	2016-12-14
212	供电电源	EA201400118A1	个人营养和健康助理	生命Q全球有限公司	2012-07-06
213	供电电源	ZA201309473B	个性化营养和健康助理	生命Q全球有限公司	2013-12-13
214	供电电源	IL239338A	用于分析对象呼出气体成分的装置和方法	生命Q全球有限公司	2012-07-06
215	供电电源	JP6310012B2	个性化营养与健康助理	生命Q全球有限公司	2016-06-21
216	供电电源	KR101883581B1	个性化营养和健康辅助用品	生命Q全球有限公司	2012-07-06
217	供电电源	CN104799820B	用于分析对象的呼出气体的成分的便携设备和方法	生命Q全球有限公司	2012-07-06
218	供电电源	KR101947254B1	个性化的营养和健康辅助	生命Q全球有限公司	2012-07-06
219	供电电源	EP3028627B1	呼出气体成分分析装置及方法	生命Q全球有限公司	2012-07-06
220	供电电源	CA2953600C	个性化营养和健康助理	生命Q全球有限公司	2012-07-06
221	供电电源	MX369316B	个性化的营养和健康助手	生命Q全球有限公司	2014-01-08
222	供电电源	SG195341B	个性化营养和健康助理	生命Q全球有限公司	2012-07-06
223	供电电源	SG10201503220WB	个性化营养和健康助理	生命Q全球有限公司	2012-07-06
224	供电电源	CN111658914A	吸入监测系统和方法	诺顿（沃特福德）有限公司	2015-12-04
225	供电电源	SG11201401877QB	提供顺序功率脉冲的方法	欧瑞康表面处理解决方案股份公司特鲁巴赫	2012-10-08
226	供电电源	NZ597256A	单级轴对称鼓风机和便携式呼吸机	瑞思迈发动机及马达技术股份有限公司	2010-08-11
227	供电电源	EP2464404A4	单级轴对称鼓风机和便携式呼吸机	瑞思迈发动机及马达技术股份有限公司	2010-08-11

续表

序号	领域	公开（公告）号	名称	申请（专利权）人	申请日
228	供电电源	EP4059553A1	模块化呼吸机系统	瑞思迈发动机及马达技术股份有限公司	2010-08-11
229	供电电源	CN114177442A	具有电子元件的药物递送装置	诺顿（沃特福德）有限公司	2017-11-17
230	供电电源	US11351317B2	带电子装置的药物输送装置	诺顿（沃特福德）有限公司	2018-10-01
231	供电电源	AU2022263489A1	电子药物输送装置	诺顿（沃特福德）有限公司	2022-11-01
232	供电电源	HK40019001A	生成一氧化氮的系统和方法	第三极股份有限公司	2020-06-03
233	供电电源	CN110573454B	生成一氧化氮的系统和方法	第三极股份有限公司	2018-02-27
234	供电电源	US11412784B2	用于量化和预测吸烟行为的系统和方法	齐拉格国际有限公司	2020-06-01
235	供电电源	AU2018214083C1	呼吸回路区域加热	费雪派克医疗保健有限公司	2018-08-09
236	供电电源	GB2581265B	呼吸回路区域加热	费雪派克医疗保健有限公司	2013-11-14
237	供电电源	CA3111729A1	呼吸回路区域加热	费雪派克医疗保健有限公司	2013-11-14
238	供电电源	CN107441602B	用于呼吸回路的分区加热	费雪派克医疗保健有限公司	2013-11-14
239	供电电源	US20220040437A1	呼吸回路区域加热	费雪派克医疗保健有限公司	2021-08-23
240	供电电源	CA3176227A1	呼吸回路区域加热	费雪派克医疗保健有限公司	2013-11-14
241	供电电源	JP7166136B2	呼吸回路的区域加热	费雪派克医疗保健有限公司	2018-10-18
242	供电电源	JP2017094099A	辅助呼吸的装置和方法	艾派利斯控股有限责任公司	2016-12-02
243	供电电源	JP2014512197A	辅助呼吸的装置和方法	艾派利斯控股有限责任公司	2012-01-25
244	供电电源	IN2593KOLNP2013A	用于辅助呼吸的装置和方法	艾派利斯控股有限责任公司	2013-08-23
245	供电电源	JP2019150632A	辅助呼吸的装置和方法	艾派利斯控股有限责任公司	2019-05-15
246	供电电源	EP2667934B1	用于辅助呼吸的装置和方法	艾派利斯控股有限责任公司	2012-01-25

续表

序号	领域	公开（公告）号	名称	申请（专利权）人	申请日
247	供电电源	EP3769811A1	用于辅助呼吸的装置和方法	艾派利斯控股有限责任公司	2012-01-25
248	供电电源	ES2813411T3	呼吸装置和方法	艾派利斯控股有限责任公司	2012-01-25
249	供电电源	HK40045797A	用于辅助呼吸的设备和方法	艾派利斯控股有限责任公司	2021-07-20
250	传感器	RU2656820C1	电子吸入装置	尼科投资控股有限公司	2013-10-09
251	传感器	UA111682C2	电子吸入装置	尼科投资控股有限公司	2013-10-09
252	传感器	US9227034B2	用于治疗气道阻塞的无创开放式通气的方法、系统和装置	呼吸科技公司	2010-04-02
253	传感器	US10993641B2	分析物传感器	德克斯康公司	2020-02-13
254	传感器	JP2016532481A	睡眠管理方法及系统	瑞思迈感测技术有限公司	2014-07-08
255	传感器	EP3019073A4	用于睡眠管理的方法和系统	瑞思迈感测技术有限公司	2014-07-08
256	传感器	CN105592777A	用于睡眠管理的方法和系统	瑞思迈感测技术有限公司	2014-07-08
257	传感器	NZ755198B	睡眠管理的方法和系统	瑞思迈感测技术有限公司	2014-07-08
258	传感器	JP2023080065A	用于促进睡眠的系统和用于实现睡眠会话信息收集过程的方法	瑞思迈感测技术有限公司	2023-03-01
259	传感器	CN116328142A	用于睡眠管理的方法和系统	瑞思迈感测技术有限公司	2014-07-08
260	传感器	HK40003336A	呼吸驱动吸入器的依从性监控模块	诺顿（沃特福德）有限公司	2019-07-12
261	传感器	IL276280A	吸入器的合规性监测模块	诺顿（沃特福德）有限公司	2015-08-28
262	传感器	EP3501584B1	用于呼吸驱动吸入器的顺应性监测模块	诺顿（沃特福德）有限公司	2015-08-28
263	传感器	US10918816B2	用于呼吸驱动吸入器的顺应性监测模块	诺顿（沃特福德）有限公司	2018-10-01
264	传感器	AU2020200884B2	用于呼吸驱动吸入器的依从性监测模块	诺顿（沃特福德）有限公司	2020-02-07

续表

序号	领域	公开（公告）号	名称	申请（专利权）人	申请日
265	传感器	US20210138167A1	用于呼吸驱动吸入器的顺应性监测模块	诺顿（沃特福德）有限公司	2021-01-22
266	传感器	ES2825973T3	用于呼吸驱动吸入器的顺应性监测模块	诺顿（沃特福德）有限公司	2015-08-28
267	传感器	IL267751A	蒸发装置系统和方法	尤尔实验室有限公司	2014-12-23
268	传感器	CA3022918A1	肺健康管理系统和方法	精呼吸股份有限公司	2017-05-03
269	传感器	US20190134330A1	肺健康管理系统和方法	精呼吸股份有限公司	2017-05-03
270	传感器	EP3451905A4	用于肺部健康管理的系统和方法	精呼吸股份有限公司	2017-05-03
271	传感器	AU2017259982B2	肺健康管理系统和方法	精呼吸股份有限公司	2017-05-03
272	传感器	CN109414178B	用于肺部健康管理的系统和方法	精呼吸股份有限公司	2017-05-03
273	传感器	HK40002966A1	用于肺部健康管理的系统和方法	精呼吸股份有限公司	2019-07-05
274	传感器	JP2023093609A	用于肺部健康管理的系统和方法	精呼吸股份有限公司	2023-04-18
275	传感器	AU2010294183B2	呼出气中的药物检测	森撒部伊斯公司	2010-09-09
276	传感器	EA201270386A1	呼出气中的药物检测	森撒部伊斯公司	2010-09-09
277	传感器	EP2765420B1	呼出气中的药物检测	森撒部伊斯公司	2010-09-09
278	传感器	JP5992328B2	呼出气中的药物检测	森撒部伊斯公司	2010-09-09
279	传感器	ES2659738T3	呼出气中的药物检测	森撒部伊斯公司	2010-09-09
280	传感器	CA2771830C	呼出气中的药物检测	森撒部伊斯公司	2010-09-09
281	传感器	US10520439B2	用于呼出气中药物检测的系统和方法	森撒部伊斯公司	2010-09-09
282	传感器	NO2765420B1	呼出气中的药物检测	森撒部伊斯公司	2010-09-09
283	传感器	US20140058220A1	用于获得更清晰的生理信息信号的装置、系统和方法	尤卡魔法有限责任公司	2013-11-01
284	传感器	US20140051948A1	带有光学和脚步传感器的生理和环境监测设备	尤卡魔法有限责任公司	2013-10-25

续表

序号	领域	公开（公告）号	名称	申请（专利权）人	申请日
285	传感器	US8652040B2	用于健康和环境监测的遥测装置	尤卡魔法有限责任公司	2007-06-12
286	传感器	JP2022008647A	呼吸顺序用户界面	苹果公司	2021-09-29
287	传感器	EP2729059A4	个性化营养和健康助理	生命 Q 全球有限公司	2012-07-06
288	传感器	CA2839141A1	个性化营养和健康助理	生命 Q 全球有限公司	2012-07-06
289	传感器	US20140128691A1	个性化营养和健康助理	生命 Q 全球有限公司	2012-07-06
290	传感器	CN103648370A	个人化营养和保健辅助物	生命 Q 全球有限公司	2012-07-06
291	传感器	AU2016273911A1	个性化营养和健康助理	生命 Q 全球有限公司	2016-12-14
292	传感器	EA201400118A1	个人营养和健康助理	生命 Q 全球有限公司	2012-07-06
293	传感器	IL239338A	用于分析对象呼出气体成分的装置和方法	生命 Q 全球有限公司	2012-07-06
294	传感器	JP6310012B2	个性化营养与健康助理	生命 Q 全球有限公司	2016-06-21
295	传感器	KR101883581B1	个性化营养和健康辅助用品	生命 Q 全球有限公司	2012-07-06
296	传感器	CN104799820B	用于分析对象的呼出气体的成分的便携设备和方法	生命 Q 全球有限公司	2012-07-06
297	传感器	KR101947254B1	个性化的营养和健康辅助	生命 Q 全球有限公司	2012-07-06
298	传感器	EP3028627B1	呼出气体成分分析装置及方法	生命 Q 全球有限公司	2012-07-06
299	传感器	CA2953600C	个性化营养和健康助理	Q 生活全球有限公司	2012-07-06

5.2 传感原理领域

5.2.1 专利申请趋势

全球及主要国家传感原理领域专利申请量变化趋势如图 5 -15 所示。

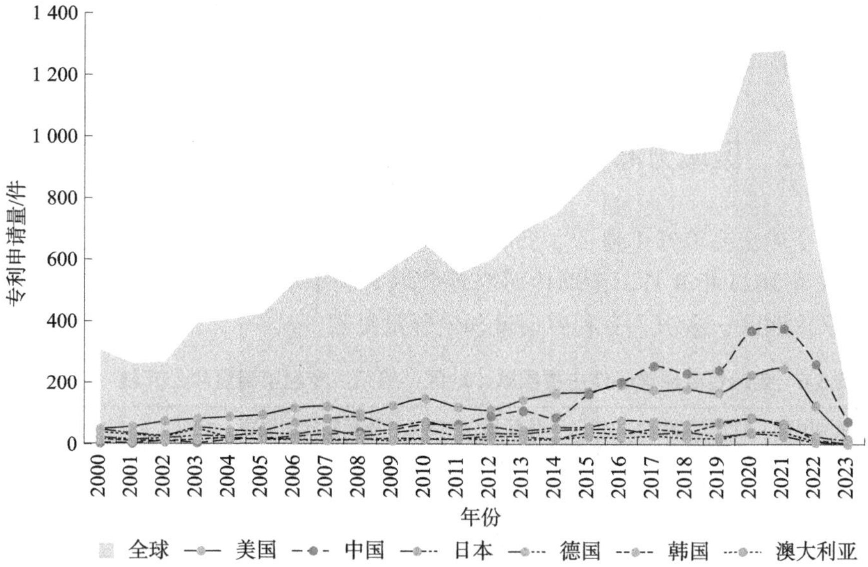

图 5-15　全球及主要国家传感原理领域专利申请量变化趋势

2000—2011 年，全球传感原理领域的专利申请量有了长足的进步，增速加快；自 2011 年始，进入高速发展阶段，全球申请量呈直线式增长，其中中国专利申请量异军突起，贡献突出，相比较而言，其他国家在该领域的申请量保持平稳增速，说明该领域专利申请重心正向我国转移。

中国传感原理领域主要城市专利申请量变化趋势如图 5-16 所示。

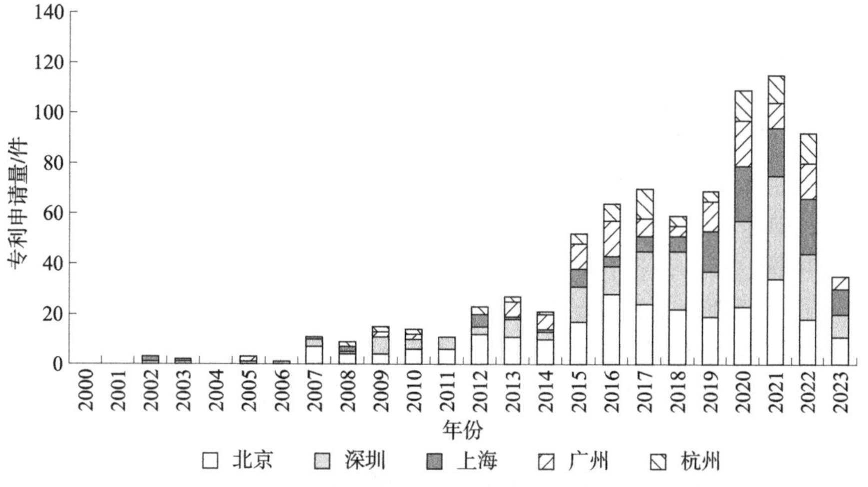

图 5-16　中国主要城市传感原理领域专利申请量变化趋势

在 2007 年以前中国主要城市传感原理领域专利申请量较少，2012 年之后申请量有所增长，类型以实用新型为主，且数量并不可观，2019 年之后增速明显，并持续稳步增长。

5.2.2 区域分布

1. 全球主要国家（地区、组织）专利申请量分布

截至 2023 年 9 月，全球传感原理领域专利申请总量为 1 万余件。全球主要国家（地区、组织）专利申请量和公开量见表 5-6。

表 5-6 全球传感原理领域主要国家（地区、组织）专利申请量和公开量 单位：件

来源国家（地区、组织）	申请量	目标国家（地区、组织）	公开量
美国	8 527	美国	3 533
中国	2 321	中国	2 835
德国	1 257	日本	1 711
日本	1 202	欧洲专利局	1 657
英国	774	德国	1 074
韩国	716	韩国	728
欧洲专利局	561	澳大利亚	694
澳大利亚	363	奥地利	602
法国	337	加拿大	549
瑞典	278		

从专利来源（申请人所在国家、地区、组织）来看，美国、中国、德国是主要来源国，美国申请量最多，中国次之，德国第三。美国、中国、德国三国申请量占全球申请量 60% 以上，说明三国在该技术领域占据主要地位。

从专利目标国（地区、组织）来看，美国、中国、日本是主要的受理国家及地区，专利受理总量约占全球申请量的 65%，其中美国位列第一，超 3 500 件；中国位列第二，超 2 800 件；日本位列第三，超 1 700 件。由此看出，美国、中国、日本是各申请人进行专利布局的重点国家，由此也可看出该三国是全球传感原理行业的主要产地和重要市场。

2. 中国专利来源国及国内专利申请量分布

从国内传感原理领域专利申请量分布（图 5-17）来看，我国检验检测专利技术主要集中分布在北京、深圳、上海、广州及江苏、浙江地区。其中，北京、深圳和上海的专利申请总量排名前三位。在北京地区的相关专利申请中，发明专利占比较大。天津市的申请量仅排在第 10 位，说明天津市在该行业的技术基础相对薄弱。

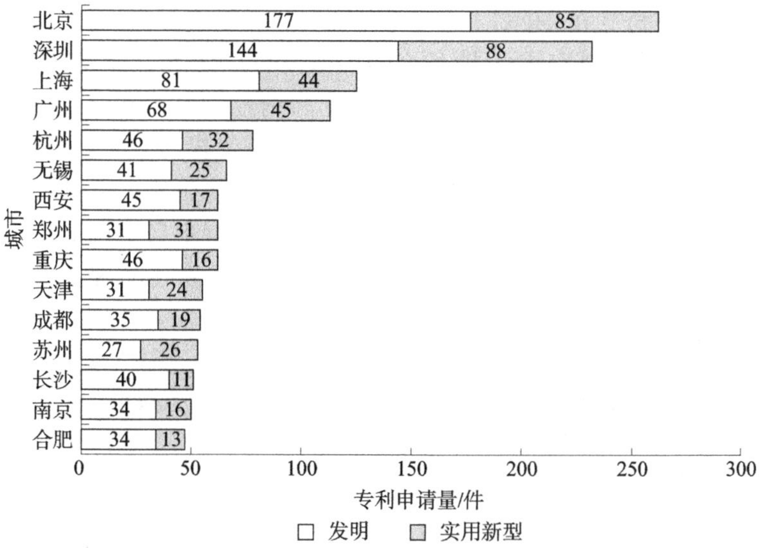

图 5-17　国内专利申请量分布

5.2.3　专利申请人分析

1. 全球申请人分析

（1）全球专利申请人类型分布

从传感原理领域全球专利申请人类型分布（图 5-18）可以看出，全球专利申请人以企业申请人为主，占比 73.4%，说明该领域技术产业化程度比较高，技术应用比较广泛。个人申请量占比为 14.6%，说明该领域涉及范围较为广泛，技术跨度大。高等院校和科研院所的申请人占比达到 9.0%，说明高等院校和科研院所聚集着一批优质人才。政府机构申请人的专利申请量占比不足 1%，为 0.3%。

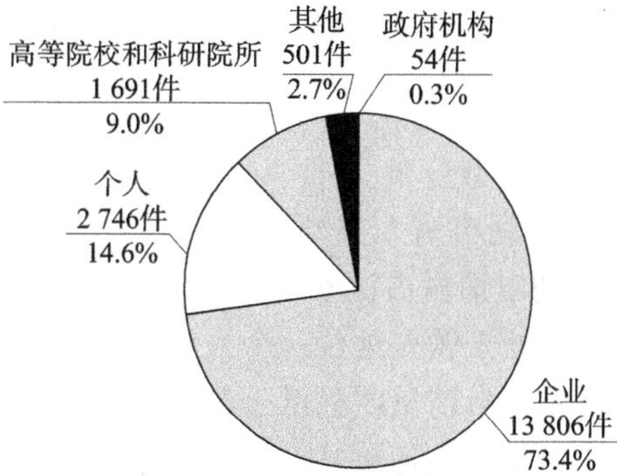

图 5-18　全球传感原理领域专利申请人类型分布

（2）全球专利申请人排名

从全球主要专利申请人排名（图 5-19）可以看出，全球专利申请人前 20 位主要以医疗器械公司为主，主要来自荷兰、澳大利亚、新西兰、美国、德国、日本 6 个国家，其中美国和德国的企业相对较多。虽然前 20 位的申请人中，荷兰、澳大利亚、新西兰申请人数量不多，但申请人对应的申请量排名均比较靠前。在前 20 位的申请人中没有来自中国的申请人。以上数据说明我国在传感原理领域缺乏龙头企业和国际化品牌，市场影响力较小。

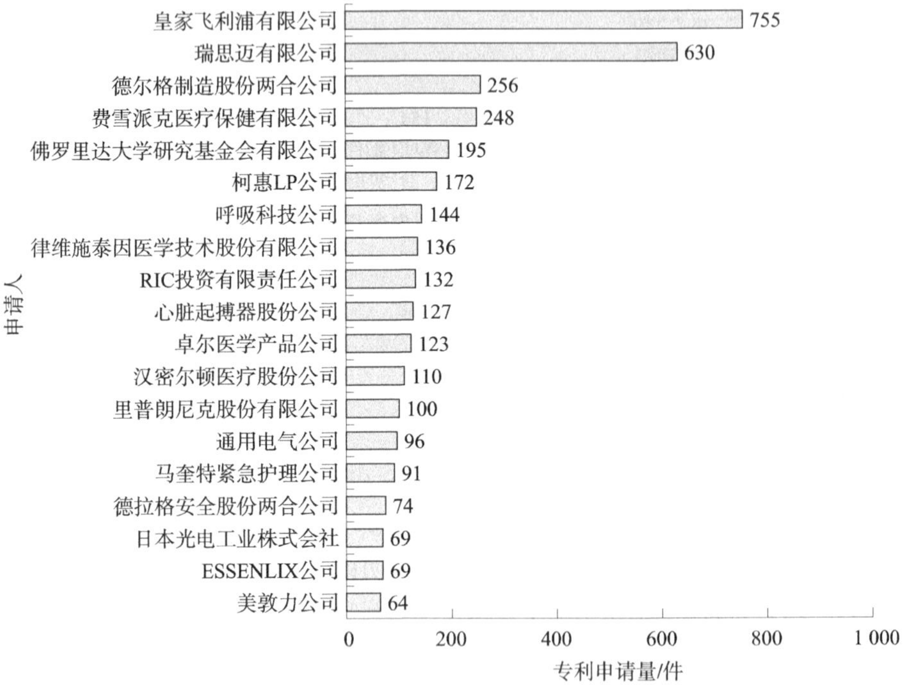

图 5-19　全球传感原理领域主要专利申请人排名

2. 中国申请人分析

（1）中国专利申请人类型分布

中国传感原理领域专利申请人类型分布如图 5-20 所示。中国专利申请人同样以企业为主，其专利申请量占比 61.5%；高等院校和科研院所专利申请量占比 17.7%，其科研实力处于领先地位；个人申请占据小部分，专利申请量只占比 12.7%；政府机构专利申请量明显低于其他的创新主体。由此可见，企业化发展是我国传感原理领域的主流模式。

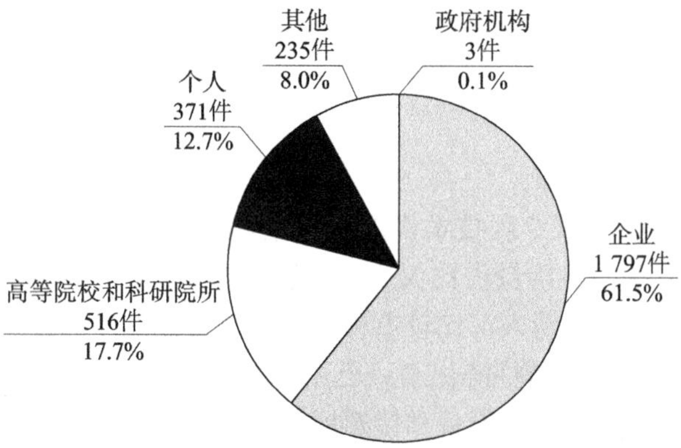

图 5-20　中国传感原理领域专利申请人类型分布

（2）中国专利申请人排名

从中国传感原理领域的专利主要申请人（表 5-7）来看，排名前 10 位的企业申请人中，外国企业有四家，其余均为中国企业，可见中国企业在本土范围内进行专利布局比重更大。排名前 10 位的高等院校和科研院所申请人中，绝大部分申请人为高等院校及医院，只有两家研究所，说明中国的高校是传感原理领域的主要创新主体。在这些高等院校和科研院所申请人中，浙江大学、重庆大学、吉林大学的专利申请量排名前三，其研发实力突出。

表 5-7　中国传感原理领域的专利主要申请人　　单位：件

中国专利主要企业		中国专利主要高等院校和科研院所	
申请人	申请量	申请人	申请量
皇家飞利浦有限公司	93	浙江大学	22
瑞思迈有限公司	77	重庆大学	20
无锡市尚沃医疗电子股份有限公司	39	吉林大学	17
北京谊安医疗系统股份有限公司	33	山东大学	16
汉威科技集团股份有限公司	25	中国科学院合肥物质科学研究所	12
深圳迈瑞生物医疗电子股份有限公司	33	复旦大学附属中山医院	11
费雪派克医疗保健有限公司	21	中国科学院大连化学物理研究所	9
湖南明康中锦医疗科技股份有限公司	19	中国人民解放军空军军医大学	8
德尔格制造股份两合公司	16	中山大学	8
深圳市安保医疗科技股份有限公司	16	河北工业大学	8

5.2.4 技术分布

1. 全球专利技术分布

传感原理领域全球专利技术构成及申请趋势见图 5-21。可以看出，全球传感原理领域设备的申请量占比仅 5%，传感原理方法要远高于传感原理设备的申请量，说明各国申请人都比较重视传感原理方法的专利布局，且各国在该领域的方法研究方面不断推陈出新，已不满足于现有的研究方法。从近 20 余年的申请趋势看，传感原理设备和传感原理方法的专利申请一直处于增长的趋势，传感原理方法的增长尤为突出，自 2002 年起，传感原理方法相关专利产生指数型增长，传感原理设备的增长较为平稳。

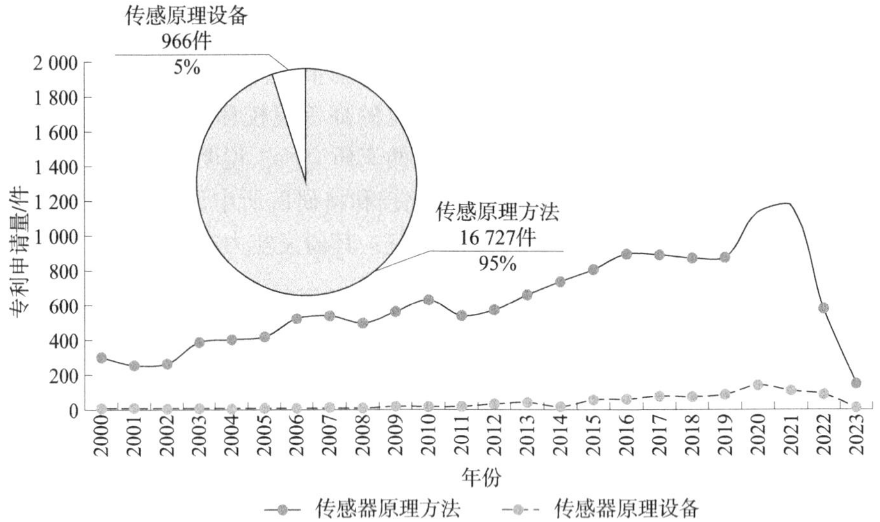

图 5-21　全球传感原理领域专利技术构成及申请趋势

传感原理领域的专利申请主要集中在红外技术，PID 光离子化、电化学、催化燃烧、热裂解分别占据第二、第三、第四和第五的位置，前五位在数量上呈递减排列，热导技术占据较少的份额。排在前五位的技术分支中，传感原理方法的专利数量远大于传感原理设备的专利数量，如图 5-22 所示。

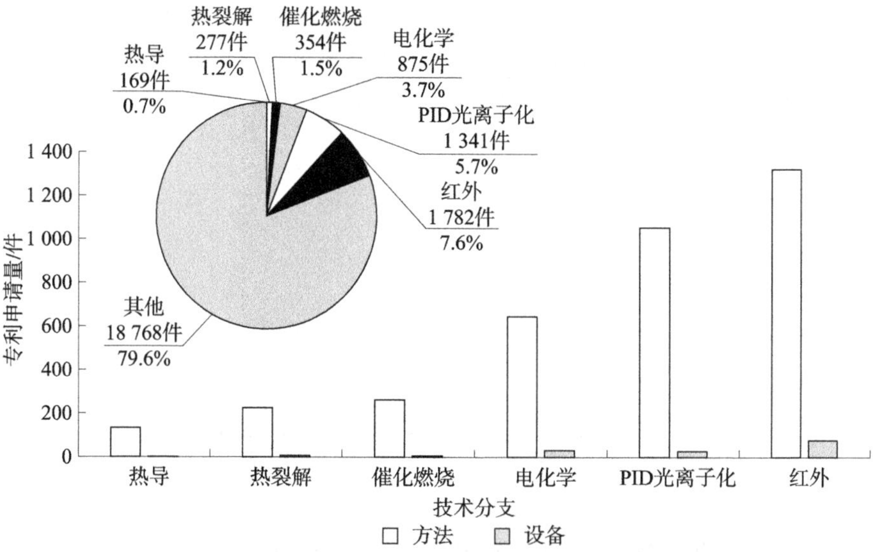

图 5-22　传感原理领域各技术分支全球专利申请量分布

图 5-23 展示了传感原理领域的各个技术分支在 2004—2023 年的专利申请量变化趋势。2004—2023 年，各个技术分支的申请量都在以较快的速度增长，其中红外技术和 PID 光离子化的专利数量增长最快。随着传感技术的发展及对呼出气体检测精度的要求的提升，传感原理分支仍然是未来专利布局的重点和热点。

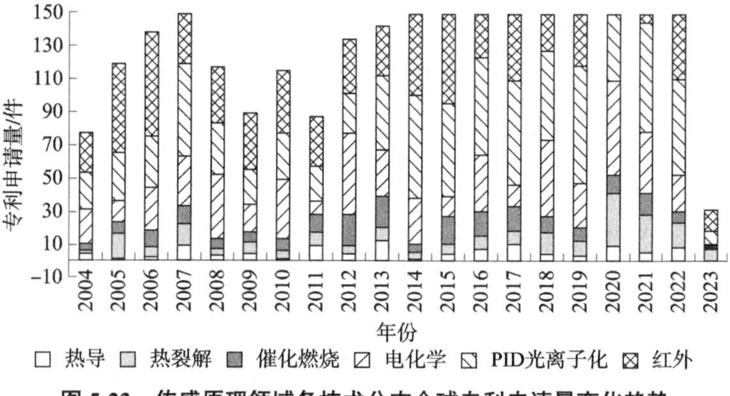

图 5-23　传感原理领域各技术分支全球专利申请量变化趋势

2. 中国专利技术分布

传感原理领域中国专利技术构成及申请趋势见图 5-24。可以看出，中国传感原理设备的申请量占 27%，要高于全球范围内传感原理设备的申请量比例，说明在中国范围内，申请人比之其他国家、地区的申请人更注重设备类的专利布局。中国范围内相关专利布局开始的时间比较晚，从 2009 年起显现出增长趋势，传感原理设备和传感原理方法的专利布局量同步增长，自 2013 年起，传感原理方法及传感原理设备的专利布局均进入快速增长阶段。

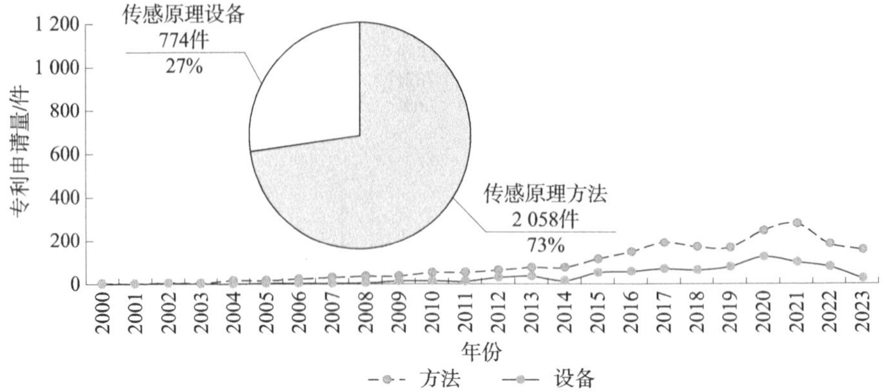

图 5-24　传感原理领域中国专利技术构成及申请趋势

中国传感原理领域的专利申请主要集中在红外技术领域，其次是 PID 光离子化技术，电化学、催化燃烧、热裂解、检测主板单元占据较少的份额，分别位居第三、第四、第五和第六位。其中，红外技术和 PID 光离子化占到申请量总和的 71%。整体来讲，各技术分支在中国的申请量和全球比例分布差距不大，传感原理方法的专利比例也同样大于传感原理设备专利所占比例，如图 5-25 所示。

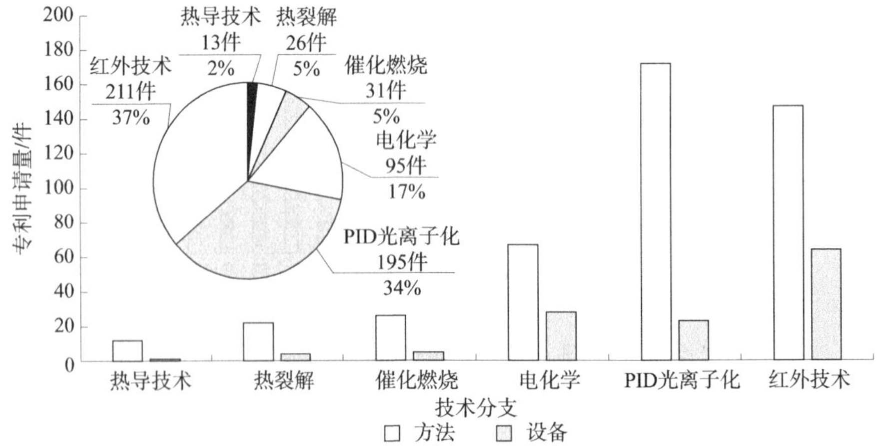

图 5-25　传感原理领域各技术分支中国专利申请量分布

图 5-26 展示了中国传感原理领域的各个技术分支专利申请量变化趋势。2004—2023 年，各个技术分支的申请量都在以较快的速度增长，其中红外技术和

PID 光离子化单元分支的专利数量增长最快，自 2015 年起，专利数量呈井喷式增长，可以预见，未来几年内中国的专利布局重点仍然在这些领域。

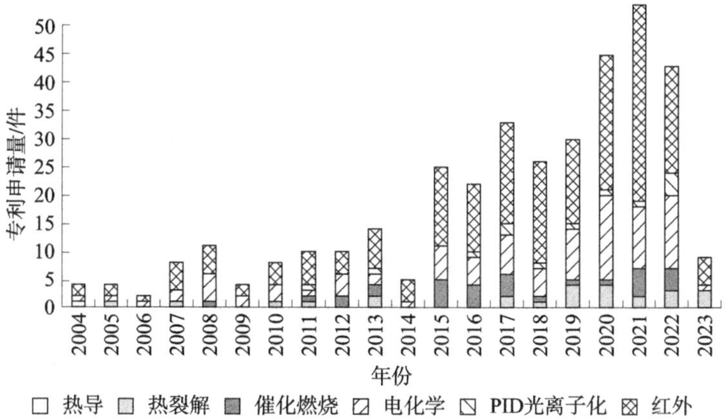

图 5-26　传感原理领域各技术分支全球专利申请量变化趋势

5.2.5　技术路线分析 / 功效矩阵分析

1. 全球技术路线分析

图 5-27 展示了传感原理领域全球技术路线方向。可以看出，分类号 A61M16/00、A61B5/08、A61B5/00 和 A61B5/087 始终为技术研发重点；G01N33/497 和 A61M16/20 近十年布局量明显减少，该技术在全球范围内减少了研发投入，被其余技术方向所替代；A61M16/10、A61M16/06、A61B5/083 和 A61B5/097 的布局量虽没有较大增幅，但布局连续，始终保持持续研究状态，具有研究潜力。

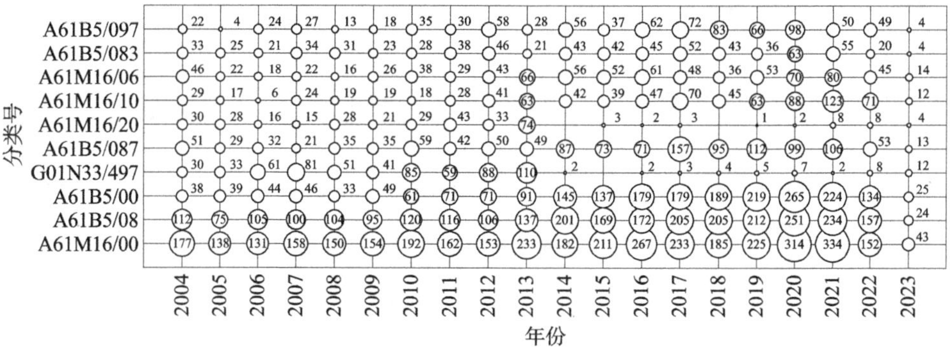

图 5-27　全球传感原理领域专利技术路线方向（单位：件）

2. 中国技术路线分析

图 5-28 展示了传感原理领域中国技术路线方向。可以看出，A61M16/00、A61B5/08、A61B5/00 和 A61M16/20 仍然为技术研发重点。国内技术起步较晚，但在各技术方向均有所发展和布局，在 G01N33/497 和 B60K28/06 方向也没有停止相关布局，力争能够逆向破局，整体发展全面。

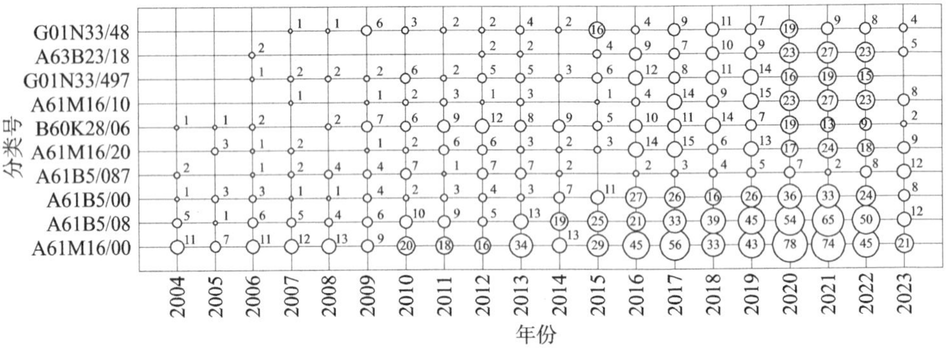

图 5-28　中国传感原理领域专利技术路线方向（单位：件）

5.2.6　重点专利分析

1. 中国专利无效情况

表 5-8 列出了中国传感原理领域发生无效的专利，其中部分专利未被完全无效，专利稳定性较好，企业应加以重视，避免专利侵权。

表 5-8　中国传感原理领域专利无效诉讼情况

序号	公开（公告）号	名称	申请日	申请（专利权）人	无效结果	当前法律状态
1	CN101366672B	呼吸流量传送系统、呼吸流量产生设备及其方法	2008-08-14	瑞思迈有限公司	全部无效	无效
2	CN103619390B	具有通气质量反馈单元的医疗通气系统	2012-05-16	佐尔医药公司	—	有效
3	CN2641658Y	带有无线打印功能的酒精测试仪	2003-08-27	深圳市威尔电器有限公司	—	终止

2. 中国专利许可情况

表 5-9 列出了传感原理领域发生专利许可的专利。发生许可的专利普遍具

有较高经济价值，许可次数越多，潜在经济价值越高，企业应加以重视。

表 5-9　中国传感原理领域专利许可情况

序号	公开（公告）号	名称	申请日	申请（专利权）人	被许可人	许可类型	当前法律状态
1	CN201852843U	智能警用呼气酒精含量检测取证装置	2010-10-27	方恺	广州宇洋智能科技有限公司	独占许可	终止
2	CN201469275U	组合式肺功能自测器	2009-07-06	温州康诺克医疗器械有限公司	戴永达	独占许可	终止
3	CN103338807B	自动的流体输送系统及方法	2011-08-09	加利福尼亚大学董事会	呼吸科技公司	独占许可	终止
4	CN100998902B	流量监测与控制的装置	2006-01-13	深圳迈瑞生物医疗电子股份有限公司	深圳迈瑞动物医疗科技有限公司	普通许可	有效
5	CN102326078B	包括含有涂覆的导电纳米颗粒的传感器阵列的通过呼气检测癌症	2010-01-10	技术研究及发展基金有限公司	江苏阳光海克医疗器械有限公司	普通许可	有效
6	CN1170602C	助呼吸用装置	1999-09-03	乔治斯·鲍辛纳克	韦根公司	独占许可	失效

3. 其他重点专利

企业在研发或产品上市之前要进行专利检索，避免造成技术的重复研发或专利侵权，表 5-10 列出了传感原理领域的其他重点专利。

表 5-10　其他重点专利情况

序号	领域	公开（公告）号	名称	申请（专利权）人	申请日
1	催化燃烧	JP2023080065A	用于促进睡眠的系统和用于实现睡眠会话信息收集过程的方法	瑞思迈感测技术有限公司	2023-03-01
2	催化燃烧	KR1020130140065A	多功能呼吸分析仪	赫克仪器股份公司	2011-10-06
3	催化燃烧	US9746454B2	多功能呼吸分析仪	森谢尔公司	2011-10-06
4	催化燃烧	SE535674C2	多功能呼吸分析仪	赫克仪器股份公司	2010-11-09

续表

序号	领域	公开（公告）号	名称	申请（专利权）人	申请日
5	催化燃烧	CN103874922B	传感器询问	MSA技术有限公司	2012-10-12
6	催化燃烧	RU2623067C2	传感器调查	MSA技术有限公司	2012-10-12
7	催化燃烧	AU2012326416B2	一种气体传感器的测试方法	MSA技术有限公司	2012-10-12
8	催化燃烧	US20130091924A1	传感器询问	MSA技术有限公司	2012-10-12
9	催化燃烧	CA2851804A1	一种气体传感器的测试方法	MSA技术有限公司	2012-10-12
10	催化燃烧	JP6111255B2	气体传感器的测试方法	MSA技术有限公司	2012-10-12
11	催化燃烧	EP2766725B1	气体传感器的测试方法	MSA技术有限公司	2012-10-12
12	催化燃烧	US10302627B2	传感器询问	MSA技术有限公司	2016-07-05
13	催化燃烧	JP2019507869A	红细胞寿命测定方法及装置	深圳市先亚生物科技有限公司	2016-08-15
14	催化燃烧	KR102182708B1	红细胞寿命测量方法及装置	深圳市先亚生物科技有限公司	2016-08-15
15	催化燃烧	US20180180582A1	基于纳米多孔颜料的比色传感器阵列	伊利诺伊大学评议会	2017-12-05
16	催化燃烧	EP2903676A4	面罩装置、包含它的系统及其用于管理的用途	梅德克莱尔公司	2013-10-03
17	催化燃烧	SE536710C2	面罩装置、包含它的系统及其用于管理的用途	梅德克莱尔公司	2012-10-05
18	催化燃烧	CA2886204C	面罩装置、包含它的系统及其用于给药的用途	梅德克莱尔公司	2013-10-03
19	催化燃烧	US10974006B2	面罩装置、包含它的系统及其用于给药的用途	梅德克莱尔公司	2013-10-03
20	催化燃烧	US8673219B2	用于治疗反刍动物呼气的鼻道插入装置	企业科学基金有限责任公司	2010-11-10
21	催化燃烧	CA3115327A1	基于金属蚀刻的监控系统	JP实验室公司	2009-06-04
22	催化燃烧	US9429578B2	用于气体中分析物的热电传感器和相关方法	尹沃伊控股有限责任公司	2014-05-12

续表

序号	领域	公开（公告）号	名称	申请（专利权）人	申请日
23	催化燃烧	EP2972277A1	气体传感器询问	MSA 技术有限公司	2013-10-12
24	催化燃烧	CN104919312B	传感器询问	MSA 技术有限公司	2013-10-12
25	催化燃烧	US9562873B2	传感器询问	MSA 技术有限公司	2013-03-12
26	催化燃烧	US10451581B2	传感器询问	MSA 技术有限公司	2016-12-22
27	催化燃烧	US20210181172A1	包裹式聚合物纳米纤维电子鼻	研究三角协会	2020-09-25
28	催化燃烧	US8597580B2	诊断气体分析仪	切尔卡斯亚有限公司	2010-11-16
29	催化燃烧	CN105181762A	Co-Sn 复合氧化物乙醇传感器及制备和应用	吉林大学	2015-09-20
30	催化燃烧	US20150250408A1	呼吸监护仪	凯尔诊断公司	2014-09-24
31	催化燃烧	US11467138B2	呼气测醉器	VAON 有限责任公司	2021-12-06
32	催化燃烧	EP3188663A4	服药依从性监测装置	佛罗里达大学研究基金会有限公司、艾克斯哈乐公司	2015-03-02
33	催化燃烧	CN105527414B	利用一个气体传感器测量多种呼出气体浓度的方法和装置	无锡市尚沃医疗电子股份有限公司	2015-12-31
34	催化燃烧	CN105891191B	一种在线快速检测七氟烷的装置及方法	中山大学	2016-04-14
35	催化燃烧	US11193925B2	服药依从性监测装置	佛罗里达大学研究基金会有限公司、艾克斯哈乐公司	2019-04-15
36	催化燃烧	US11300552B2	还原气一氧化氮检测装置	凯尔诊断公司、日本特殊陶业株式会社	2018-02-28
37	催化燃烧	US20180024011A1	指示基于金属蚀刻的器件	JP 实验室公司	2017-05-22
38	催化燃烧	EP3199098A4	测量肺泡空气中内源性 CO 浓度的方法和装置	深圳市先亚生物科技有限公司	2014-09-23
39	催化燃烧	US10168316B2	测量肺泡空气中内源性 CO_2 浓度的方法和装置	深圳市先亚生物科技有限公司	2017-03-22
40	催化燃烧	US7704214B2	一种定量测定呼出气中氮氧化物的装置、方法及其应用	罗伯特博世有限公司	2002-04-30

续表

序号	领域	公开（公告）号	名称	申请（专利权）人	申请日
41	催化燃烧	CN107991366B	抗干扰快响应的呼气氢传感器	无锡市尚沃医疗电子股份有限公司	2017-12-01
42	催化燃烧	JP2021535409A	基于核酸的检测方法	适体诊断有限公司	2019-08-22
43	催化燃烧	KR101400605B1	利用光烧结的金属氧化物-催化剂复合材料及其制备方法，以及利用其进行呼气诊断和有害环境监测的传感器	韩国科学技术院	2013-04-29
44	催化燃烧	US10670580B2	在还原氧化石墨烯传感器上使用差分脉冲伏安法量化呼出气冷凝物中的炎症分子	罗格斯大学	2018-06-04
45	催化燃烧	JP7133062B2	肺炎检测仪	伊诺斯生技股份有限公司	2021-04-09
46	催化燃烧	US11478164B2	耐水耐盐固体超强酸催化剂	辛辛纳提大学	2014-09-11
47	催化燃烧	CN107219333B	呼出气体检测系统及检测方法	深圳市美好创亿医疗科技股份有限公司	2017-05-19
48	催化燃烧	US20210123876A1	用于分析气体分析物的像素	卡尔·威廉	2019-08-14
49	催化燃烧	JP5186319B2	酒精气体释放	株式会社大成产业	2008-09-18
50	催化燃烧	KR101850249B1	来自静电纺丝和蚀刻工艺的催化剂功能化金属氧化物纳米管、其制造方法和使用其的气体传感器	韩国科学技术院	2017-08-11
51	红外	CN101067601A	确定呼出气的 CO_2 中 12C 和 13C 比例的红外线光谱分析仪	上海锦丰医疗科技有限公司	2007-06-01
52	红外	CN111157480A	一种人体呼出气体二氧化碳实时动态定量检测装置	上海健康医学院	2020-01-23
53	红外	CN104586395B	一种无创检测人体血液中二氧化碳水平的检测装置及方法	广州弘凯物联网服务有限公司	2015-02-04

续表

序号	领域	公开（公告）号	名称	申请（专利权）人	申请日
54	红外	CN111407280B	一种无创呼吸机的呼气末 CO_2 监测装置及方法	山东大学	2020-03-10
55	红外	CN212059899U	一种人体呼出气体二氧化碳实时动态定量检测装置	上海健康医学院	2020-01-23
56	红外	CN204600481U	一种无创检测人体血液中二氧化碳水平的检测装置	广州弘凯物联网服务有限公司	2015-02-04
57	红外	CN109283141B	一种去除水汽干扰的呼出气体光谱检测系统及方法	河北大学	2018-11-02
58	红外	CN107219333B	呼出气体检测系统及检测方法	深圳市美好创亿医疗科技股份有限公司	2017-05-19
59	红外	CN116202982A	一种用于高流量供氧的全光学呼气末二氧化碳监测装置	上海交通大学医学院附属仁济医院、上海交通大学	2023-01-31
60	红外	CN210090301U	一种呼出气红外检测气室结构	上海托福生物科技有限公司江西分公司	2018-12-27
61	红外	CN215687828U	旁流呼气末二氧化碳监测系统及监测装置	康泰医学系统（秦皇岛）股份有限公司	2021-07-20
62	红外	CN101308151A	基于以太网的红外酒精测试方法及系统	杭州巨之灵科技有限公司	2008-07-08
63	红外	CN105717064A	一种呼气酒精测试仪及酒精测试方法	杭州巨之灵科技有限公司	2016-02-04
64	红外	CN115656427A	一种呼出气成分检测方法及预警装置	中国人民解放军空军军医大学	2022-09-30
65	红外	CN109283154B	一种呼出气体中挥发性有机物分子的检测系统及方法	河北大学	2018-11-02
66	红外	CN113854997A	一种基于一口气法的肺弥散功能检查装置及方法	中国科学院合肥物质科学研究所	2021-09-24
67	红外	CN205067490U	多功能呼出气体监测工作站	北京爱博咨科技有限公司	2015-09-22
68	红外	CN110618108A	一种呼出气体中内源性丙酮的检测系统及方法	河北大学	2019-10-22

续表

序号	领域	公开（公告）号	名称	申请（专利权）人	申请日
69	红外	CN108882891A	呼气检查装置	日本精密测器株式会社	2016-12-06
70	红外	CN202256358U	带U盘存储器功能的呼出气体酒精含量检测仪	汉威科技集团股份有限公司	2011-08-29
71	红外	CN1277545A	呼吸测试分析仪	奥莱登布莱西德有限公司	1998-09-10
72	红外	CN109073633A	呼气检查系统	日本精密测器株式会社	2016-12-06
73	红外	CN216594766U	一种基于NDIR原理的呼气式酒精检测仪	广东省计量科学研究院（华南国家计量测试中心）	2022-04-22
74	红外	CN205562377U	一种呼气酒精测试仪	杭州巨之灵科技有限公司	2016-02-04
75	红外	CN104964944B	一种双路红外光谱分析系统及其检测方法	广州华友明康光电科技有限公司	2015-06-23
76	红外	CN109431508A	一种主流呼气末二氧化碳检测仪	康泰医学系统（秦皇岛）股份有限公司	2018-11-29
77	红外	CN108489925A	一种用呼吸检测胃肠道恶性致病细菌的仪器	范宪华	2018-04-05
78	红外	CN113125371A	一种CO_2呼气同位素检测仪及分析方法	深圳鼎邦生物科技有限公司、深圳鼎邦化学品有限公司	2021-04-14
79	红外	CN210571946U	一种车载酒精检测系统	李江	2019-09-24
80	红外	CN214749753U	一种CO_2呼气同位素检测仪	深圳鼎邦生物科技有限公司、深圳鼎邦化学品有限公司	2021-04-14
81	红外	CN217931378U	用于碳十三呼气检测仪的单气路红外探测器	郑州炜盛电子科技有限公司	2022-06-24
82	红外	CN108226087A	测量呼出气体中气体有机物的装置	上海理工大学	2017-12-27
83	红外	CN113640242A	基于红外光吸收的便携肝脏总体储备功能检测仪及方法	北京信息科技大学	2021-08-23
84	红外	CN103315742B	中医气机信息获取的生物学网络辨识方法及装置	北京中医药大学	2013-04-12

续表

序号	领域	公开（公告）号	名称	申请（专利权）人	申请日
85	红外	CN210056025U	一种主流呼气末二氧化碳检测仪	康泰医学系统（秦皇岛）股份有限公司	2018-11-29
86	红外	CN108721745A	一种新型监测 PETCO2 自控给氧浓度装置	上海市北站医院	2018-06-15
87	红外	CN104684465A	使用热成像的婴儿监测系统及方法	菲力尔系统公司	2013-07-12
88	红外	CN209727757U	红外吸收量测算法的酒精测试仪	深圳市威尔电器有限公司	2019-03-14
89	红外	CN116256328A	一种双模多种气体呼气分析仪及双模多种气体呼气分析方法	辐瑞森生物科技（昆山）有限公司	2021-12-10
90	红外	CN115078304A	一种基于多传感器融合的人体呼气痕量检测系统	南京信息工程大学	2022-06-28
91	红外	CN2308896Y	红外型呼出气体酒精含量探测器	梁志刚	1997-07-25
92	红外	CN102393374B	一种红外呼气末 CO_2 测量方法及装置	康泰医学系统（秦皇岛）股份有限公司	2011-07-26
93	红外	CN109801712A	一种人体疾病风险预警系统	陈丹燕	2019-01-22
94	红外	TW201735863A	呼气检查装置	日本精密测器株式会社	2016-12-21
95	红外	CN112798553A	一种呼气检测仪气体检测装置	广州华友明康光电科技有限公司	2021-01-26
96	红外	CN216132926U	一种呼气检测仪气体检测装置	广州华友明康光电科技有限公司	2021-01-26
97	红外	CN2315564Y	具有自动补偿功能的呼气末二氧化碳检测仪	李争	1997-11-19
98	红外	CN111772633B	一种遥感呼吸功能监护装置及方法	韩锋	2020-07-16
99	红外	CN115191989A	一种基于激光光谱的集成化人体呼气检测系统	苏州捷准智能科技研发有限公司	2022-05-30
100	红外	CN113679374A	主流式呼气二氧化碳浓度和呼吸流量的检测装置及方法	清华珠三角研究院	2021-08-18

续表

序号	领域	公开（公告）号	名称	申请（专利权）人	申请日
101	PID 光离子化	IL267751A	蒸发装置系统和方法	尤尔实验室有限公司	2014-12-23
102	PID 光离子化	EP1994171B1	测试样品的多重分析	私募蛋白质体公司	2007-01-16
103	PID 光离子化	TWI507528B	测试样品的多重分析方法	私募蛋白质体公司	2007-01-16
104	PID 光离子化	CA2634987C	测试样品的多重分析	私募蛋白质体公司	2007-01-16
105	PID 光离子化	IN2397KOLNP2008A	测试样品的多重分析	私募蛋白质体公司	2008-06-13
106	PID 光离子化	US10286176B2	用于产生一氧化氮的系统和方法	第三极股份有限公司	2018-02-27
107	PID 光离子化	CA3054656A1	用于产生一氧化氮的系统和方法	第三极股份有限公司	2018-02-27
108	PID 光离子化	AU2018223826B2	用于产生一氧化氮的系统和方法	第三极股份有限公司	2018-02-27
109	PID 光离子化	BR112019016708A2	一氧化氮发生系统	第三极股份有限公司	2018-02-27
110	PID 光离子化	HK40019001A	生成一氧化氮的系统和方法	第三极股份有限公司	2020-06-03
111	PID 光离子化	MX376248B	产生一氧化氮的系统和方法	第三极股份有限公司	2019-08-20
112	PID 光离子化	JP2020151486A5	生产一氧化氮的系统和方法	第三极股份有限公司	2020-05-11
113	PID 光离子化	CN110573454B	生成一氧化氮的系统和方法	第三极股份有限公司	2018-02-27
114	PID 光离子化	EP3585726B1	用于产生一氧化氮的系统和方法	第三极股份有限公司	2018-02-27
115	PID 光离子化	IN428133B	产生一氧化氮的系统和方法	第三极股份有限公司	2019-09-25
116	PID 光离子化	US9421248B2	用于延缓肺部恶化发作或进展的 α_1- 蛋白酶抑制剂	基立福有限公司	2012-11-22
117	PID 光离子化	RU2014106758A	α_1- 蛋白酶抑制剂可延缓肺部恶化的发作或进展	基立福有限公司	2012-11-22
118	PID 光离子化	MX351189B	α_1- 蛋白酶抑制剂，用于延缓肺部恶化的发作或进展	基立福有限公司	2014-02-13

续表

序号	领域	公开（公告）号	名称	申请（专利权）人	申请日
119	PID 光离子化	MY166314A	用于延缓肺部恶化发作或进展的 α_1- 蛋白酶抑制剂	基立福有限公司	2012-11-22
120	PID 光离子化	US10605805B2	用于分析样品特别是血液的装置和系统及其使用方法	艾森利克斯公司	2016-09-14
121	PID 光离子化	JP7084959B2	用于分析样品，特别是血液的装置和系统，以及它们的使用方法	艾森利克斯公司	2020-05-08
122	PID 光离子化	MY194887A	用于分析样品特别是血液的装置和系统及其使用方法	艾森利克斯公司	2016-09-14
123	PID 光离子化	US20150079580A1	体外器官护理的系统和方法	特兰斯迈迪茨公司	2014-08-20
124	PID 光离子化	JP2016501589A	电离方法和装置	瑞思迈有限公司	2013-11-26
125	PID 光离子化	EP2925396A4	电离方法和装置	瑞思迈有限公司	2013-11-26
126	PID 光离子化	CN104822407A	电离方法及装置	瑞思迈私人有限公司	2013-11-26
127	PID 光离子化	US20150290416A1	电离方法和装置	瑞思迈有限公司	2013-11-26
128	PID 光离子化	CA2995204A1	用于简化步骤、小样本、加快速度和易用性的生化分析装置和方法	艾森利克斯公司	2016-08-10
129	PID 光离子化	IL257441A	用于简化步骤、小样本、加快速度和易用性的生化分析装置和方法	艾森利克斯公司	2016-08-10
130	PID 光离子化	KR1020180048699A	步骤简单、样品少、速度快、使用方便的生化测定装置及方法	艾森利克斯公司	2016-08-10
131	PID 光离子化	PH12018500302A1	用于简化步骤、小样本、加快速度和易用性的生化分析装置和方法	艾森利克斯公司	2016-08-10
132	PID 光离子化	AU2016304896B2	用于简化步骤、小样本、加快速度和易用性的生化分析装置和方法	艾森利克斯公司	2016-08-10

续表

序号	领域	公开（公告）号	名称	申请（专利权）人	申请日
133	PID 光离子化	EP3335042A4	用于简化步骤、小样本、加快速度和易用性的生物/化学测定装置和方法	艾森利克斯公司	2016-08-10
134	PID 光离子化	US10324009B2	用于简化步骤、小样本、加快速度和易用性的生化分析装置和方法	艾森利克斯公司	2016-08-10
135	PID 光离子化	BR112018002654A2	用于简化步骤、小样本、加快速度和易用性的生物/化学测试设备和方法	艾森利克斯公司	2016-08-10
136	PID 光离子化	CN108780081B	步骤简化、小样品、快速、易使用的生物/化学分析装置和方法	艾森利克斯公司	2016-08-10
137	PID 光离子化	SG11201801134WB	简化步骤、小样本、加快速度且易于使用的生物/化学测定装置和方法	艾森利克斯公司	2016-08-10
138	PID 光离子化	JP7142056B2	简化的步骤、更少的样本、更快、更易于使用的生化/化学分析装置和方法	艾森利克斯公司	2020-05-01
139	PID 光离子化	JP7203613B2	含有修饰核苷的寡核苷酸	私募蛋白质体操作有限公司	2017-06-30
140	PID 光离子化	CA2538826A1	带免疫参比电极的免疫测定装置	雅培医护站股份有限公司	2004-09-09
141	PID 光离子化	US10321851B2	检测 ARDS 的方法和检测 ARDS 的系统	皇家飞利浦有限公司	2015-02-11
142	PID 光离子化	JP2012163562A	使用测量的压力确定离心血液的状态	奥索临床诊断有限公司	2012-02-06
143	PID 光离子化	US20100297635A1	收集和测量呼出的颗粒物	派克萨公司	2008-10-01
144	PID 光离子化	JP5258892B2	呼出颗粒的收集和测量	黛娜卡林•奥林、安娜•夏洛特、阿尔公司、斯特兰德、安卡•劳斯马、埃弗特•杨斯特罗姆	2008-10-01

续表

序号	领域	公开（公告）号	名称	申请（专利权）人	申请日
145	PID 光离子化	EP2194867A4	呼出颗粒的收集和测量	黛娜卡林・奥林、安娜・夏洛特、阿尔公司、斯特兰德、安卡・劳斯马、埃弗特・杨斯特罗姆	2008-10-01
146	PID 光离子化	CA2903493A1	由产甲烷菌引起或与之相关的疾病和病症的诊断、选择和治疗方法	雪松西奈医学中心	2014-03-14
147	PID 光离子化	AU2015274801A1	低成本测试条和测量分析物的方法	生物统计股份有限公司	2015-06-09
148	PID 光离子化	CA2951690A1	低成本测试条和测量分析物的方法	生物统计股份有限公司	2015-06-09
149	PID 光离子化	CN106537128A	用于测量分析物的低成本测试条和方法	生物统计股份有限公司	2015-06-09
150	PID 光离子化	EP3152557A4	低成本测试条和测量分析物的方法	生物统计股份有限公司	2015-06-09
151	热裂解	IN201948034308A	用于治疗副粘病毒科病毒感染的化合物	吉利德科学公司	2019-08-26
152	热裂解	IL219515A	通过外部磁动力操作治疗流体阻塞的系统	脉冲治疗公司	2010-11-02
153	热裂解	GC0010361A	用于抑制 alas1 基因表达的组合物和方法	西奈山伊坎医学院、阿尔尼拉姆医药品有限公司	2014-10-12
154	热裂解	IN2647KOLNP2014A	基于适配体的多重检测	私募蛋白质体操作股份有限公司	2014-11-19
155	热裂解	CN104508150B	基于适体的多重测定	私募蛋白质体运营有限公司	2013-06-07
156	热裂解	NZ736516B	组织修复和再生方法	成都因诺生物医药科技有限公司	2016-04-08
157	热裂解	IL258101A	用于分析样品，特别是血液的装置和系统，以及使用它们的方法	艾森利克斯公司	2016-09-14
158	热裂解	US10605805B2	用于分析样品特别是血液的装置和系统及其使用方法	艾森利克斯公司	2016-09-14

续表

序号	领域	公开（公告）号	名称	申请（专利权）人	申请日
159	热裂解	JP7084959B2	用于分析样品，特别是血液的装置和系统，以及它们的使用方法	艾森利克斯公司	2020-05-08
160	热裂解	MY194887A	用于分析样品特别是血液的装置和系统及其使用方法	艾森利克斯公司	2016-09-14
161	热裂解	IL257441A	用于简化步骤、小样本、加快速度和易用性的生化分析装置和方法	艾森利克斯公司	2016-08-10
162	热裂解	US10324009B2	用于简化步骤、小样本、加快速度和易用性的生化分析装置和方法	艾森利克斯公司	2016-08-10
163	热裂解	JP7142056B2	简化的步骤、更少的样本、更快、更易于使用的生化 / 化学分析装置和方法	艾森利克斯公司	2020-05-01
164	热裂解	CN108699541A	癌症	神经生物有限公司	2017-01-30
165	热裂解	JP2023014133A	催化分解气流中一氧化二氮的装置	梅德克莱尔公司	2022-11-16
166	热裂解	US10638956B2	与建模、监测和 / 或管理新陈代谢有关的系统、设备和方法	麻省理工学院	2017-12-07
167	热裂解	CN101707944B	用于呼吸设备中的患者关键的运行参数的手动输入和触觉输出的方法和装置	马奎特紧急护理公司	2007-03-19
168	热裂解	CN113438925A	用于收集挥发性有机化合物的装置、方法和系统	戴格诺斯厄利公司	2019-12-13
169	热裂解	US7717857B2	患者肺部铜绿假单胞菌感染的诊断	STC. UNM 公司	2008-04-25
170	热裂解	USRE44533E1	患者肺部感染的诊断	STC. UNM 公司	2012-05-09
171	热裂解	US20190111424A1	使用不同的间距高度进行测定	艾森利克斯公司	2018-02-09
172	热裂解	CA3053114A1	使用不同的间距高度进行测定	艾森利克斯公司	2018-02-09

续表

序号	领域	公开（公告）号	名称	申请（专利权）人	申请日
173	热裂解	JP2020510189A	使用不同间距高度的分析	艾森利克斯公司	2018-02-09
174	热裂解	CN111433606A	采用不同间距高度的测定	艾森利克斯公司	2018-02-09
175	热裂解	EP3580565A4	使用不同的间距高度进行测定	艾森利克斯公司	2018-02-09
176	热裂解	US20150000658A1	适用于长期无治疗的呼吸辅助组件	液态空气乔治斯克劳帝方法研究开发股份有限公司	2013-06-28
177	热裂解	US7897400B2	结核分枝杆菌感染的非侵入性快速诊断检测	STC. UNM 公司	2007-12-13
178	热裂解	SG11202008750XA	钙蛋白酶调节剂及其治疗用途	布莱德治疗公司	2019-03-21
179	热裂解	BR112020019560A2	CALPAIN 调节剂及其治疗用途	布莱德治疗公司	2019-03-21
180	热裂解	US9522247B2	通过长期 NO 疗法治疗患有肺动脉高压的患者的方法	液态空气乔治斯克劳帝方法研究开发股份有限公司	2013-06-28
181	热裂解	CA3053005A1	用于延迟分析的样本采集和处理	艾森利克斯公司	2018-02-08
182	热裂解	US20210018407A1	延迟分析的样本收集和处理	艾森利克斯公司	2020-09-30
183	热裂解	CA3131245A1	测定装置及其使用方法	特鲁维安科学公司	2020-02-26
184	热裂解	AU2020228623A1	测定装置及其使用方法	特鲁维安科学公司	2020-02-26
185	热裂解	KR1020210127751A	测定装置及其使用方法	特鲁维安科学公司	2020-02-26
186	热裂解	US20220088583A1	测定装置及其使用方法	特鲁维安科学公司	2020-02-26
187	热裂解	CN114270178A	测定装置及其使用方法	特鲁维安科学公司	2020-02-26
188	热裂解	HK40066680A	测定装置及其使用方法	特鲁维安科学公司	2022-07-04
189	热裂解	ZA202106515A	测定装置及其使用方法	特鲁维安科学公司	2021-09-06
190	热裂解	EP3931552A4	测定装置及其使用方法	特鲁维安科学公司	2020-02-26
191	热裂解	US11733151B2	测定检测、准确性和可靠性提高	艾森利克斯公司	2020-04-06

续表

序号	领域	公开（公告）号	名称	申请（专利权）人	申请日
192	热裂解	MX290024B	使用呼出气冷凝物中的脂多糖来诊断革兰氏阴性肺炎	夏洛特—梅克伦堡医院（商业用名：卡罗来纳医疗中心）	2006-12-07
193	热裂解	US11162143B2	用于生成治疗递送平台的方法	堪萨斯大学、堪萨斯州立大学研究基金会	2021-04-21
194	热裂解	US20200386333A1	止回阀	高盛股份有限公司	2020-08-18
195	热裂解	US20210048112A1	止回阀	艾利斯医疗有限责任公司	2020-10-19
196	热裂解	KR1020230016165A	带呼气口的吸气阻力阀系统	维塔利恩・艾尔	2021-03-22
197	热裂解	KR102042050B1	使用无人机的车辆检查和执法装置	DAUM ENG	2018-06-08
198	热裂解	CA3137130A1	遗传分析的方法和系统	私人基因诊断公司	2020-04-21
199	热裂解	CN113692448A	用于遗传分析的方法和系统	私人基因诊断公司	2020-04-21
200	热裂解	AU2020262082A1	遗传分析的方法和系统	私人基因诊断公司	2020-04-21
201	热导	NZ597827B	用于呼吸器的导管	瑞思迈有限公司	2007-11-08
202	热导	NZ625605B	用于呼吸器的导管	瑞思迈有限公司	2007-11-08
203	热导	JP6926268B2	一氧化氮供应系统	马林克罗特医疗产品知识产权公司	2020-04-08
204	热导	HK1215303A	用于区分样品中气体的设备和方法	安尼奥利亚公司	2016-03-21
205	热导	EP2936145A1	用于区分样品中的气体的装置和方法	安尼奥利亚公司	2013-12-19
206	热导	ES2686623T3	用于鉴别样品中气体的装置和方法	安尼奥利亚公司	2013-12-19
207	热导	EP3385696B1	用于确定泄漏孔尺寸的装置和方法	安尼奥利亚公司	2013-12-19
208	热导	ES2913770T3	泄漏孔尺寸确定装置和方法	安尼奥利亚公司	2013-12-19
209	热导	CN103402571A	在利用医用气体进行治疗的领域中的方法和设备	瑞思迈湿化科技有限公司	2011-11-15

续表

序号	领域	公开（公告）号	名称	申请（专利权）人	申请日
210	热导	NZ609881A	医用气体治疗领域的方法和设备	瑞思迈湿化科技有限公司	2011-11-15
211	热导	EP2640451A2	医用气体治疗领域的方法和设备	瑞思迈湿化科技有限公司	2011-11-15
212	热导	AU2013240675B2	加湿系统	费雪派克医疗保健有限公司	2013-03-28
213	热导	JP6352240B2	加湿系统	费雪派克医疗保健有限公司	2013-03-28
214	热导	EP2767302A3	具有可控制穿透的容积反射器单元的麻醉呼吸器	马奎特紧急护理公司	2009-05-13
215	热导	US11266805B2	具有可控穿透的体积反射器单元的麻醉呼吸器	马奎特紧急护理公司	2015-09-03
216	热导	US8752548B2	带气体识别装置的患者通气系统	马奎特紧急护理公司	2007-06-28
217	热导	EP2183011B1	带有气体识别装置的病人通气系统	马奎特紧急护理公司	2007-06-28
218	热导	US8701659B2	带有气体识别装置的患者通气系统	马奎特紧急护理公司	2008-06-24
219	热导	EP3939640A3	仪器	费雪派克医疗保健有限公司	2011-08-12
220	热导	US9693848B2	用于在手术过程中保持患者体温的装置和方法	邓洛普·科林	2014-03-14
221	热导	CA2848745C	用于在手术过程中保持患者体温的装置和方法	邓洛普·科林	2012-09-14
222	热导	US7972277B2	呼出气分析法	松下电器产业株式会社	2009-05-01
223	热导	JPWO2009057256A1	呼吸分析法	松下电器产业株式会社	2008-10-17
224	热导	US11047846B2	用于确定呼气一氧化碳的气体传感器 2 呼吸空气含量	哈恩希卡尔特应用研究学会公司、GS 电子医疗设备 G. 斯坦普有限公司	2020-02-13
225	热导	CA2997506A1	气道疾病炎症亚型的诊断方法	列日大学中心医院、列日大学、马斯特里赫特大学	2016-08-30

续表

序号	领域	公开（公告）号	名称	申请（专利权）人	申请日
226	热导	EP3337398A1	气道疾病炎症亚型的诊断方法	列日大学、列日大学中心医院、马斯特里赫特大学	2016-08-30
227	热导	AU2016328384B2	气道疾病炎症亚型的诊断方法	列日大学中心医院、列日大学	2016-08-30
228	热导	KR1020210013162A	香味产生装置、香味产生装置的控制方法及程序	日本烟草产业株式会社	2018-05-31
229	热导	EP3804544A4	风味生成装置、风味生成装置的控制方法及程序	日本烟草产业株式会社	2018-05-31
230	热导	US8667829B2	呼气测试模拟器和方法	吉斯实验室公司	2011-01-20
231	热导	CA2684266C	呼气测试模拟器和方法	吉斯实验室公司	2009-11-03
232	热导	US20040215049A1	远程血流动力学监测方法及系统	普罗秋斯数字健康公司	2004-01-23
233	热导	CN114585298A	一种医疗设备	H•K•罗拉	2020-06-05
234	热导	HK40076226A	一种医疗设备	H•K•罗拉	2022-12-01
235	热导	US20220193363A1	用于通风加湿的系统和方法	柯惠 LP 公司	2022-01-03
236	热导	DE102017124256A1	用于测量呼出气体特性的传感器和方法	森索尔有限公司	2017-10-18
237	热导	US11340182B2	呼吸设备	IDIAG 股份公司	2020-11-23
238	热导	CN107219333B	呼出气体检测系统及检测方法	深圳市美好创亿医疗科技股份有限公司	2017-05-19
239	热导	CN111982650B	一种 VOCs 在线除湿装置及其气路控制方法	中国科学院大连化学物理研究所	2019-05-23
240	热导	US20210123876A1	用于分析气体分析物的像素	卡尔•威廉	2019-08-14
241	热导	KR101617839B1	非色散红外呼吸分析仪	韩国森泰克公司	2015-03-09
242	热导	US20190120821A1	呼吸分析仪	PNOE 公司	2017-04-11
243	热导	BR112018070768A2	呼吸分析仪	PNOE 公司	2017-04-11
244	热导	EP3442414A4	呼吸分析仪	PNOE 公司	2017-04-11

续表

序号	领域	公开（公告）号	名称	申请（专利权）人	申请日
245	热导	CN115950944A	用于确定气体浓度的测量系统	德尔格制造股份两合公司	2022-09-30
246	热导	DE102021126106A1	用于确定气体浓度的测量系统	德尔格制造股份两合公司	2021-10-08
247	热导	US20230114548A1	用于确定气体浓度的测量系统	德尔格制造股份两合公司	2022-10-05
248	热导	US20220192535A1	呼吸分析仪	PNOE 公司	2020-04-15
249	热导	EP3955813A4	呼吸分析仪	PNOE 公司	2020-04-15
250	热导	IT202200030329T2	确定逃生孔尺寸的装置和方法	安尼奥利亚公司	2013-12-19
251	电化学	IL262278A	th2 抑制相关的诊断和治疗	健泰科生物技术公司	2011-12-16
252	电化学	CA3022666C	测试样品的多重分析	私募蛋白质体操作股份有限公司	2008-07-17
253	电化学	IL267751A	蒸发装置系统和方法	尤尔实验室有限公司	2014-12-23
254	电化学	EP2729059A4	个性化营养和健康助理	生命 Q 全球有限公司	2012-07-06
255	电化学	CA2839141A1	个性化营养和健康助理	生命 Q 全球有限公司	2012-07-06
256	电化学	US20140128691A1	个性化营养和健康助理	生命 Q 全球有限公司	2012-07-06
257	电化学	CN103648370A	个人化营养和保健辅助物	生命 Q 全球有限公司	2012-07-06
258	电化学	AU2016273911A1	个性化营养和健康助理	生命 Q 全球有限公司	2016-12-14
259	电化学	EA201400118A1	个人营养和健康助理	生命 Q 全球有限公司	2012-07-06
260	电化学	IL239338A	用于分析对象呼出气体成分的装置和方法	生命 Q 全球有限公司	2012-07-06
261	电化学	JP6310012B2	个性化营养与健康助理	生命 Q 全球有限公司	2016-06-21
262	电化学	KR101883581B1	个性化营养和健康辅助用品	生命 Q 全球有限公司	2012-07-06
263	电化学	CN104799820B	用于分析对象的呼出气体的成分的便携设备和方法	生命 Q 全球有限公司	2012-07-06
264	电化学	EP3028627B1	呼出气体成分分析装置及方法	生命 Q 全球有限公司	2012-07-06

续表

序号	领域	公开（公告）号	名称	申请（专利权）人	申请日
265	电化学	CA2953600C	个性化营养和健康助理	生命Q全球有限公司	2012-07-06
266	电化学	MX369316B	个性化的营养和健康助手	生命Q全球有限公司	2014-01-08
267	电化学	SG195341B	个性化营养和健康助理	生命Q全球有限公司	2012-07-06
268	电化学	SG10201503220WB	个性化营养和健康助理	生命Q全球有限公司	2012-07-06
269	电化学	IN2647KOLNP2014A	基于适配体的多重检测	私募蛋白质体操作股份有限公司	2014-11-19
270	电化学	CN104508150B	基于适体的多重测定	私募蛋白质体运营有限公司	2013-06-07
271	电化学	IL258101A	用于分析样品，特别是血液的装置和系统，以及使用它们的方法	艾森利克斯公司	2016-09-14
272	电化学	US10605805B2	用于分析样品特别是血液的装置和系统及其使用方法	艾森利克斯公司	2016-09-14
273	电化学	JP7084959B2	用于分析样品，特别是血液的装置和系统，以及它们的使用方法	艾森利克斯公司	2020-05-08
274	电化学	MY194887A	用于分析样品特别是血液的装置和系统及其使用方法	艾森利克斯公司	2016-09-14
275	电化学	CA2995204A1	用于简化步骤、小样本、加快速度和易用性的生化分析装置和方法	艾森利克斯公司	2016-08-10
276	电化学	IL257441A	用于简化步骤、小样本、加快速度和易用性的生化分析装置和方法	艾森利克斯公司	2016-08-10
277	电化学	KR1020180048699A	步骤简单、样品少、速度快、使用方便的生化测定装置及方法	艾森利克斯公司	2016-08-10
278	电化学	IN201817008575A	用于简化步骤的生物/化学测定装置和方法 小样本 加快速度和易用性	艾森利克斯公司	2018-03-08

续表

序号	领域	公开（公告）号	名称	申请（专利权）人	申请日
279	电化学	PH12018500302A1	用于简化步骤、小样本、加快速度和易用性的生化分析装置和方法	艾森利克斯公司	2016-08-10
280	电化学	AU2016304896B2	用于简化步骤、小样本、加快速度和易用性的生化分析装置和方法	艾森利克斯公司	2016-08-10
281	电化学	MX2018001681A	用于简化步骤、小样本、加速度和易用性的生物 / 化学测定设备和方法	艾森利克斯公司	2018-02-08
282	电化学	EP3335042A4	用于简化步骤、小样本、加快速度和易用性的生物 / 化学测定装置和方法	艾森利克斯公司	2016-08-10
283	电化学	US10324009B2	用于简化步骤、小样本、加快速度和易用性的生化分析装置和方法	艾森利克斯公司	2016-08-10
284	电化学	BR112018002654A2	用于简化步骤、小样本、加快速度和易用性的生物 / 化学测试设备和方法	艾森利克斯公司	2016-08-10
285	电化学	JP6701338B2	简化的步骤、更少的样本、更快、更易于使用的生化 / 化学分析装置和方法	艾森利克斯公司	2016-08-10
286	电化学	CN108780081B	步骤简化、小样品、快速、易使用的生物 / 化学分析装置和方法	艾森利克斯公司	2016-08-10
287	电化学	SG11201801134WB	简化步骤、小样本、加快速度且易于使用的生物 / 化学测定装置和方法	艾森利克斯公司	2016-08-10
288	电化学	JP7142056B2	简化的步骤、更少的样本、更快、更易于使用的生化 / 化学分析装置和方法	艾森利克斯公司	2020-05-01

续表

序号	领域	公开（公告）号	名称	申请（专利权）人	申请日
289	电化学	CA2538826A1	带免疫参比电极的免疫测定装置	雅培医护站股份有限公司	2004-09-09
290	电化学	CA2821907C	呼吸酒精浓度的测量方法及其装置	艾可系统瑞典公司	2010-12-20
291	电化学	CN103874922B	传感器询问	MSA 技术有限公司	2012-10-12
292	电化学	RU2623067C2	传感器调查	MSA 技术有限公司	2012-10-12
293	电化学	AU2012326416B2	一种气体传感器的测试方法	MSA 技术有限公司	2012-10-12
294	电化学	JP6111255B2	气体传感器的测试方法	MSA 技术有限公司	2012-10-12
295	电化学	US9410940B2	传感器询问	MSA 技术有限公司	2012-10-12
296	电化学	CA2851804C	一种气体传感器的测试方法	MSA 技术有限公司	2012-10-12
297	电化学	EP2766725B1	气体传感器的测试方法	MSA 技术有限公司	2012-10-12
298	电化学	US10302627B2	传感器询问	MSA 技术有限公司	2016-07-05
299	电化学	CN102326078B	包括含有涂覆的导电纳米颗粒的传感器阵列的通过呼气检测癌症	技术研究及发展基金有限公司	2010-01-10
300	电化学	US9696311B2	通过呼吸检测癌症，包括传感器阵列，该传感器阵列包括封端的导电纳米颗粒	技术研究及发展基金有限公司	2010-01-10

5.3 智能算法领域

5.3.1 专利申请趋势

智能算法领域全球及主要国家专利申请趋势如图 5-29 所示。

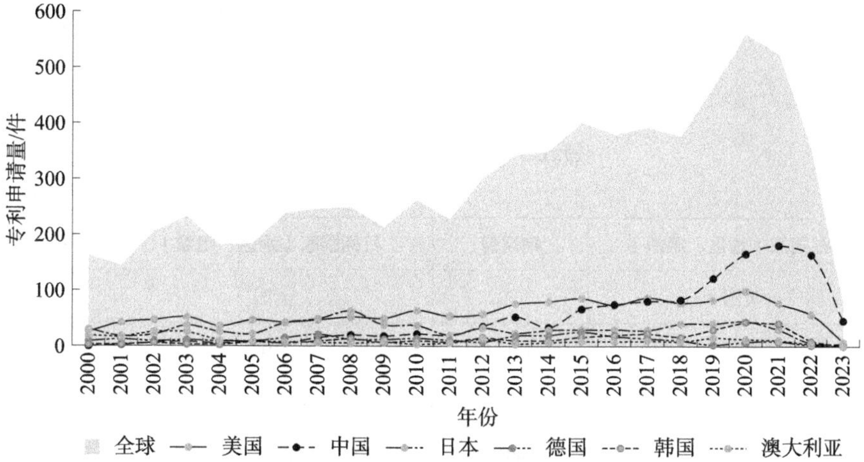

图 5-29　智能算法领域全球及主要国家专利申请趋势

2001—2011 年，申请量持续稳健增长，自 2011 年始，中国的专利申请量急剧增长，对于全球申请量增长起到了举足轻重的作用，并在 2018 年超越美国，成为该领域专利申请量最大的国家。说明全球呼气智能算法领域专利申请的重心开始向我国转移。

中国主要城市智能算法领域专利申请趋势如图 5-30 所示。

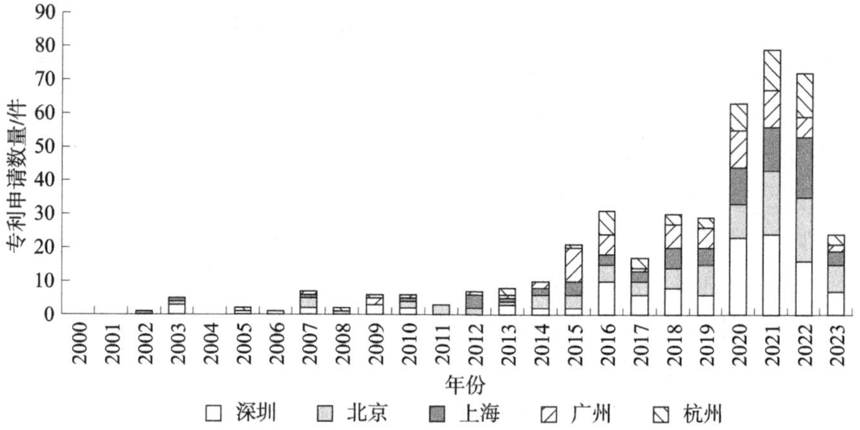

图 5-30　中国主要城市智能算法领域专利申请趋势

5.3.2　区域分布

1. 全球主要国家（地区、组织）专利申请量分布

截至 2023 年 9 月，全球呼气检测智能算法领域专利申请总量为 1 万余

件。全球主要国家（地区、组织）智能算法领域的专利申请量和公开量见表 5-11。

表 5-11　全球主要国家（地区、组织）智能算法领域专利申请量和公开量分布

单位：件

来源国家（地区、组织）	申请量	目标国家（地区、组织）	公开量
美国	3 902	美国	1 678
中国	1 059	中国	1 250
日本	743	日本	931
德国	496	欧洲专利局	778
英国	433	德国	457
瑞典	286	韩国	331
韩国	285	澳大利亚	323
欧洲专利局	251		

从专利来源国家（地区、组织）来看，美国、中国、日本是专利申请的主要来源国，美国申请量 3 902 件，中国申请量 1 059 件，日本申请量 743 件，分别位列前三，且申请量总和超过全球申请量的 43%，说明美国、中国、日本在呼气检测智能算法领域占据主要地位。

从专利目标国家（地区、组织）来看，美国、中国、日本是主要受理国家及地区，专利受理总量约占全球申请量的 43%，其中美国位列第一，超过 1 600 件；中国位列第二，超过 1 200 件；日本位列第三，超过 900 件。由此看出，美国、中国、日本是各国家（地区、组织）进行专利布局的重点国家，也是全球呼气检测智能算法领域的重要市场。

2. 中国专利来源国及国内专利申请量分布

从国内呼出气体检测智能算法领域专利申请量分布（图 5-31）来看，我国智能算法领域专利技术主要集中分布在经济强区——深圳、北京、上海及江苏、浙江地区。其中深圳、北京和上海的专利申请总量排名前三位。天津市的申请量排名位居全国第 14 位，研发实力相对薄弱。

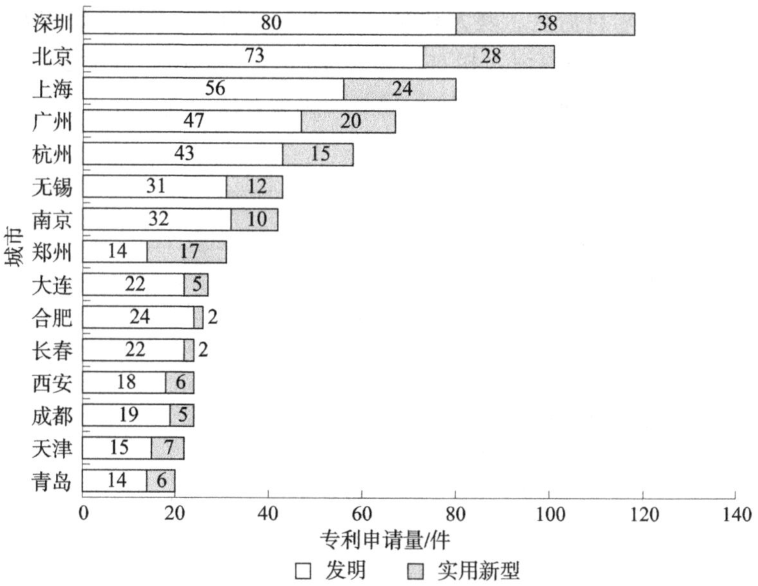

图 5-31　国内智能算法领域专利申请量分布

5.3.3　专利申请人分析

1. 全球申请人分析

（1）全球专利申请人类型分布

从智能算法领域全球专利申请人类型分布（图 5-32）可以看出，全球专利申请人以企业申请人为主，占比 71.8%，个人及高等院校和科研院所占比分别为 12.7% 和 12.0%，说明该领域技术产业化程度比较高，技术应用比较广泛，技术跨度较大，部分人才聚集于高等院校和科研院所。政府机构申请人的专利申请量占比为 0.6%，可见该领域更注重市场自主调节。

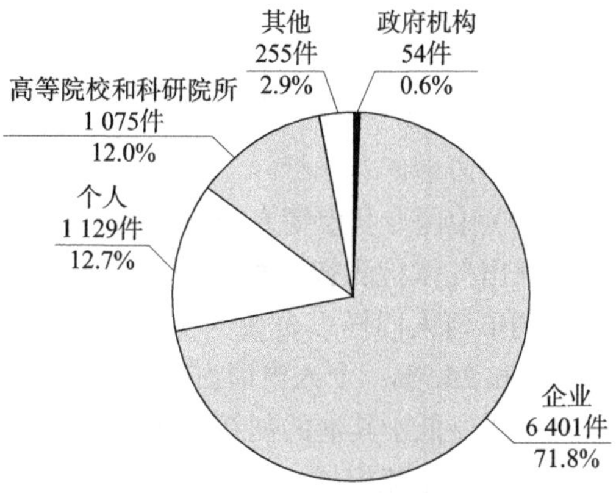

图 5-32　全球智能算法领域专利申请人类型分布

（2）全球专利申请人排名

从全球主要专利申请人排名（图 5-33）可以看出，全球专利申请人前20位主要来自荷兰、澳大利亚、新西兰、美国、德国、日本6个国家，其中美国和德国的专利申请人相对较多。在前20位的申请人中没有来自中国的申请人，说明我国在呼出气体检测智能算法领域缺乏龙头企业，市场影响力较小，需要继续发展和积累。

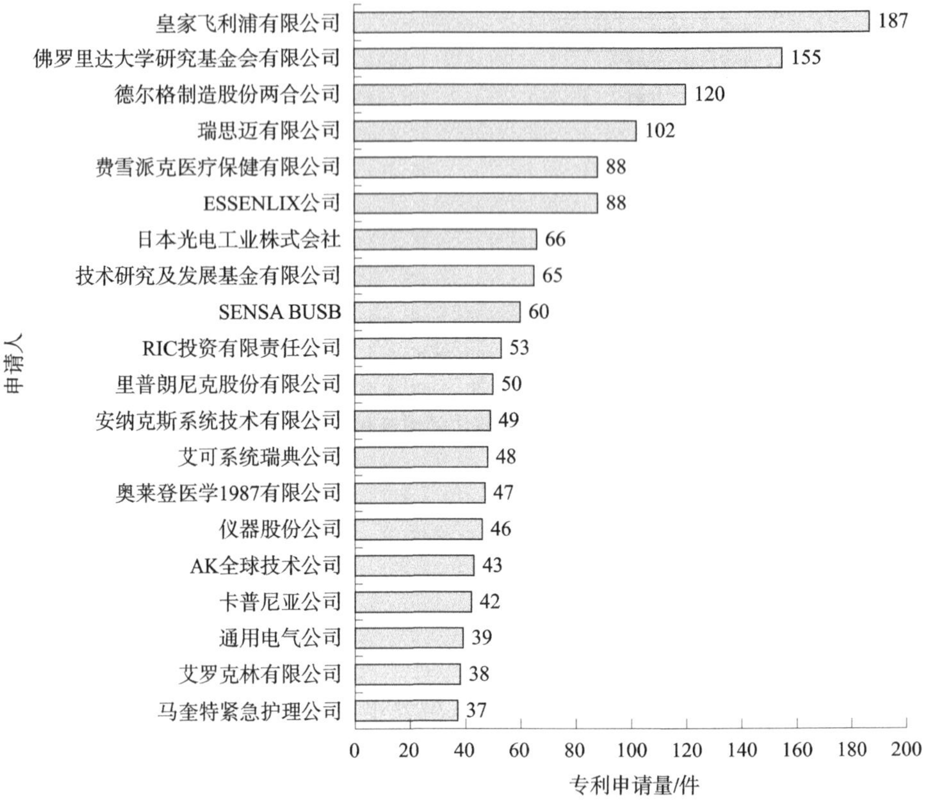

图5-33 全球智能算法领域主要专利申请人排名

2. 中国申请人分析

（1）中国专利申请人类型分布

呼出气体检测智能算法领域中国专利申请人类型分布如图5-34所示。中国专利申请人同样以企业为主，高等院校和科研院所次之，二者占比分别为54.8%和26.9%，个人申请占据小部分，只有9.6%；政府机构专利申请量占比极低，明显低于其他的创新主体的申请量。可见企业化发展已经成为我国智能算法领域的主流模式，而高等院校和科研院所在该领域的研发实力不容小觑，可走产学研结合的发展道路。

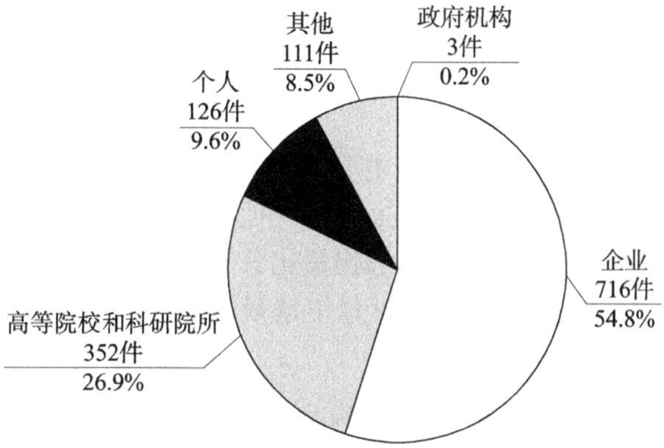

图 5-34　中国专利申请人类型分布

（2）中国专利申请人排名

从中国智能算法领域的专利主要申请人（表 5-12）来看，排名前 12 位的企业申请人中，外国企业有四家，其余均为中国申请人，可见该领域的中国企业市场仍以本土为主。排名前 12 位的高等院校和科研院所申请人中，绝大部分申请人为高等院校，说明高校是呼出气体检测智能算法领域的主要创新主体，其中以中国科学院大连化学物理研究所、浙江大学、吉林大学研发实力最为突出，专利申请量分别排名前三。

`表 5-12　中国智能算法领域专利主要申请人　　单位：件

中国专利主要企业		中国专利主要院校 / 研究所	
申请人	申请量	申请人	申请量
无锡市尚沃医疗电子股份有限公司	29	中国科学院大连化学物理研究所	25
皇家飞利浦有限公司	16	浙江大学	17
深圳市步锐生物科技有限公司	15	吉林大学	11
汉威科技集团股份有限公司	15	中国科学院合肥物质科学研究所	11
安徽养和医疗器械设备有限公司	15	上海交通大学	10
深圳市中核海得威生物科技有限公司	14	广州医科大学附属第一医院（广州呼吸中心）	8
广州华友明康光电科技有限公司	11	重庆大学	8
深圳市安保医疗科技股份有限公司	10	山东大学	7
瑞思迈有限公司	9	复旦大学	6
惠雨恩科技（深圳）有限公司	7	中山大学	5
北京谊安医疗系统股份有限公司	6	东南大学	5
艾森利克斯公司	6	暨南大学	5

5.3.4 技术分布

1. 全球专利技术分布

全球智能算法领域的专利申请主要集中在气体浓度计算 OR 计量，且气体浓度计算 OR 计量相关专利申请量远高于其他技术分支，气体流速计算 OR 计量、特征值提取和标志物筛选、标志物量化分别占据第二、第三、第四和第五的位置。其中，气体流速计算 OR 计量申请量遥遥领先；标志物量化占据较少的份额，只有 5%（图 5-35）。

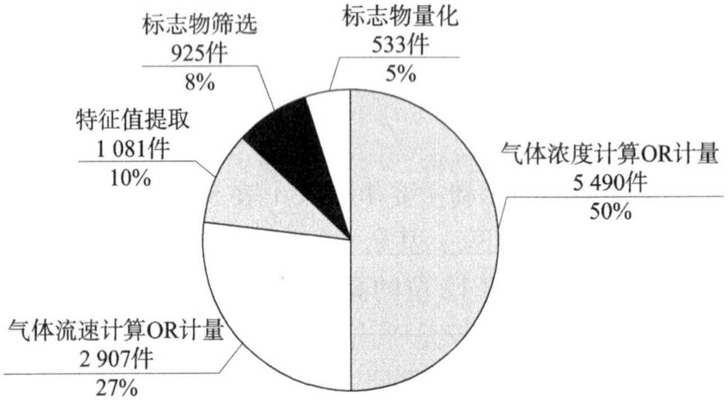

图 5-35 智能算法领域各技术分支全球专利申请量分布

图 5-36 展示了智能算法领域的各个技术分支在 2004—2023 年的全球专利申请量趋势。2004—2023 年，各个分支的专利申请量都在平稳快速地增长，其中气体浓度计算 OR 计量和气体流速计算 OR 计量的专利数量增长最快。随着人工智能化的发展及对呼出气体检测精度的要求的提升，智能算法仍然是未来专利布局的重点和热点。

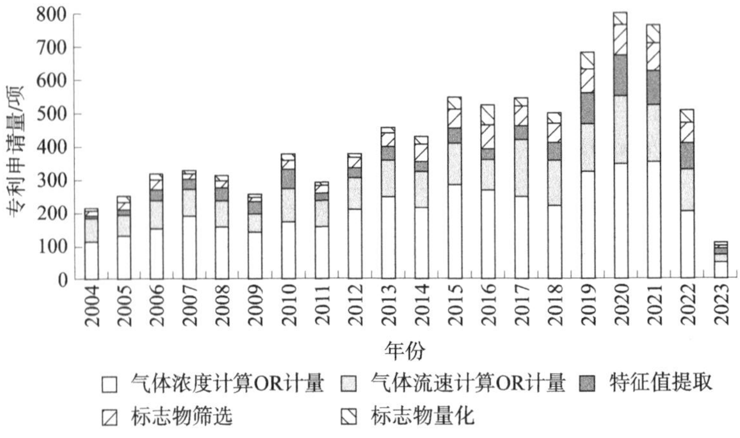

图 5-36 智能算法领域各技术分支全球专利申请趋势

2. 中国专利技术分布

中国呼出气体检测智能算法领域的专利申请主要集中在气体浓度计算，且该技术分支相关专利申请量远高于其他技术分支，气体流速计算 OR 计量、特征值提取、标志物筛选、标志物量化分别占据第二至第五的位置，占比依次为 23%、13%、7% 和 6%（图 5-37）。

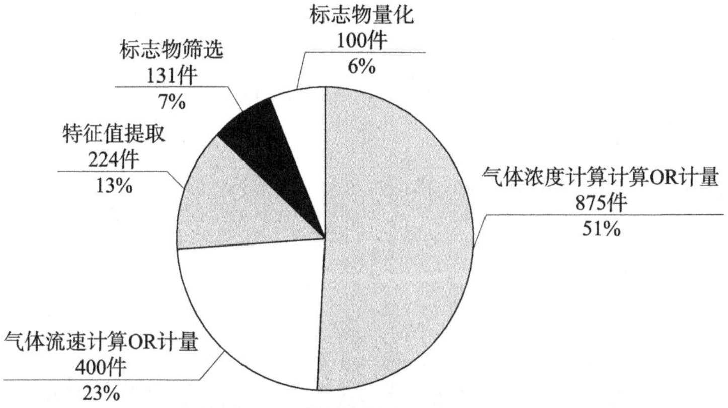

图 5-37　智能算法领域各技术分支中国专利申请量分布

图 5-38 展示了呼出气体检测智能算法领域的各个技术分支在 2004—2023 年的专利申请量趋势。2004—2023 年，各个技术分支的申请量都在以较快的速度增长，其中气体浓度计算 OR 计量和气体流速计算 OR 计量分支的专利数量增长最快，自 2020 年起，专利数量急速增长，可以预见，未来几年内中国的专利布局重点仍然在这些领域。

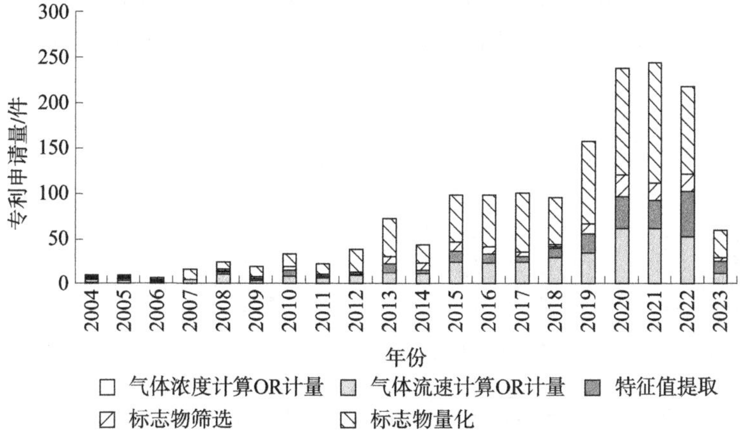

图 5-38　智能算法领域各技术分支中国专利申请趋势

5.3.5 技术路线分析 / 功效矩阵分析

1. 全球技术路线分析

图 5-39 展示了智能算法领域全球技术路线方向。可以看出，分类号 A61B5/08、G01N33/497、A61B5/00、A61B5/083 和 A61B5/097 始终为技术研发重点；A61M16/00、A61B5/087 近十年布局量明显减少，该技术在全球范围内减少了研发投入，被其余技术方向所替代；G01N33/00、A61M16/12 和 A61M16/10 的布局量虽没有较大增幅，但持续稳定产出，始终在保持持续研究状态，具有研究潜力。

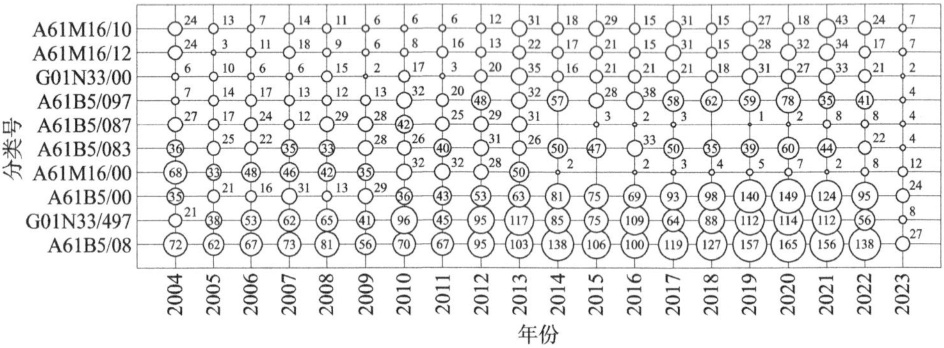

图 5-39　全球智能算法领域专利技术路线方向（单位：件）

2. 中国技术路线分析

图 5-40 展示了呼出气体检测智能算法领域中国技术路线方向。可以看出，分类号 A61M16/00、A61B5/08 和 A61B5/00 为技术研发重点。虽然国内技术起步较晚，但在各技术方向均有所发展和布局，在 G01N33/497、G01N33/00、A61B5/0205 和 A61M16/12 方向也进行了布局，力争能够逆向破局，整体全面发展。

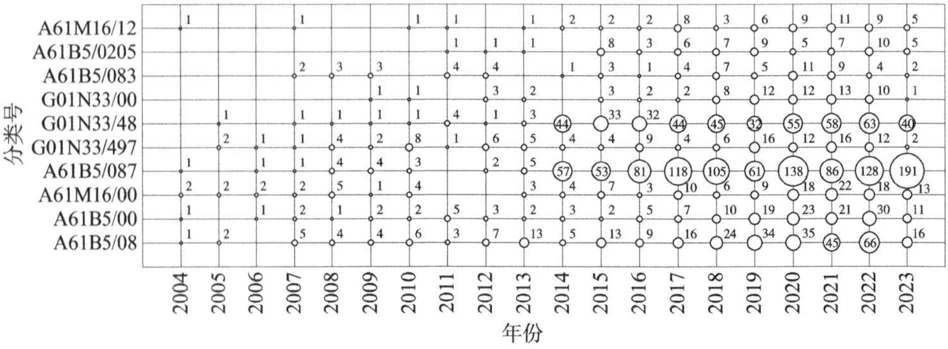

图 5-40　中国智能算法领域专利技术路线方向（单位：件）

5.3.6 重点专利分析

1. 中国专利无效情况

表 5-13 列出了中国智能算法领域发生无效的专利，其中公开号为 CN2641658Y 的专利未被完全无效，但最终因未缴年费而导致权利终止。

表 5-13　中国智能算法领域专利无效情况

序号	公开（公告）号	名称	申请日	专利权人	无效结果	当前法律状态
1	CN2641658Y	带有无线打印功能的酒精测试仪	2003-08-27	深圳市威尔电器有限公司	部分无效	终止
2	CN101366672B	呼吸流量传送系统、呼吸流量产生设备及其方法	2008-08-14	瑞思迈有限公司	全部无效	无效

2. 中国专利许可情况

表 5-14 列出了呼出气体检测智能算法领域发生专利许可的专利。发生许可的专利普遍具有较高经济价值，许可次数越多，潜在经济价值越高，企业应加以重视。

表 5-14　中国智能算法领域专利许可情况

序号	公开（公告）号	名称	申请日	专利权人	被许可人	许可类型	当前法律状态
1	CN100998902A	流量监测与控制的方法及装置	2006-01-13	深圳迈瑞生物医疗电子股份有限公司	深圳迈瑞动物医疗科技有限公司	普通许可	有效
2	CN111449657B	图像监测系统和肺栓塞诊断系统	2020-04-15	中国医学科学院北京协和医院	点奇生物医疗科技（苏州）有限公司	普通许可	有效
					深圳市安保医疗科技股份有限公司	普通许可	
3	CN102326078B	包括含有涂覆的导电纳米颗粒的传感器阵列的通过呼气检测癌症	2010-01-10	技术研究及发展基金有限公司	江苏阳光海克医疗器械有限公司	普通许可	有效

3. 其他重点专利

企业在研发或产品上市之前要进行专利检索，避免造成技术的重复研发或专利侵权，表 5-15 列出了智能算法领域其他重点专利。

表 5-15　智能算法领域其他重点专利

序号	领域	公开（公告）号	名称	申请（专利权）人	申请日
1	特征值提取	IL267751A	蒸发装置系统和方法	尤尔实验室有限公司	2014-12-23
2	特征值提取	JP5992328B2	呼出气中的药物检测	森撒部伊斯公司	2010-09-09
3	特征值提取	EP3336543A1	呼出气中的药物检测	森撒部伊斯公司	2010-09-09
4	特征值提取	US20140051948A1	带有光学和脚步传感器的生理和环境监测设备	尤卡魔法有限责任公司	2013-10-25
5	特征值提取	US8652040B2	用于健康和环境监测的遥测装置	尤卡魔法有限责任公司	2007-06-12
6	特征值提取	IN2647KOLNP2014A	基于适配体的多重检测	私募蛋白质体操作股份有限公司	2014-11-19
7	特征值提取	CN104508150B	基于适配体的多重测定	私募蛋白质体运营有限公司	2013-06-07
8	特征值提取	JP2020171797A	用于确定睡眠阶段的系统和方法	瑞思迈感测技术有限公司	2020-07-27
9	特征值提取	CN102481127A	呼吸波形信息的运算装置和利用呼吸波形信息的医疗设备	麻野井英次、心脏实验室公司	2010-08-11
10	特征值提取	JPWO2011019091A1	呼吸波形信息运算器和使用呼吸波形信息的医疗设备	麻野井英次、心脏实验室公司	2010-08-11
11	特征值提取	KR1020120062750A	呼吸波形信息计算装置及使用呼吸波形信息的医疗设备	麻野井英次、心脏实验室公司	2010-08-11
12	特征值提取	AU2006320626A1	鼻持续气道正压通气装置及系统	康尔福盛 2200 公司	2006-11-29
13	特征值提取	CO6870013A2	一种用于从呼出气中取样药物的便携式取样装置和方法	森撒部伊斯公司	2013-10-08

续表

序号	领域	公开（公告）号	名称	申请（专利权）人	申请日
14	特征值提取	ES2613088T3	一种用于从呼出气中取样药物的便携式取样装置和方法	森撒部伊斯公司	2012-03-09
15	特征值提取	MX335337B	一种便携式采样设备和一种从呼出空气中对药物物质进行采样的方法	森撒部伊斯公司	2013-09-06
16	特征值提取	PT2684043T	用于从呼出气中对药物物质进行采样的便携式采样装置和方法	森撒部伊斯公司	2012-03-09
17	特征值提取	JP6332597B2	用于从呼出气中采样药物的便携式采样装置和方法	森撒部伊斯公司	2012-03-09
18	特征值提取	BR112013022982B1	用于在呼出空气中进行药物测试的便携式采样装置和方法	森撒部伊斯公司	2012-03-09
19	特征值提取	JP7203613B2	含有修饰核苷的寡核苷酸	私募蛋白质体运营有限公司	2017-06-30
20	特征值提取	JP2023099126A	生理参数监测系统及监测方法	瑞思迈感测技术有限公司	2023-04-28
21	特征值提取	US20070255160A1	控制呼吸的方法和系统	周期性呼吸基金会有限责任公司	2007-04-17
22	特征值提取	EP2453794A4	睡眠状态检测	瑞思迈有限公司	2010-07-14
23	特征值提取	US9687177B2	睡眠状态检测	瑞思迈有限公司	2010-07-14
24	特征值提取	CN109998482A	睡眠状况的检测	瑞思迈私人有限公司	2010-07-14
25	特征值提取	EP3205267B1	睡眠状态检测	瑞思迈有限公司	2010-07-14
26	特征值提取	JP6815362B2	睡眠 - 觉醒状态分类方法、装置和系统	瑞思迈有限公司	2018-10-16
27	特征值提取	US20210085214A1	睡眠状态检测	瑞思迈有限公司	2020-12-07

续表

序号	领域	公开（公告）号	名称	申请（专利权）人	申请日
28	特征值提取	EP3229692B1	声学监测系统、监测方法及监测计算机程序	皇家飞利浦有限公司	2015-11-27
29	特征值提取	JP6721591B2	声学监测系统、监测方法和用于监测的计算机程序	皇家飞利浦电子股份有限公司	2015-11-27
30	特征值提取	CN106999143B	声学监测系统、监测方法和监测计算机程序	皇家飞利浦有限公司	2015-11-27
31	特征值提取	US10898160B2	声学监测系统、监测方法和监测计算机程序	皇家飞利浦有限公司	2015-11-27
32	特征值提取	DE602015031941T2	声学监测系统、监测方法和监测计算机程序	皇家飞利浦有限公司	2015-11-27
33	特征值提取	RU2737295C2	机械人工肺通气和呼吸监测装置	皇家飞利浦有限公司	2017-02-01
34	特征值提取	JP6960929B2	通过使用中心静脉压测压法增强呼吸参数估计和异步检测算法	皇家飞利浦电子股份有限公司	2017-02-01
35	特征值提取	US11224379B2	通过使用中心静脉压力测压法增强呼吸参数估计和异步检测算法	皇家飞利浦有限公司	2017-02-01
36	特征值提取	JP7092777B2	背景噪声环境下的咳嗽检测方法及装置	瑞爱普健康有限公司	2018-02-01
37	特征值提取	HK1245940A	用于监控和影响基于姿势的行为的方法和系统	索玛提克斯公司	2018-04-25
38	特征值提取	JP5284082B2	一种诊断呼吸系统疾病和确定恶化程度的装置	佛罗里达大学研究基金会有限公司	2006-04-25
39	特征值提取	CN102326078B	包括含有涂覆的导电纳米颗粒的传感器阵列的通过呼气检测癌症	技术研究及发展基金有限公司	2010-01-10
40	特征值提取	US9696311B2	通过呼吸检测癌症，包括传感器阵列，该传感器阵列包括封端的导电纳米颗粒	技术研究及发展基金有限公司	2010-01-10
41	特征值提取	JP4893480B2	体脂测量仪	福田电子株式会社	2007-06-01
42	特征值提取	KR101079462B1	体脂测量仪	福田电子株式会社	2008-05-20

续表

序号	领域	公开（公告）号	名称	申请（专利权）人	申请日
43	特征值提取	EP2376913B1	通过呼吸检测癌症，包括传感器阵列，该传感器阵列包括封端的导电纳米颗粒	技术研究及发展基金有限公司	2010-01-10
44	特征值提取	DE112008001483B4	体脂测量仪	福田电子株式会社	2008-05-20
45	特征值提取	CN101677780B	体脂肪测定装置	福田电子株式会社	2008-05-20
46	特征值提取	RU2430679C2	体脂测量仪	福田电子株式会社	2008-05-20
47	特征值提取	US8597953B2	挥发性有机化合物作为肺癌呼吸中的诊断标志物	技术研究及发展基金有限公司	2010-01-10
48	特征值提取	EP3101422B1	通过呼吸检测癌症，包括传感器阵列，该传感器阵列包括封端的导电纳米颗粒	技术研究及发展基金有限公司	2010-01-10
49	特征值提取	EP2769676B1	用于执行医学图像配准的方法和装置	三星电子株式会社	2014-02-20
50	特征值提取	DE602014087445T2	用于配准医学图像的方法和系统	三星电子株式会社	2014-02-20
51	标志物筛选	CN115886786A	基于信息融合的累积式呼气检测方法与系统	南华大学附属第一医院	2022-10-31
52	标志物筛选	CN111710372A	一种呼出气检测装置及其呼出气标志物的建立方法	万盈美（天津）健康科技有限公司	2020-05-21
53	标志物筛选	CN113633317A	一类可识别人体健康状态的呼出气生物标志物	生态环境部华南环境科学研究所	2021-08-12
54	标志物筛选	CN115575523A	疾病呼吸标志物的筛选方法、装置及终端设备	长沙学院	2022-09-14
55	标志物筛选	CN115835813A	使用呼出气冷凝物的基于口罩的诊断系统	约翰·J·丹尼尔斯	2021-04-18
56	标志物筛选	CN109791140A	用于疾病的区别诊断的系统和方法	技术研究及发展基金有限公司	2017-06-14
57	标志物筛选	CN114720608A	乳腺癌诊断或辅助诊断的呼出气 VOC 标志物与检测系统	立本医疗器械（成都）有限公司	2022-04-02
58	标志物筛选	CN115825269A	呼气中的生物标志物组合在新冠诊断试剂中的应用	上海纳米技术及应用国家工程研究中心有限公司	2022-11-21

续表

序号	领域	公开（公告）号	名称	申请（专利权）人	申请日
59	标志物筛选	CN109938736A	一种便携式呼出气采集装置及方法	浙江大学	2019-04-03
60	标志物筛选	CN110880369A	基于径向基函数神经网络的气体标志物检测方法及应用	中国石油大学（华东）	2019-10-08
61	标志物筛选	CN104919318A	利用呼出气体的肺癌的非侵入性检测	路易斯维尔大学研究基金会有限公司	2014-08-28
62	标志物筛选	CN111796033A	呼气中的肺癌气体标志物及其在肺癌筛查中的应用	中国科学院合肥物质科学研究所	2020-06-11
63	标志物筛选	CN114720542A	基于 HPPI-TOFMS 的早期肺癌诊断呼出气标志物筛选及其应用	北京大学人民医院	2022-03-30
64	标志物筛选	CN115993406A	代谢标志物在预测慢性肾脏病临床分期中的用途	中国科学院上海微系统与信息技术研究所	2022-10-14
65	标志物筛选	CN115993407A	早期慢性肾脏病的标志物及其用途	中国科学院上海微系统与信息技术研究所	2022-10-14
66	标志物筛选	CN106841325B	一种基于半导体气敏传感器阵列检测呼出气体装置	西安交通大学、上海礽芯生物科技有限公司	2017-01-18
67	标志物筛选	CN105929145B	用于从呼出气体采样药物物质的便携式采样装置及方法	森萨布伊斯有限公司	2012-03-09
68	标志物筛选	CN116399835A	一种光纤光栅远程高分辨呼出气体检测系统及方法	雷振东	2023-04-21
69	标志物筛选	CN103940924B	呼气中的胃癌气体标志物在制备胃癌诊断试剂中的用途	上海交通大学	2014-04-14
70	标志物筛选	CN102498398A	呼出气中的药物检测	森撒部伊斯公司	2010-09-09
71	标志物筛选	CN113866307A	一种幽门螺旋杆菌 VOC 标志物、其应用及检测系统	上海交通大学	2021-09-28
72	标志物筛选	CN113939320A	用于合成的生物标志物的改进的方法和组合物	医尔利有限公司	2020-04-04
73	标志物筛选	CN114235742B	基于呼出气体大类标志物复合光谱检测系统及方法	中国石油大学（华东）	2021-12-17

续表

序号	领域	公开（公告）号	名称	申请（专利权）人	申请日
74	标志物筛选	CN105122068A	蛋白质组学 IPF 标志物	印特缪恩股份有限公司	2014-03-14
75	标志物筛选	CN114121286A	基于呼出气检测的疾病风险评估方法、装置及相关产品	深圳市步锐生物科技有限公司	2022-01-11
76	标志物筛选	CN112204399A	用于定量生物标志物的方法、装置和系统	高露洁—棕榄公司、罗格斯大学	2019-05-31
77	标志物筛选	CN112673111A	癌症的诊断	奥斯通医疗有限公司	2019-09-04
78	标志物筛选	CN114354736A	呼出气中代谢差异物的检测系统及方法	深圳市步锐生物科技有限公司	2022-01-11
79	标志物筛选	CN115762766A	一种基于呼出气体数据库的疾病筛查系统	上海纳米技术及应用国家工程研究中心有限公司	2022-11-30
80	标志物筛选	CN112773409B	一种手持式呼出气采样器自充电维护装置	深圳市步锐生物科技有限公司	2020-12-30
81	标志物筛选	CN116297795A	一种检测呼出末端气中丙酮浓度的分析方法	中国科学院大连化学物理研究所	2021-12-08
82	标志物筛选	CN113219042A	一种用于人体呼出气体中各成分分析检测的装置及其方法	深圳市步锐生物科技有限公司	2020-12-03
83	标志物筛选	CN115112882A	基于丝网印刷电极的癌症检测卡、检测仪及其检测方法	上海健康医学院	2022-06-30
84	标志物筛选	CN116548952A	一种波导光栅高分辨检测呼出气体系统及其方法	雷振东	2023-05-10
85	标志物筛选	CN1791355A	用于疑似心源性胸痛病人风险分级的器械及方法	伊舍米娅技术公司	2004-05-05
86	标志物筛选	CN111398460A	一种人体呼出气中醛酮类物质含量的检测方法	必睿思（杭州）科技有限公司	2020-04-02
87	标志物筛选	CN101120250A	作为精神分裂性障碍和双相型障碍的生物标记的 VGP 肽片段	赛诺瓦神经学科技有限公司	2006-02-14
88	标志物筛选	CN112143720A	特发性肺纤维化疾病血液诊断标志物 CBR1 及其在制备诊断或预后工具中的应用	河南师范大学	2020-11-04

续表

序号	领域	公开（公告）号	名称	申请（专利权）人	申请日
89	标志物筛选	CN114324549A	基于呼出气质谱检测的肺结核风险评估方法及系统	深圳市步锐生物科技有限公司	2022-01-04
90	标志物筛选	CN113167787A	癌症和/或结核病的检测方法	新加坡国立大学	2019-11-28
91	标志物筛选	CN108633304B	采集分析蒸汽凝析，特别是呼出气凝析的装置与系统，以及使用方法	艾森利克斯公司	2016-09-14
92	标志物筛选	CN213249277U	一种便携式呼出气采集装置	深圳市步锐生物科技有限公司	2020-07-01
93	标志物筛选	CN115089161A	一种老年支气管哮喘患者的哮喘控制情况评估设备及方法	东莞广济医院有限公司	2022-05-27
94	标志物筛选	CN213189758U	一种呼出气采集装置的分类采集机构	深圳市步锐生物科技有限公司	2020-07-01
95	标志物筛选	CN103796626A	SMART™ 固体口服剂型	佛罗里达大学	2012-09-14
96	标志物筛选	CN111772681A	一种手持式呼出气采集装置的清洗反吹机构	深圳市步锐生物科技有限公司	2020-07-01
97	标志物筛选	CN114072193A	使用闭环反馈改善睡眠障碍性呼吸的系统和方法	十二医药股份有限公司、克里夫兰临床基金会	2020-05-04
98	标志物筛选	CN111671472A	一种手持式呼出气采集装置	深圳市步锐生物科技有限公司	2020-07-01
99	标志物筛选	CN212592219U	一种手持式呼出气采集装置	深圳市步锐生物科技有限公司	2020-07-01
100	标志物筛选	CN114487081A	一种提高人体呼出气检测维度的质谱采样装置及方法	深圳市步锐生物科技有限公司	2022-01-12
101	标志物量化	CN115886786A	基于信息融合的累积式呼气检测方法与系统	南华大学附属第一医院	2022-10-31
102	标志物量化	CN108362754B	一种呼出气中生物标志物在线检测系统及方法	北京大学	2018-01-19
103	标志物量化	CN115835813A	使用呼出气冷凝物的基于口罩的诊断系统	约翰·J·丹尼尔斯	2021-04-18

续表

序号	领域	公开（公告）号	名称	申请（专利权）人	申请日
104	标志物量化	CN110880369A	基于径向基函数神经网络的气体标志物检测方法及应用	中国石油大学（华东）	2019-10-08
105	标志物量化	CN115575523A	疾病呼吸标志物的筛选方法、装置及终端设备	长沙学院	2022-09-14
106	标志物量化	CN104919318A	利用呼出气体的肺癌的非侵入性检测	路易斯维尔大学研究基金会有限公司	2014-08-28
107	标志物量化	CN114235742B	基于呼出气体大类标志物复合光谱检测系统及方法	中国石油大学（华东）	2021-12-17
108	标志物量化	CN115993406A	代谢标志物在预测慢性肾脏病临床分期中的用途	中国科学院上海微系统与信息技术研究所	2022-10-14
109	标志物量化	CN115993407A	早期慢性肾脏病的标志物及其用途	中国科学院上海微系统与信息技术研究所	2022-10-14
110	标志物量化	CN113959972A	一种太赫兹时域光谱检测生物样品的方法、装置及应用	西安九清生物科技有限公司、西北工业大学	2021-05-25
111	标志物量化	CN114121286A	基于呼出气检测的疾病风险评估方法、装置及相关产品	深圳市步锐生物科技有限公司	2022-01-11
112	标志物量化	CN113939320A	用于合成的生物标志物的改进的方法和组合物	医尔利有限公司	2020-04-04
113	标志物量化	CN114354736A	呼出气中代谢差异物的检测系统及方法	深圳市步锐生物科技有限公司	2022-01-11
114	标志物量化	CN112773409B	一种手持式呼出气采样器自充电维护装置	深圳市步锐生物科技有限公司	2020-12-30
115	标志物量化	CN116297795A	一种检测呼出末端气中丙酮浓度的分析方法	中国科学院大连化学物理研究所	2021-12-08
116	标志物量化	CN112204399A	用于定量生物标志物的方法、装置和系统	高露洁—棕榄公司、罗格斯大学	2019-05-31
117	标志物量化	CN113219042A	一种用于人体呼出气体中各成分分析检测的装置及其方法	深圳市步锐生物科技有限公司	2020-12-03
118	标志物量化	CN115089161A	一种老年支气管哮喘患者的哮喘控制情况评估设备及方法	东莞广济医院有限公司	2022-05-27

续表

序号	领域	公开（公告）号	名称	申请（专利权）人	申请日
119	标志物量化	CN114324549A	基于呼出气质谱检测的肺结核风险评估方法及系统	深圳市步锐生物科技有限公司	2022-01-04
120	标志物量化	CN108633304B	采集分析蒸汽凝析，特别是呼出气凝析的装置与系统，以及使用方法	艾森利克斯公司	2016-09-14
121	标志物量化	CN213249277U	一种便携式呼出气采集装置	深圳市步锐生物科技有限公司	2020-07-01
122	标志物量化	CN213189758U	一种呼出气采集装置的分类采集机构	深圳市步锐生物科技有限公司	2020-07-01
123	标志物量化	CN109791140A	用于疾病的区别诊断的系统和方法	技术研究及发展基金有限公司	2017-06-14
124	标志物量化	CN111772681A	一种手持式呼出气采集装置的清洗反吹机构	深圳市步锐生物科技有限公司	2020-07-01
125	标志物量化	CN111671472A	一种手持式呼出气采集装置	深圳市步锐生物科技有限公司	2020-07-01
126	标志物量化	CN212592219U	一种手持式呼出气采集装置	深圳市步锐生物科技有限公司	2020-07-01
127	标志物量化	CN114487081A	一种提高人体呼出气检测维度的质谱采样装置及方法	深圳市步锐生物科技有限公司	2022-01-12
128	标志物量化	CN114624316A	基于代谢组学的生理预测方法、装置、计算机设备和介质	广州禾信仪器股份有限公司、昆山禾信质谱技术有限公司	2020-12-12
129	标志物量化	CN105954212A	基于分光光度仪建立的诊断人体幽门螺杆菌感染的体系及检测人体呼气中氨气含量的方法	长沙三相医疗器械有限公司	2016-04-21
130	标志物量化	CN114072193A	使用闭环反馈改善睡眠障碍性呼吸的系统和方法	十二医药股份有限公司、克里夫兰临床基金会	2020-05-04
131	标志物量化	CN111781303B	一种手持式呼出气采集多参数分类采集机构	深圳市步锐生物科技有限公司	2020-07-01
132	标志物量化	CN115869019A	一种人体呼出气的筛选采集装置	深圳市步锐生物科技有限公司	2022-12-23
133	标志物量化	CN105891405A	一种用于诊断人体幽门螺杆菌感染的装置及检测人体呼气中氨气含量的方法	长沙三相医疗器械有限公司	2016-03-30

续表

序号	领域	公开（公告）号	名称	申请（专利权）人	申请日
134	标志物量化	CN206330896U	碳氢呼气联合分析系统	广州华友明康光电科技有限公司	2016-12-30
135	标志物量化	CN106546595A	碳氢呼气联合分析系统	广州华友明康光电科技有限公司	2016-12-30
136	标志物量化	CN216144691U	一种呼气试验检测仪的箱体及呼气试验检测仪	深圳市中核海得威生物科技有限公司	2021-04-19
137	标志物量化	CN204649740U	一种新型碳 13 呼气样品检测平台	广州华友明康光电科技有限公司	2015-05-15
138	标志物量化	WO2022000850A1	一种手持式呼出气采集装置	深圳市步锐生物科技有限公司	2020-10-15
139	标志物量化	CN204595008U	一种分区式碳 13 呼气样品检测平台	广州华友明康光电科技有限公司	2015-05-15
140	标志物量化	CN112673111A	癌症的诊断	奥斯通医疗有限公司	2019-09-04
141	标志物量化	CN216050966U	一种呼气冷凝液收集装置	深圳市中核海得威生物科技有限公司	2021-08-02
142	标志物量化	CN114051390A	数字生物标志物	豪夫迈·罗氏有限公司	2020-06-17
143	标志物量化	WO2022121055A1	基于代谢组学的生理预测方法、装置、计算机设备和介质	广州禾信仪器股份有限公司、昆山禾信质谱技术有限公司	2020-12-31
144	标志物量化	CN204649739U	一种圆盘式碳 13 呼气样品测试平台	广州华友明康光电科技有限公司	2015-05-15
145	标志物量化	CN106137204A	利用真空紫外光电离质谱仪进行肺癌早期筛查的方法	中国科学院生态环境研究中心	2015-04-02
146	标志物量化	CN109414178B	用于肺部健康管理的系统和方法	精呼吸股份有限公司	2017-05-03
147	标志物量化	CN104964944B	一种双路红外光谱分析系统及其检测方法	广州华友明康光电科技有限公司	2015-06-23
148	标志物量化	CN112798553A	一种呼气检测仪气体检测装置	广州华友明康光电科技有限公司	2021-01-26
149	标志物量化	CN216132926U	一种呼气检测仪气体检测装置	广州华友明康光电科技有限公司	2021-01-26

续表

序号	领域	公开（公告）号	名称	申请（专利权）人	申请日
150	标志物量化	CN111439452A	尿素 [^{14}C] 呼气试验药盒自动包装线	深圳市中核海得威生物科技有限公司	2020-04-22
151	气体浓度计算	CN210963374U	麻醉病人呼出气体中丙泊酚浓度实时监测及自动给药装置	温州医科大学附属第二医院（温州医科大学附属育英儿童医院）	2019-06-24
152	气体浓度计算	CN201692453U	一种兼具输氧和收集呼出气体的呼气末 CO_2 监测用导管	虞慧华	2010-06-18
153	气体浓度计算	CN110251770A	一种麻醉病人呼出气体中丙泊酚浓度实时在线监测及一体化自动给药装置	温州医科大学附属第二医院（温州医科大学附属育英儿童医院）	2019-06-24
154	气体浓度计算	CN116019438A	一种动态呼出气一氧化氮监测仪	成都市妇女儿童中心医院	2022-12-26
155	气体浓度计算	CN111407280B	一种无创呼吸机的呼气末 CO_2 监测装置及方法	山东大学	2020-03-10
156	气体浓度计算	CN115886786A	基于信息融合的累积式呼气检测方法与系统	南华大学附属第一医院	2022-10-31
157	气体浓度计算	CN208902655U	一种麻醉病人呼出气体中丙泊酚浓度实时在线监测装置	温州医科大学附属第二医院（温州医科大学附属育英儿童医院）	2018-09-27
158	气体浓度计算	CN112394172A	一种糖尿病患者呼出气体丙酮监测装置	长春理工大学	2020-12-03
159	气体浓度计算	CN103747730A	呼气末气体监测设备	弗莱德哈钦森癌症研究中心	2012-06-27
160	气体浓度计算	CN106770738A	一种二氧化碳浓度修正的呼出气多组分检测仪及检测方法	浙江大学、海菲尔（辽宁）生物科技有限公司	2016-12-03
161	气体浓度计算	CN110389197A	一种呼出气体浓度的测量装置及测量方法	合肥微谷医疗科技有限公司	2018-04-20
162	气体浓度计算	CN114324551A	一种基于丙泊酚血 / 气比与时间关系的实时监测丙泊酚血药浓度的方法	李健一、刘宜平、李杭、郭雷	2021-12-30
163	气体浓度计算	CN108186019A	一种不需要控制呼气流量的呼出气一氧化氮测量方法	贵州精准医疗电子有限公司	2017-12-18

续表

序号	领域	公开（公告）号	名称	申请（专利权）人	申请日
164	气体浓度计算	CN110269620B	一种人体肺功能参数与呼气 VOCs 相结合的检测方法及装置	西安交通大学、上海礽芯生物科技有限公司	2019-06-26
165	气体浓度计算	CN105388256B	呼出气中呼吸与循环系统气体分子浓度的测量方法	无锡市尚沃医疗电子股份有限公司	2015-12-04
166	气体浓度计算	CN114324842A	一种多成分呼出气体检测装置及其检测方法	中国电子科技集团公司第四十八研究所	2021-12-31
167	气体浓度计算	WO2023046169A1	分离气道的肺泡气浓度检测装置及方法	惠雨恩科技（深圳）有限公司	2022-09-26
168	气体浓度计算	CN110389199A	一种用于检测人体呼出气体的装置及方法	卜允利	2018-04-20
169	气体浓度计算	CN207923877U	一种不需要控制呼气流量的呼出气一氧化氮测量装置	贵州精准医疗电子有限公司	2017-12-18
170	气体浓度计算	CN109938736A	一种便携式呼出气采集装置及方法	浙江大学	2019-04-03
171	气体浓度计算	CN218272327U	一种便携式呼出气体酒精含量检测仪智能测量装置	福建省计量科学研究院（福建省眼镜质量检验站）	2022-08-17
172	气体浓度计算	CN203490189U	高精度半导体呼出气体酒精浓度检测模组	项泽玉	2013-06-28
173	气体浓度计算	CN103344671A	高精度半导体呼出气体酒精浓度检测模组	项泽玉	2013-06-28
174	气体浓度计算	CN102937617B	自标定呼出气体分析设备	无锡市尚沃医疗电子股份有限公司	2012-11-20
175	气体浓度计算	CN109602420A	呼出气体检测设备及检测方法	深圳市美好创亿医疗科技股份有限公司	2018-11-23
176	气体浓度计算	CN113686790A	一种用于肺癌筛查的呼出气体检测系统及方法	山东大学	2021-08-05
177	气体浓度计算	CN116202982A	一种用于高流量供氧的全光学呼气末二氧化碳监测装置	上海交通大学医学院附属仁济医院、上海交通大学	2023-01-31
178	气体浓度计算	CN115486834A	一种基于 MXene 的可穿戴呼出气丙酮检测方法及装置	浙江大学	2022-10-09
179	气体浓度计算	CN116399835A	一种光纤光栅远程高分辨呼出气体检测系统及方法	雷振东	2023-04-21

续表

序号	领域	公开（公告）号	名称	申请（专利权）人	申请日
180	气体浓度计算	CN111505319A	呼出气体酒精含量检测补偿方法及快排酒精含量检测仪	汉威科技集团股份有限公司	2020-04-30
181	气体浓度计算	CN217033846U	一种呼气末二氧化碳浓度监测装置	复旦大学附属中山医院	2022-03-30
182	气体浓度计算	CN201438173U	一种气路块和采用其制作的呼气末二氧化碳监测模块	深圳市安保医疗科技股份有限公司	2009-06-22
183	气体浓度计算	WO2020103281A1	呼出气体检测设备及检测方法	深圳市美好创亿医疗科技股份有限公司	2018-12-26
184	气体浓度计算	CN1217179C	人体呼出气体中所含的浓度比 $^{13}CO_2/^{12}CO_2$ 的测定方法	大冢制药株式会社	1998-01-12
185	气体浓度计算	CN110441351A	一种用于人体健康连续自评的呼出气 VOCs 检测装置及应用	雄安绿研检验认证有限公司	2019-07-15
186	气体浓度计算	CN202974939U	自标定呼出气体分析设备	无锡市尚沃医疗电子股份有限公司	2012-11-20
187	气体浓度计算	CN113777244A	分离气道的肺泡气浓度检测装置及方法	惠雨恩科技（深圳）有限公司	2021-09-27
188	气体浓度计算	CN214252297U	一种呼出气一氧化氮检测仪	海南聚能科技创新研究院有限公司	2020-12-11
189	气体浓度计算	CN114460283A	一种呼出气一氧化氮检测仪	海南聚能科技创新研究院有限公司	2020-12-11
190	气体浓度计算	CN109283154B	一种呼出气体中挥发性有机物分子的检测系统及方法	河北大学	2018-11-02
191	气体浓度计算	CN113219042A	一种用于人体呼出气体中各成分分析检测的装置及其方法	深圳市步锐生物科技有限公司	2020-12-03
192	气体浓度计算	CN202583221U	一种呼出气体酒精浓度检测报警装置	上海工程技术大学	2012-04-26
193	气体浓度计算	CN103293122A	利用光梳激光光谱检测人体呼出气的方法	上海理工大学	2013-06-24
194	气体浓度计算	CN111358466A	一种呼出气体检测设备及检测方法	深圳市美好创亿医疗科技股份有限公司	2018-12-25

续表

序号	领域	公开（公告）号	名称	申请（专利权）人	申请日
195	气体浓度计算	CN203490190U	高精度半导体呼出气体酒精浓度检测仪	项泽玉	2013-07-23
196	气体浓度计算	CN109730680A	呼气末二氧化碳分压监测装置在麻醉复苏室临床检测方法	核工业四一六医院	2019-03-07
197	气体浓度计算	CN110389198A	基于人机交互模块的呼出气体浓度测量装置及方法	合肥微谷医疗科技有限公司	2018-04-20
198	气体浓度计算	CN115184489A	呼出气中挥发性有机化合物的采集与检测系统和方法	复旦大学	2022-07-01
199	气体浓度计算	CN114760914A	代谢监测系统和方法	皇家飞利浦有限公司	2020-12-02
200	气体浓度计算	WO2022121353A1	一种呼出气一氧化氮检测仪	海南聚能科技创新研究院有限公司	2021-08-13
201	气体流速计算	CN201253210Y	医用呼出气体水分监测装置	史可强	2008-09-23
202	气体流速计算	CN111374668A	一种家用呼出气检测仪及其使用方法	合肥微谷医疗科技有限公司	2020-04-14
203	气体流速计算	CN110269620B	一种人体肺功能参数与呼气 VOCs 相结合的检测方法及装置	西安交通大学、上海礽芯生物科技有限公司	2019-06-26
204	气体流速计算	CN208537517U	一种呼出气一氧化氮检测指导装置	江阴市人民医院	2018-08-17
205	气体流速计算	CN212281350U	一种家用呼出气检测仪	合肥微谷医疗科技有限公司	2020-04-14
206	气体流速计算	CN101214151B	利用呼出气体 CO_2 分压监测估算动脉血 CO_2 分压的装置	广州医科大学附属第一医院（广州呼吸中心）、广州呼吸健康研究院	2007-12-29
207	气体流速计算	CN108186019A	一种不需要控制呼气流量的呼出气一氧化氮测量方法	贵州精准医疗电子有限公司	2017-12-18
208	气体流速计算	CN114200087A	一种呼气测试仪及其使用方法	杭州汇健科技有限公司、杭州汇馨传感技术有限公司	2021-12-15

续表

序号	领域	公开（公告）号	名称	申请（专利权）人	申请日
209	气体流速计算	CN207923877U	一种不需要控制呼气流量的呼出气一氧化氮测量装置	贵州精准医疗电子有限公司	2017-12-18
210	气体流速计算	CN113219042A	一种用于人体呼出气体中各成分分析检测的装置及其方法	深圳市步锐生物科技有限公司	2020-12-03
211	气体流速计算	CN115184489A	呼出气中挥发性有机化合物的采集与检测系统和方法	复旦大学	2022-07-01
212	气体流速计算	CN106770738A	一种二氧化碳浓度修正的呼出气多组分检测仪及检测方法	浙江大学、海菲尔（辽宁）生物科技有限公司	2016-12-03
213	气体流速计算	CN109900776A	一种高灵敏在线检测呼出气中 HCN 的装置和应用	中国科学院大连化学物理研究所	2017-12-11
214	气体流速计算	CN213189767U	呼出气体稳定装置以及呼出一氧化氮检测仪	北京森美希克玛生物科技有限公司	2020-08-07
215	气体流速计算	CN111220682B	一种离子迁移谱在线监测呼出气麻醉剂的方法	中国科学院大连化学物理研究所	2018-11-25
216	气体流速计算	CN103293122A	利用光梳激光光谱检测人体呼出气的方法	上海理工大学	2013-06-24
217	气体流速计算	CN116165262A	一种丙泊酚实时在线监测差分离子迁移谱方法	中国科学院大连化学物理研究所	2021-11-25
218	气体流速计算	CN102498398B	用于呼出气中的药物检测的系统和方法	森撒部伊斯公司	2010-09-09
219	气体流速计算	CN114760914A	代谢监测系统和方法	皇家飞利浦有限公司	2020-12-02
220	气体流速计算	CN111220683A	一种实时在线监测呼出气丙泊酚的方法	中国科学院大连化学物理研究所	2018-11-25
221	气体流速计算	CN104586395B	一种无创检测人体血液中二氧化碳水平的检测装置及方法	广州弘凯物联网服务有限公司	2015-02-04
222	气体流速计算	CN104939831B	从受试者的呼出气中收集样本的系统和方法及其用途	森撒部伊斯公司	2010-09-09
223	气体流速计算	CN115326986A	一种测定人体呼出气中有机酸和阴离子的分析装置及方法	浙江大学	2022-08-29

续表

序号	领域	公开（公告）号	名称	申请（专利权）人	申请日
224	气体流速计算	CN204600481U	一种无创检测人体血液中二氧化碳水平的检测装置	广州弘凯物联网服务有限公司	2015-02-04
225	气体流速计算	CN107219333B	呼出气体检测系统及检测方法	深圳市美好创亿医疗科技股份有限公司	2017-05-19
226	气体流速计算	CN219104853U	一种消除呼出气吸附的在线检测采样装置	中国科学院大连化学物理研究所	2022-11-15
227	气体流速计算	CN102507720A	一种检测人体呼出气体中NO含量的方法	东华理工大学	2011-11-08
228	气体流速计算	CN217060149U	一种便于控制气体流速的呼出气体检测装置用气室	杭州乐为健康科技有限公司	2022-03-08
229	气体流速计算	CN109270216A	一种呼出气一氧化氮含量检测系统及其检测方法	深圳市龙华区中心医院	2018-09-28
230	气体流速计算	CN112924533B	一种在线检测呼出气丙酮的方法	中国科学院大连化学物理研究所	2019-12-06
231	气体流速计算	CN208808478U	一种用于呼气峰流速检测平台的动态检测呼气峰流量仪	广州医科大学附属第一医院（广州呼吸中心）、忠信制模（东莞）有限公司	2018-02-08
232	气体流速计算	CN217723499U	一种呼出气一氧化氮检测指导装置	青岛华仁医疗用品有限公司	2022-05-05
233	气体流速计算	CN111398463A	一种呼出气中醛酮类物质含量的检测方法	必睿思（杭州）科技有限公司	2020-04-02
234	气体流速计算	CN112924526B	一种同时在线检测呼出气氨和丙酮的方法	中国科学院大连化学物理研究所	2019-12-06
235	气体流速计算	CN103868974A	一种检测呼出气中NO和/或丙泊酚的方法	中国科学院大连化学物理研究所	2012-12-12
236	气体流速计算	CN111398460A	一种人体呼出气中醛酮类物质含量的检测方法	必睿思（杭州）科技有限公司	2020-04-02
237	气体流速计算	CN100998902A	流量监测与控制的方法及装置	深圳迈瑞生物医疗电子股份有限公司	2006-01-13
238	气体流速计算	CN109781473A	一种呼出气中丙泊酚的负离子迁移谱检测方法	中国科学院大连化学物理研究所	2017-11-13

续表

序号	领域	公开（公告）号	名称	申请（专利权）人	申请日
239	气体流速计算	CN105572214A	同时监测呼出气中丙泊酚和六氟化硫离子迁移谱仪及应用	中国科学院大连化学物理研究所	2014-10-28
240	气体流速计算	CN205831792U	用压力差监测的峰流速仪	赛客（厦门）医疗器械有限公司	2016-04-22
241	气体流速计算	CN115886743A	基于呼吸气流监测的人体热健康评判方法及系统	上海交通大学	2022-06-24
242	气体流速计算	CN207351767U	一种呼出气的自动采样进样装置	中国科学院大连化学物理研究所	2017-11-02
243	气体流速计算	CN105445343B	一口气多参数呼气一氧化氮测量方法和装置	无锡市尚沃医疗电子股份有限公司	2015-11-16
244	气体流速计算	CN109781827A	一种呼出气中丙泊酚的正离子迁移谱检测方法	中国科学院大连化学物理研究所	2017-11-13
245	气体流速计算	CN1189091A	流量峰值监测装置	哈韦尔工业（私人）有限公司	1996-05-24
246	气体流速计算	CN116636831A	一种多呼吸道的气体检测系统及其控制方法	南京诺令生物科技有限公司	2022-02-16
247	气体流速计算	CN101354394B	呼气一氧化氮检测装置	无锡市尚沃医疗电子股份有限公司	2008-09-08
248	气体流速计算	CN114449957A	利用呼出气诊断结核病和其他疾病	泽特奥科技公司	2020-08-26
249	气体流速计算	CN114236108A	一种基于呼气中氨的胃幽门螺旋杆菌检测装置和方法	中国科学院合肥物质科学研究所	2021-12-20
250	气体流速计算	CN106501138A	呼出气中PM2.5的检测方法和采样设备	广州禾信仪器股份有限公司、暨南大学、中国科学院广州地球化学研究所	2015-09-06

5.4 本章小结

在气体检测模块领域、传感原理领域和智能算法领域，全球范围内整体专利布局增速较快，美国、中国、日本、德国均为专利布局大国，且专利申请的重心正在向我国转移。国内以北京、上海、广州、杭州和南京相关领域发展最为迅速，天津市虽然起步较晚，但也具有一定的专利积累，整体排名处于国内前列，尤其是在气体检测模块领域、传感原理领域，以高校研发为主，企业研发为辅，但距离全国顶尖水平还有一定距离，需进一步加大研发及专利布局力度。

第 6 章　重点关注创新主体分析

6.1　奥斯通医疗有限公司

奥斯通医疗有限公司（Owlstone Medical）成立于 2004 年，是从剑桥大学工程系分离出来的，是一家向全球军事和工业客户销售 FAIMS 技术的营利性企业。Owlstone Medical 于 2016 年从奥斯通股份有限公司（Owlstone Inc）分拆出来，总部设在英国剑桥，在英国伦敦设有办事处。Owlstone Medical 的呼吸活检平台正在开创一种新的临床诊断方法，其基于对呼气中挥发性有机化合物生物标志物的检测和分析，该方法有望给医疗诊断行业带来巨大革新。该公司屡获殊荣的 ReCIVA 呼气收集器是第一个标准化的呼出气体收集装置，旨在捕获呼出气体中的 VOCs 生物标志物，并在全球唯一商业规模的呼吸活检实验室中进行分析。其主要通过使用成熟的微芯片化学传感器技术（非对称场离子迁移谱技术，FAIMS）对呼吸中存在的 VOCs 生物标志物进行高灵敏度和选择性分析。

Owlstone Medical 积极参与了一系列疾病领域的项目。目前正在开发用于呼吸系统疾病、癌症和肝脏疾病的试验。该公司仍在积极调研其他呼吸活检在代谢和暴露方面的应用，为希望开发基于呼吸的生物标志物的学术、临床和制药合作伙伴提供呼吸活检产品和服务。其应用范围包括监测疾病的发生和发展、患者分层和药物开发。

6.1.1　申请趋势及全球专利布局情况

Owlstone Medical 专利申请趋势如图 6-1 所示。其专利布局从 2005 年开始，在 2015 年之前，Owlstone Medical 申请的专利数量较少；从 2016 年开始，Owlstone Medical 申请的专利数量逐渐增长，2016 年开始 Owlstone Medical 提

高研发实力，开创了一种新的临床诊断方法，即基于对呼出气体中挥发性有机化合物生物标志物的检测和分析；该公司在 2018 年申请数量达到最高，有 82 件专利。近年来，该公司的专利申请数量逐渐减少，有可能是由于部分专利还未公开所致。

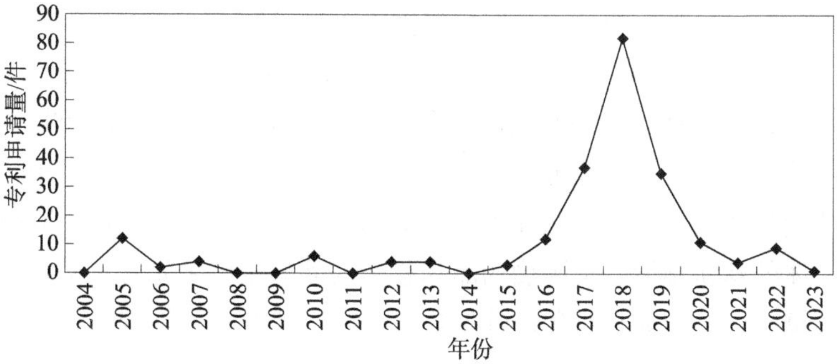

图 6-1　Owlstone Medical 专利申请趋势

6.1.2　技术分布情况分析

由图 6-2 可以看出，Owlstone Medical 的专利技术主要包括离子、气流检测、电极、传感器系统和光谱仪。离子相关专利包括离子迁移、离子通道和电离，气流检测专利主要包括呼气检测，采集呼吸样本的系统、改进呼吸采样装置和方法、采集对象呼吸的选择性部分的方法等，而电极专利包括电极、电场和导电材料等，传感器系统专利包括用于分析流体的流体传感器系统和方法、分析流体样本的传感器系统、光谱仪专利包括离子迁移过滤器、离子迁移谱仪等。

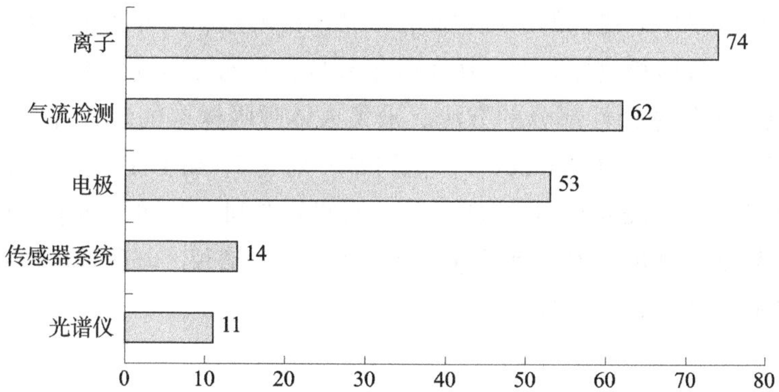

图 6-2　Owlstone Medical 专利技术分布

6.1.3 协同创新情况分析

Owlstone Medical 有 3 件专利与罗氏诊断有限公司（Roche Diagnostics）共同申请。罗氏诊断有限公司是罗氏集团旗下的一家子公司。罗氏集团始创于 1896 年，总部位于瑞士巴塞尔，在制药和诊断领域居于世界领先地位，其以研发为基础，旨在通过个体化医疗为每一位患者提供更具针对性的治疗方案，罗氏集团致力于两大核心业务——药品和诊断，提供从早期发现、预防、诊断到治疗的创新产品与服务，从而提高人类的健康水准和生活质量。罗氏诊断有限公司是体外诊断领域、抗肿瘤药品和移植药品的全球领先者，是病毒学领域及其他关键疾病领域如自身免疫性疾病、炎症、代谢和中枢神经系统疾病的市场领导者。这 3 件专利为保护离子迁移谱分离代谢物或立体异构体的方法和装置、用于分离代谢物或立体异构体的方法和装置、离子迁移谱分离差向异构体的盐的方法和用途。

6.1.4 发明人情况分析

由图 6-3 可以发现，该公司的专利主要发明人是奥斯沃斯·马克斯，Owlstone Medical 的首席科学官，他在微量化学检测技术的开发方面拥有超过 15 年的经验，开发了广泛应用的传感器技术，包括个人安全、食品污染和环境监测。在奥尔斯通医疗有限公司，他负责呼吸捕捉设备的技术开发和生物标志物识别后的技术分析，开创了 Owlstone Medical 独特技术的开发和应用，可以在复杂的环境中以更低的浓度检测化学物质的痕迹，其专利主要涉及气体电离系统、离子气体检测器装置、用于收集来自患者的呼出气体部分、一种用于收集对象呼吸的选择性部分的方法、采集人体呼吸样本的装置等。其他申请人有哈特·马修（Hart Matthew）、范德希·马克（Van Der Schee Marc）、科尔·安德鲁 H.（Koehl Andrew H.）等，他们的专利主要涉及离子驱动和气味发射器、智能气体传感器、离子过滤器、离子迁移谱仪、与气体电离系统一起使用的传感器装置和方法等。

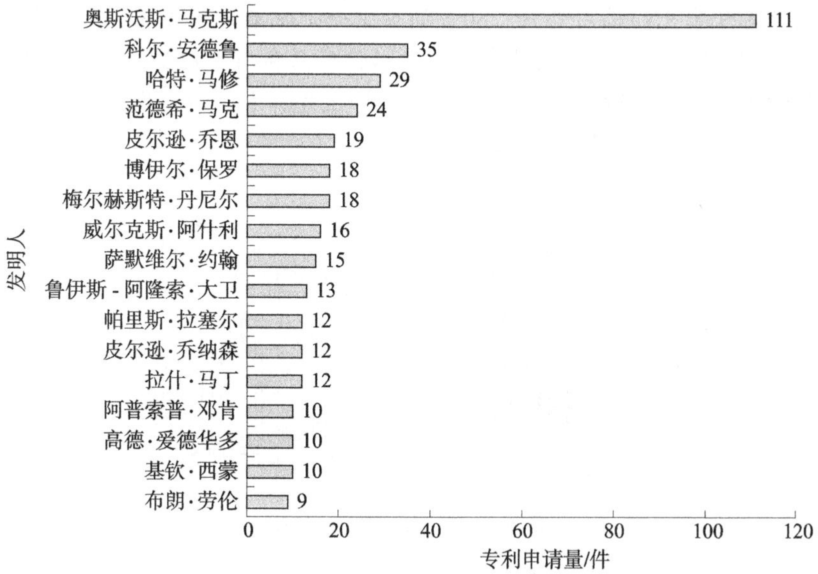

图 6-3　Owlstone Medical 发明人分布

6.1.5　重点专利

Owlstone Medical 重点专利如表 6-1 所示。

表 6-1　Owlstone Medical 重点专利

序号	名称	公开号	申请日	法律状态
1	用于采集呼出气样本的系统和设备	JP6861270B2	2017-01-16	授权有效
2	改进的呼吸采样装置	CN212679096U	2018-04-04	授权有效
3	用于分析流体的流体传感器系统和方法	CN111183505B	2018-08-07	授权有效
4	癌症诊断	JP2021534832A	2019-09-04	公开
5	传感器系统	CN113950622A	2020-05-29	公开
6	用于收集对象呼吸的选择性部分的方法	US10952640B2	2017-04-24	授权有效
7	多次呼吸采样法	US11617521B2	2018-05-17	授权有效

1. JP6861270B2 用于采集呼出气样本的系统和设备

如图 6-4 所示，该专利摘要内容如下：

一种用于收集患者呼出气的一部分用于分析的装置（10），包括外壳结构和与面罩结构相关联的入口（30），用于接收患者呼出气的一部分；至少一个传感器（22）可操作地连接到入口端口（30），用于检测与用于收集的至少一个收集容器（20）相关的一个或多个参数；至少一个泵（28）用于从入口端口泵送患者呼出气的选定部分（30）到至少一个收集容器（20）；提供一种装置（10），包括外壳结构，该外壳结构包括传感器和用于控制至少一个泵（30）的操作的控制系统（32）。系统（32）控制呼出气样本。CO_2 收集和 / 或基于诸如压力的感测参数选择性地启动泵。

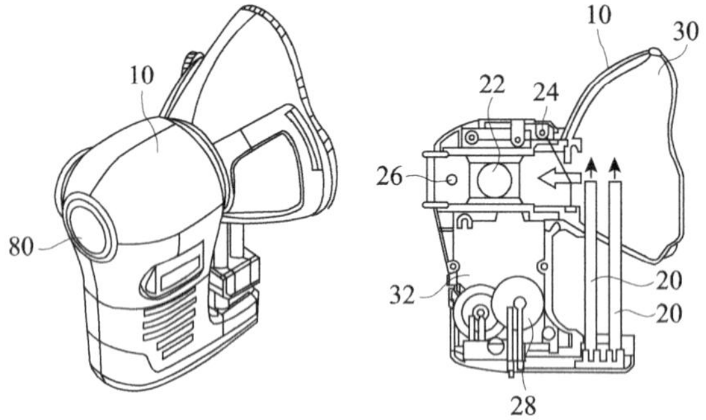

图 6-4　JP6861270B2 附图

2. CN212679096U 改进的呼吸采样装置

如图 6-5 所示，本专利摘要内容如下：

一种改进的呼吸采样装置，该装置包括至少一个面罩部分，该至少一个面罩部分在使用时位于该受试者的嘴和鼻孔上以收集该受试者呼出的气息，该装置还包括：用于检测该面罩部分的移动检测装置，以及警报信号发生器，如果在收集气息样本期间，该受试者的头部处于预定的可接受取向范围之外，但仅在该受试者的头部已处于该预定的可接受取向范围之外达到所限定的或可测量的时间段之后，该警报信号发生器才产生警报信号。

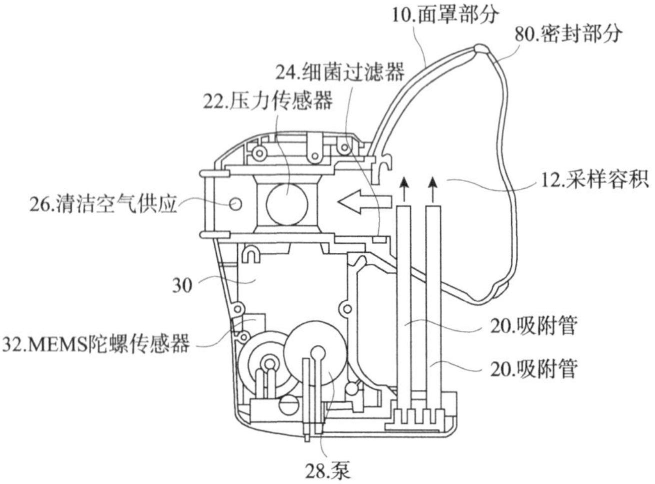

图 6-5　CN212679096C1 附图

3. CN111183505B 用于分析流体的流体传感器系统和方法

如图 6-6 所示，本专利摘要内容如下：

一种传感器系统，包括：具有入口孔（18）的壳体（10），流体通过该入口孔（18）进入壳体（10）；以及壳体（10）中的调节材料（32），调节材料（32）适于控制壳体（10）内的物质的水平。传感器系统包括用于分析壳体（10）中的流体的传感器（12）。传感器系统包括循环装置（14），循环装置（14）被配置为在感测流体通道和第二流体通道之间交替壳体（10）内的流体的循环，其中在所述感测流体通道中由所述传感器（12）分析所述流体，而在所述第二流体通道中对所述流体的流动进行调节。还提供了用于使用传感器（12）分析壳体（10）中的流体的方法。

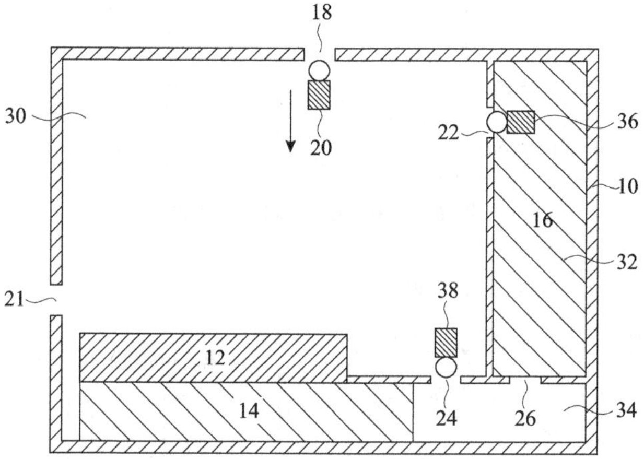

图 6-6　CN111183505B 附图

4. JP2021534832A 癌症诊断

如图 6-7 所示，本专利摘要内容如下：

一种用于通过检测气息生物标志物来进行癌的早期检测及其进展的监测的方法。方法包括通过测定对象呼气中的上述酶的外源性基质的浓度和 / 或测定上述基质的代谢物的浓度来评价醛还原酶（AKR）的活性的工序。优选地，所述癌症为肺癌。

5. CN113950622A 传感器系统

如图 6-8 所示，本专利摘要内容如下：

本发明涉及用于分析流体样本的传感器系统和方法。所述传感器系统包括壳体（220），其具有用于使流体样本进入壳体的入口、用于使流体样本离开壳体的出口以及在壳体内的用于使流体样本在入口和出口之间流动的流体样本路径。所述传感器系统还包括电离器（210），其在壳体的外部，并且用于在流体样本路径上的第一位置处电离流体样本以生成样本离子；离子迁移过滤器（212），其至少部分地位于壳体内，并且用于在流体样本路径上的第二位置处过滤生成的样本离子；和探测器（214），其位于壳体的外部，并且用于在流体样本路径上的第三位置处探测穿过离子迁移过滤器的样本离子。

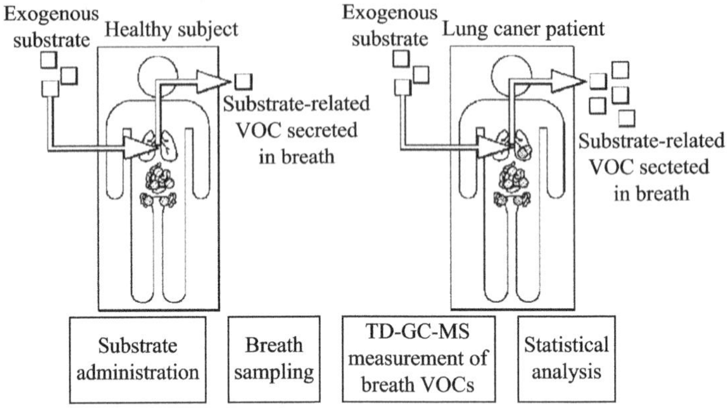

图 6-7　JP2021534832A 附图

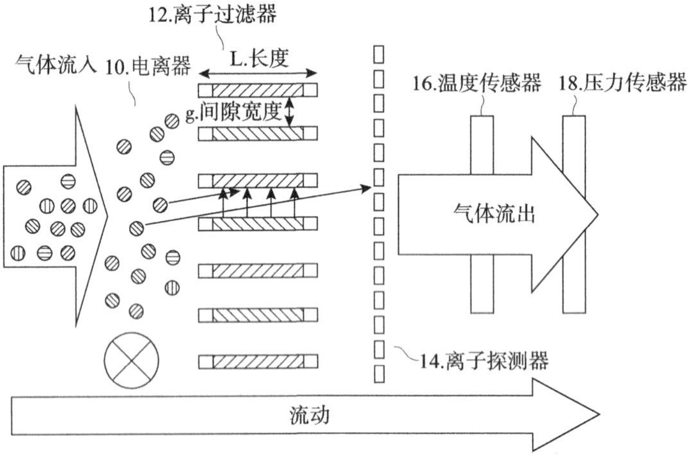

图 6-8　CN113950622A 附图

6. US10952640B2 用于收集对象呼吸的选择性部分的方法

如图 6-9 所示，本专利摘要内容如下：

由于新冠疫情，世界卫生基础设施崩溃。包括发达国家在内的整个世界正在经历一场健康危机。因此，预防胜于治疗成为现实。因此，可以采取许多预防措施来减少冠状病毒的传播。其中一种预防方法是戴口罩和定期监测体温。正如世界卫生组织已经提出的那样，戴口罩可以减少冠状病毒的传播。该项目处理是否戴口罩的人的检测。同样的情况将在深度学习和计算机视觉的帮助下被检测到。这种深度学习架构是在一个数据集上训练的，该数据集由戴口罩和不戴口罩的人的图像组成，并且该模型还将在没有任何人为干扰的情况下检测人的体温。所有这些数据都将存储在物联网云服务中，任何异常都会触发其发送电子邮件。

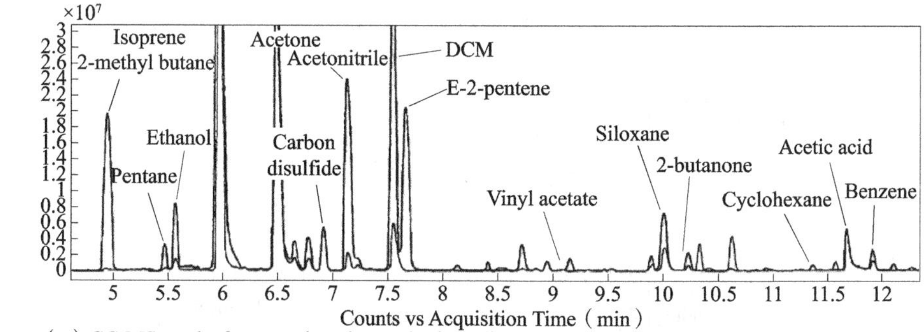

（a）GC-MS results from two breath samples including retention time matched and NIST identification

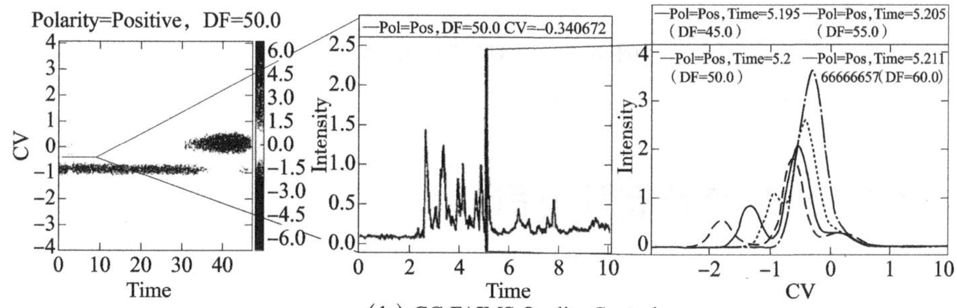

（b）GC-FAIMS Quality Control

图 6-9　US10952640B2 附图

7. US11617521B2 多次呼吸采样法

如图 6-10 所示，本专利摘要内容如下：

一种用于在单个样本捕获装置上收集不同的选定呼出气样本或其部分的方法，该方法包括以下步骤：（a）通过使样本与包含吸附剂的捕获装置接触来收集第一呼出气样本材料；（b）通过使第二样本与所述捕获装置接触来收集第二呼出气体样本，其中使第一和第二呼出气体样本以空间分离的方式被捕获在捕获装置上。

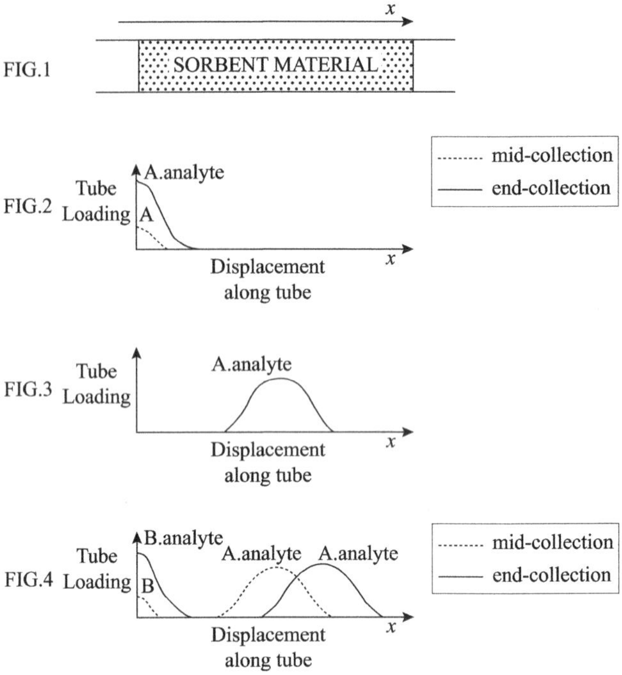

图 6-10　US11617521B2 附图

6.2　纳米森特有限公司

纳米森特有限公司（Nanoscent Ltd，简称“Nanoscent”）成立于 2017 年，其联合创始人是奥伦·加夫里埃利和埃兰·罗姆。核心技术来源于以色列理工学院，主要利用纳米阵列电子鼻传感器和人工智能技术进行气味识别。该公司主要提供气味识别解决方案，主要应用于食品饮料、化学能源、医疗保健行业质量控制和过程监控。NanoScent 公司开发设计了用于检测挥发性有机化合物的专用平台 VOCID。该项技术受到专利保护，主要原理是基于纳米传感器检测挥发性生物标志物，其检测下限可达 50ppb。VOCID 平台通过机器学习和硬件调整可实现跨行业应用。NanoScent 致力于研究新冠病毒的诊断，针对排泄物气味给出营养建议等新领域。未来有望将这一技术应用到私人营养搭配、传染性疾病、肝病、糖尿病等的实际治疗中。NanoScent 拥有一支跨学科的团队，内部拥有先进的研发能力及传感器的制造能力，团队成员主要来自纳米材料科学、有机化学、生物化学和人工智能等领域的专家。

6.2.1　申请趋势及全球专利布局情况

由图 6-11 可以看出，Nanoscent 公司专利布局从 2019 年开始，在 2019 年该公司布局了 9 件专利，2020 年布局了 8 件专利，2021 年和 2022 年布局的专利数量有所下降，是由于部分专利还未公开所致，从目前的专利申请趋势来看，该公司的专利布局主要在 2019 年和 2020 年。

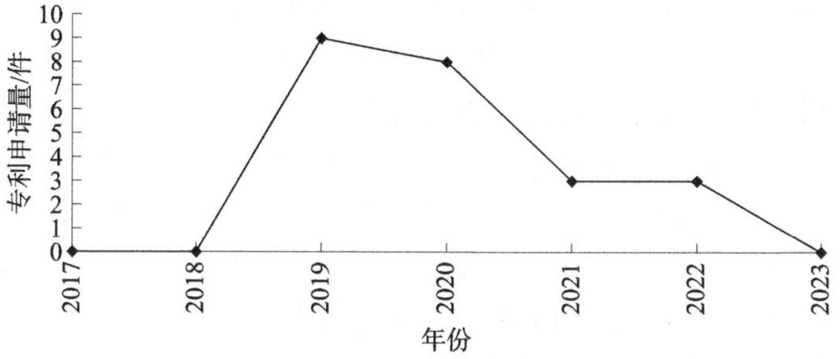

图 6-11　Nanoscent 专利申请量变化趋势

6.2.2　技术分布情况分析

由图 6-12 可以看出，Nanoscent 的专利技术主要包括电极、气体分析、传感器和信号响应。电极主要包括涂层电极、电场和导电材料等，而气体分析包括气味分析和气相分析等，传感器系统主要包括化学传感器，信号响应主要包括用于确定挥发性化合物源位置的系统和方法。

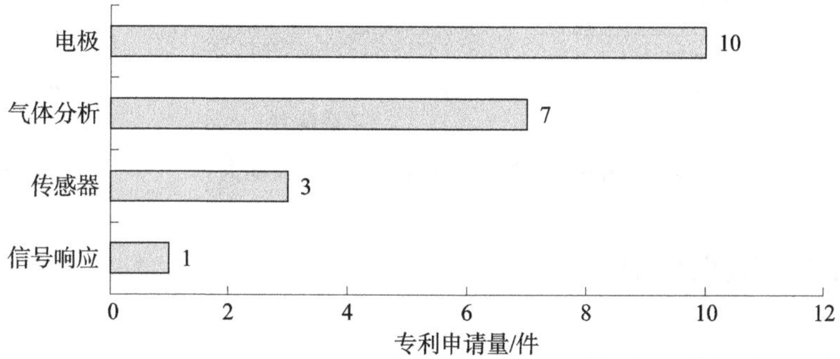

图 6-12　Nanoscent 专利技术分布

6.2.3 协同创新情况分析

目前该公司所有专利的专利权人均是 Nanoscent。

6.2.4 发明人情况分析

NanoScent 联合创始人是奥伦·加夫里埃利和埃兰·罗姆。奥伦·加夫里埃利作为公司的创始人之一，其作为发明人的专利申请数量较多，具体涉及使用化学电阻传感器改善健康、挥发性化合物识别方法及装置、用于从液体中提供和检测挥发性化合物的系统和方法、基于挥发性有机化合物确定对象状况的系统和方法等。埃兰·罗姆作为公司的另一创始人和首席技术官，因此作为发明人的专利申请数量较多，具体涉及使用化学电阻传感器改善健康、化学电阻传感器颗粒、检测表面相关挥发性化合物事件的系统和方法等。其他发明人中，帕斯卡·亚伊尔作为发明人的专利申请数量最多，为 10 件，如图 6-13 所示。

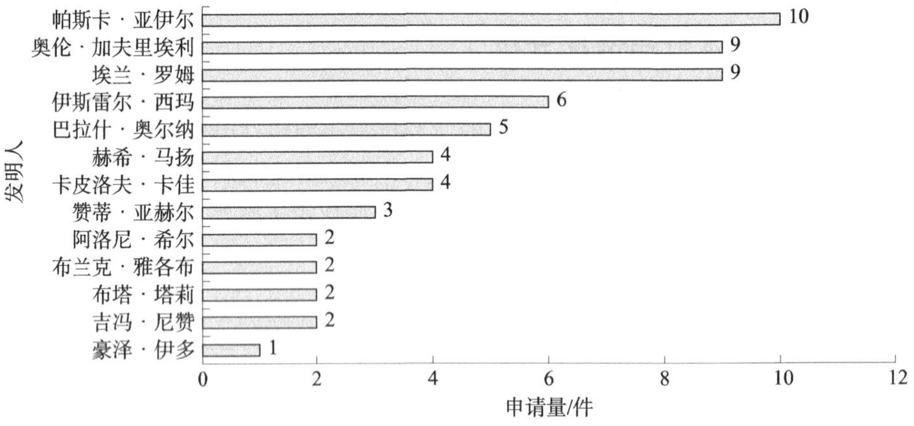

图 6-13 Nanoscent 公司专利发明人

6.2.5 重点专利

Nanoscent 重点专利如表 6-2 所示。

表 6-2　Nanoscent 重点专利

序号	名称	公开号	申请日	法律状态
1	纳米颗粒的化学电阻传感器	US20230124527A1	2021-10-06	公开
2	用于收集和感测挥发性化合物的系统和方法	US20230073767A1	2021-02-11	公开
3	使用化学电阻器改善健康	US20220412952A1	2020-11-29	公开
4	挥发性化合物鉴别方法和装置	US20220221435A1	2020-05-27	公开
5	化学电阻传感器的传感元件及制造方法	US20210231627A1	2019-05-28	公开
6	一种从液体中收集和检测挥发性化合物（VCS）的系统和方法	WO2021079366A1	2020-10-22	公开

1. US20230124527A1 纳米颗粒的化学电阻传感器

如图 6-14 所示，本专利摘要内容如下：

一种纳米粒子，其特征在于对感兴趣的分析物的敏感，并且包含与结合到导电核的多个配体接触的导电核。此外，还公开了包含本发明的纳米颗粒的化学电阻传感器及其使用方法，例如用于检测气态样品中的目标分析物。由于传感器材料的不均匀性，这些化学电阻传感器对每次测量后所需的清洁和再生循环很敏感。与其他有机配体相比，这些硫醇形成相对稳定的键，但它们不够稳定并且会随着时间的推移发生解离。

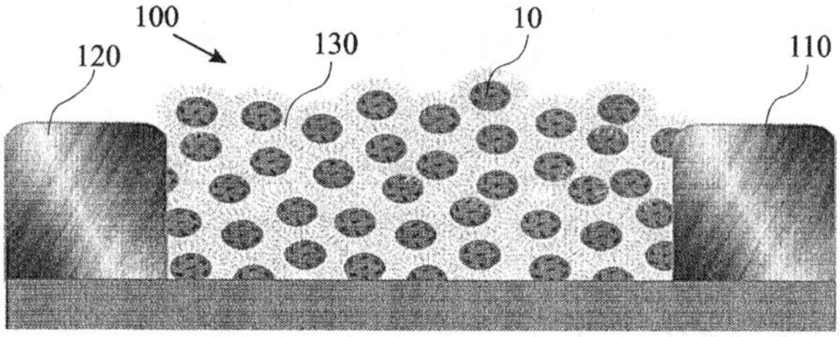

图 6-14　US20230124527A1 附图

2. US20230073767A1 用于收集和感测挥发性化合物的系统和方法

如图 6-15 所示，本专利摘要内容如下：

用于收集和感测挥发性化合物（VC）的系统和方法。系统可以包括用于收集 VC 源的收集单元；用于盛装收集的 VC 源的容器；一个或多个气味记录器，包括至少一个用于检测 VC 的传感器；以及用于经由容器向一个或多个气味记录器递送包含从源收集的 VC 的气体的递送单元。任选地，包含 VC 的输送气体的第一部分可用于再生一个或多个气味记录器，并且包含 VC 的输送气体的第二部分可用于由一个或多个气味记录器感测 VC。

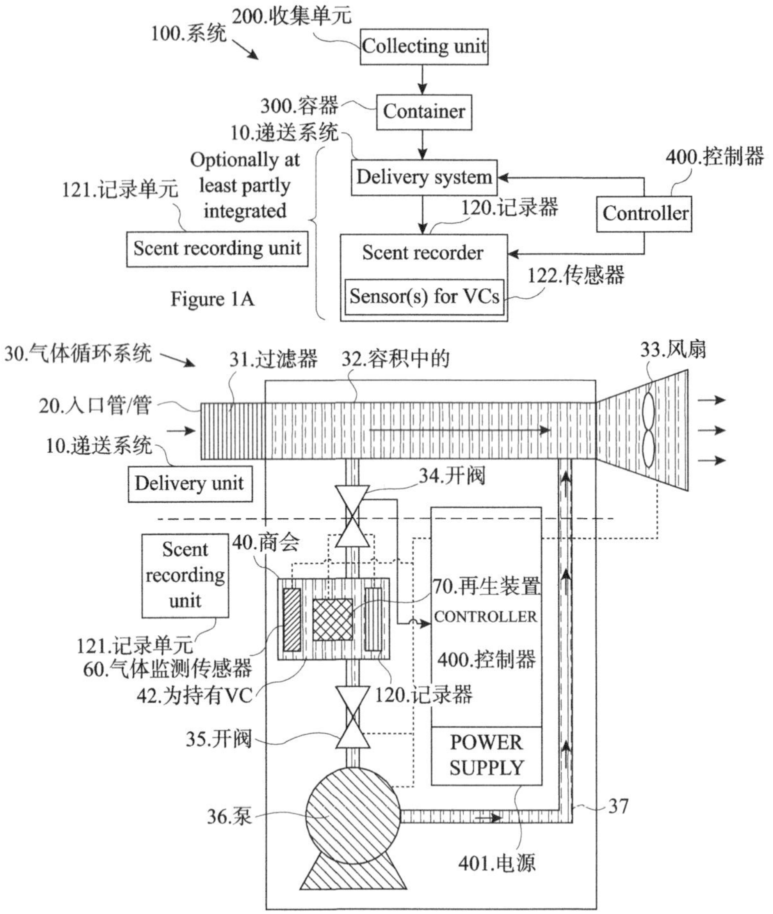

图 6-15　US20230073767A1 附图

3. US20220412952A1 使用化学电阻器改善健康

本专利摘要内容如下：

使用气味读取器 / 记录器从受试者获得的样本分析受试者的微生物组的方法，该气味读取器 / 记录器检测并记录样本顶部空间中的气味并生成可以使用机器分析的传感器信号模式学习技巧。还提供了检测受试者微生物组概况变化的方法，以及向受试者提供健康和营养建议的方法。

4. US20220221435A1 挥发性化合物鉴别方法和装置

本专利摘要内容如下：

一种挥发性化合物传感装置。传感装置可以包括：一个或多个气味记录器，每个气味记录器包括：多个传感器，其中至少两个具有基本相同的化学成分并且在至少一个已知的物理属性上不同；控制器；以及用于将一个或多个气味记录器连接到控制器的电极。至少一种已知的物理属性可以选自：传感器的厚度、传感器的层覆盖率、层居中、层形态、传感器的孔隙率、传感器的曲折度、传感器的粒度、传感器的粒子分布、厚度均匀性、有机配体导电颗粒涂层、电极尺寸、电极之间的间隙和传感器表面的水接触角。

5. US20210231627A1 化学电阻传感器的传感元件及制造方法

如图 6-16，本专利摘要内容如下：

一种用于化学电阻传感器的传感元件和制造这种传感元件的方法。传感元件可以包括：一个或多个第一类型的 3D 元件，每个包括第一类型的化学电阻颗粒；以及一种或多种第二类 3D 元件，每个包括第二类化学电阻颗粒。一个或多个第一类型 3D 元素中的至少一个和一个或多个第二类型 3D 元素中的至少一个可以具有一个或多个接合面。第一类型的化学电阻器颗粒可以与第二类型的化学电阻器颗粒的区别在于以下至少一项：一种类型的纳米颗粒核心和一种与每个纳米颗粒核心键合的有机配体。

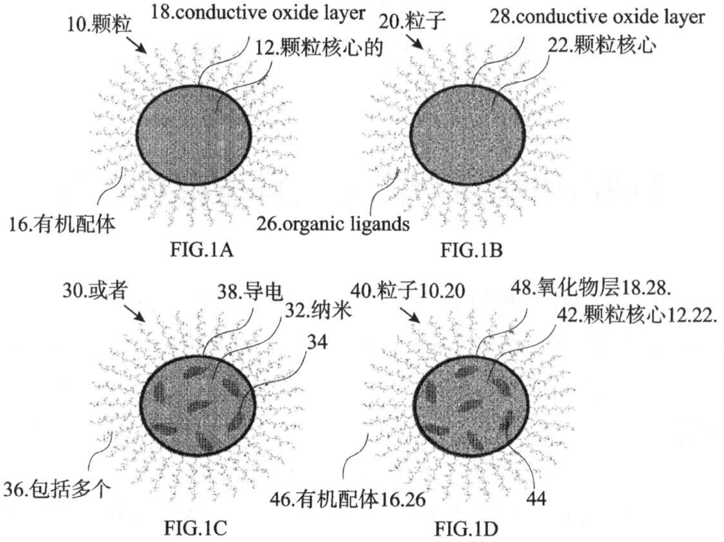

图 6-16　US20210231627A1 附图

6. WO2021079366A1 一种从液体中收集和检测挥发性化合物（VCS）的系统和方法

如图 6-17 所示，本专利摘要内容如下：

一种用于从液体中收集和检测挥发性化合物（VCS）的系统。该系统可包括：至少一个湍流单元，用于在含有至少一种 VCS 源的液体中引起湍流，其中，该液体位于具有至少一个入口的容器内部，该入口用于引入该液体和 至少一个风险投资来源；一个或多个气味记录器；一个或多个保持器，可连接到容器，用于保持至少一个湍流单元至少部分地浸没在液体中，以及用于将一个或多个气味记录器保持在液体表面上方。

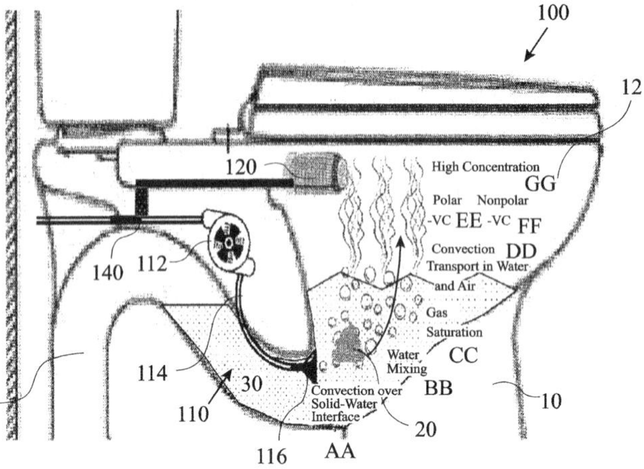

图 6-17 WO2021079366A1 附图

6.3 深圳市中核海得威生物科技有限公司

深圳市中核海得威生物科技有限公司（以下简称“深圳海得威”）是中国呼气检测技术领域拥有完整独立自主知识产权，集研发、生产和经营为一体的高新技术企业。该公司依托中国核工业集团有限公司核技术应用产业平台——中国同辐股份有限公司的资源与优势，融汇原子能科技的创新成果，一直专注于呼气检测技术的应用与创新。该公司专业生产、经营呼气试验药品及系列检测仪器，用于诊断受试者胃幽门螺杆菌感染。其主要产品包括尿素 [^{13}C] 胶囊呼气试验药盒、尿素 [^{14}C] 呼气试验药盒、^{14}C 幽门螺杆菌测试仪系列、^{13}C 呼气试验测试仪系列、呼气氢测试仪等。

6.3.1 申请趋势及全球专利布局情况

2003 年 11 月，深圳海得威自主研发的 HHBT-01 呼气氢测试仪获准上市。2003 年 10 月，深圳海得威自主研发的 HUBT-01、HUBT-20 型幽门螺杆菌（Hp）

测试仪获准上市。深圳海得威研发较早，专利布局的时间也较早，具体如图 6-18 所示。在 2005 年，HHBT-01 呼气氢测试仪上市；2011 年，其自主研发的 HCBT-01 型呼气试验测试仪上市。从专利申请时间的趋势来看，深圳海得威专利布局主要在 2010 年、2014 年、2020 年和 2022 年，随着新产品的研发上市，深圳海得威布局专利来保护，但其专利布局不稳定，2023 年专利布局数量减少是因部分专利还未公开所致。

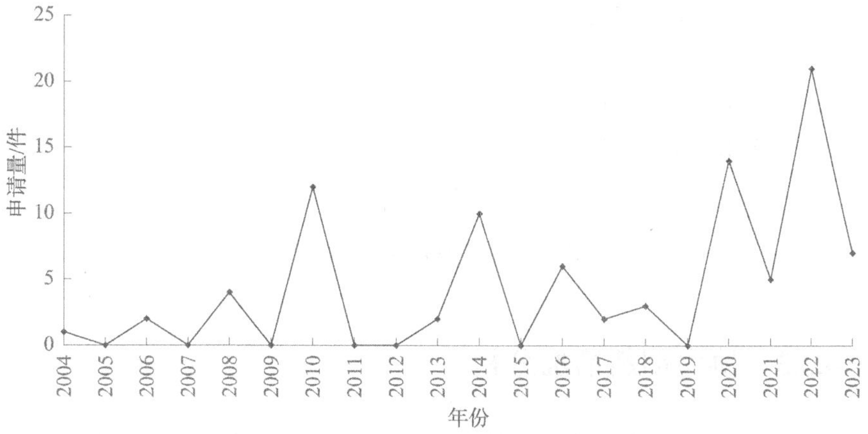

图 6-18　深圳海得威专利申请趋势

6.3.2　技术分布情况分析

由图 6-19 可以看出，深圳海得威的技术分布在呼出气体、幽门螺杆菌、催化剂、溶剂、喷嘴、结构式、甲基、甲醇、尿素和医疗仪器，以呼出气体为主。呼出气体包括一种二氧化碳采集装置、CO_2 气体检测装置、一种气体采集袋和呼气试验校验系统、一种气体采样袋及其制造方法、采集二氧化碳气体的装置以及一种用于呼气试验的气体采样袋等；幽门螺杆菌检测包括一种多功能 ^{14}C 测量装置及幽门螺杆菌检测仪、一种卡式幽门螺杆菌检测仪、固液闪烁式幽门螺杆菌检测室及一种电离式幽门螺杆菌检测仪等；催化剂具体包括一种非均相催化外消旋烯丙基醇与 1,3- 二酮的不对称烯丙基烷基化的方法、一种不对称烯丙基烷基化反应的方法以及一种自负载型手性磷酸催化剂及其合成方法等；还有少量专利布局涉及溶剂、喷嘴、结构式、甲基、甲醇、尿素和医疗仪器等。

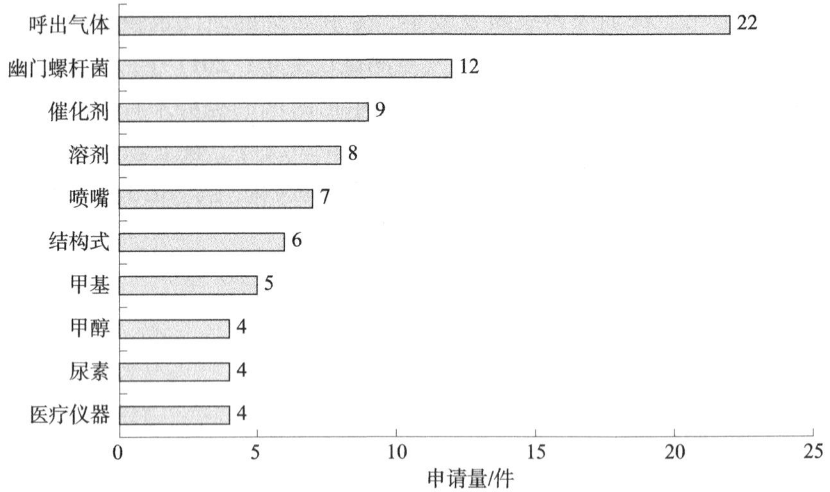

图 6-19　深圳海得威专利技术分布情况

6.3.3　协同创新情况分析

2023 年 7 月 26 日，深圳市资福医疗技术有限公司（以下简称“资福医疗”）与深圳市海得威在资福医疗深圳市南山总部举行战略合作签约仪式。呼气检测和内镜检查是消化道疾病临床诊查中相互协同的重要检测手段，是国民消化健康检查的有力工具。资福医疗和深圳海得威在服务价值和产品宗旨等方面志同道合，通过本次强强联合，凭借深圳海得威多年来在呼气检测技术领域的深厚沉淀和渠道建设，基于资福医疗在胶囊式内窥镜领域的创新性技术和数字化诊查能力，双方将在市场开拓、全渠道建设、产品研发、长期战略等层面发挥各自的优势，进一步推进消化健康行业的多元融合发展和创新共赢。

上海锐翌生物科技有限公司（以下简称“上海锐翌生物”）与深圳市海得威医药有限公司（以下简称“海得威医药”）达成重要战略合作。依托上海锐翌生物科技有限公司在肿瘤精准检测领域的技术优势和海得威医药在国内的广泛渠道及资源优势，双方将在本次合作中共同致力于肠癌精准早筛市场的推广，在产品转化、商业化推广及临床应用等领域建立广泛合作，推出高效、精准、安全的肠癌筛查解决方案，助力中国癌症防控事业发展。上海锐翌生物科技有限公司创新研发的常易舒双基因甲基化肠瘤检测试剂盒（以下简称“常易舒”）是结直肠癌早期无创检测产品，基于粪便 DNA 基因甲基化检测技术，评估结直肠癌患病风险。常易舒已获批药监局三类医疗器械注册证（国械注准 20223400637），在第三方检验中心、体检机构、保险公司及临床科室实现渠道广覆盖。海得威医药隶属于深圳海得威，作为中国首家专门从事呼气试验产品研发、生产的国有生物医药企业，海得威医药扎根市场多年，尤其在消化科、胃镜室、健康管理中心、大型连锁体检机构具备优质的临床资源和渠道网络。本次合作将充分发挥海得威医药强大的商业推广能力、全国冷链配送系统、广泛的销售网络及专业销售团队的领先优势，加速推动常易舒实现从市场准入、终端覆盖到销售上量的闭环通路。

2023 年，哈尔滨工业大学（深圳）与深圳海得威举行连续制造联合实验室签约仪式。根据协议内容，校企双方将以科技创新为基础，以产学研用结合为纽带，围绕同位素系列产品，开展呼吸诊断试剂及相关医药中间体和原料药的生产、开发、工艺改进等领域的联合科研攻关。深圳海得威董事长韩全胜表示，深圳海得威专注于呼气检测技术的应用与创新，在呼气试验药品及系列检测仪器等领域取得了一系列成果，其中用于诊断受试者胃幽门螺杆菌感染的呼气试验药品及系列检测仪器占据了重要的市场地位。希望校企双方以本次签约为契机，持续加强全方位、多领域合作，为推动我国医疗卫生事业高质量发展贡献力量。哈尔滨工业大学（深圳）科学技术处主要负责人表示，学校与深圳海得威合作前景广阔，今后将在科技研发、成果转化、人才培养等方面深化务实合作，实现高水平优势互补、共同发展。目前共有 15 件专利由哈尔滨工业大学（深圳）和深圳海得威共同申请。

6.3.4　发明人情况分析

深圳海得威中心主任卿晶作为发明人，布局的专利数量最多，其专利具体包括 ^{13}CO 同位素分离尾气纯化装置及方法、一种 ^{13}C- 尿素的连续流合成方法、一种二氧化硅负载二茂铁配体及其制备方法、一种呼气冷凝液收集装置等。深圳海得威研发总监李国威作为发明人，也布局了较多专利，具体包括一种不饱和羰基或不饱和亚胺化合物的不对称 1,4- 加成方法、一种非均相催化外消旋烯丙基醇与 1,3- 二酮的不对称烯丙基烷基化的方法、一种利用 ^{13}CO 同位素分离尾气生产高丰度 ^{12}CO 的装置与方法以及一种 $^{13}CO_2$ 生产装置等。哈尔滨工业大学（深圳）理学院教授、博士生导师，深圳海得威特聘研究员游恒志教授作为发明人的专利数量也较多，具体包括一种自负载型手性磷酸催化剂及其合成方法、一种尿素连续合成系统、一种二氧化硅负载二茂铁配体及其制备方法等。其他发明人也有较多专利申请（图 6-20）。

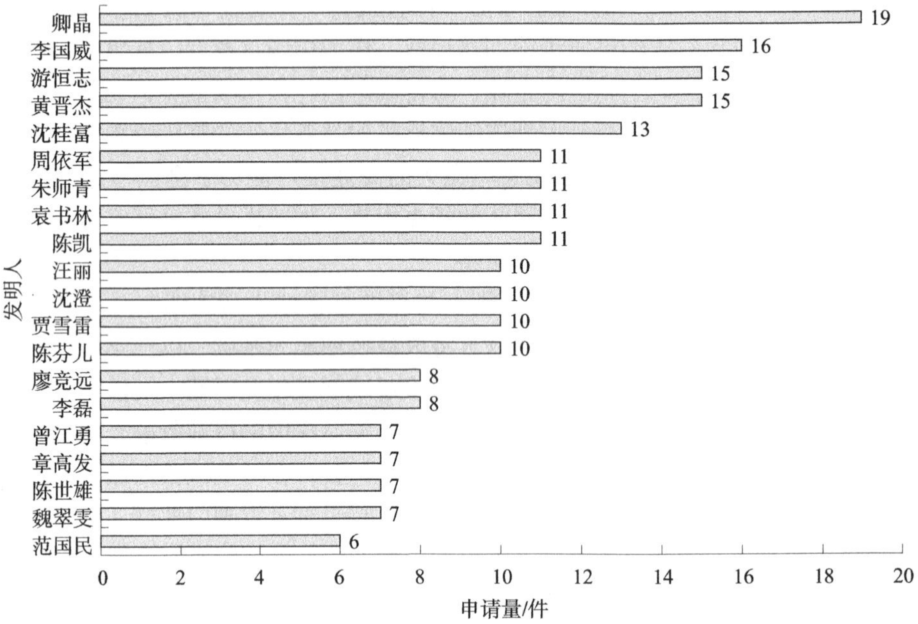

图 6-20 深圳海得威专利发明人分布

6.3.5 重点专利

深圳海得威重点专利如表 6-3 所示。

表 6-3 深圳海得威重点专利

序号	名称	公开号	申请日	法律状态
1	一种气体同位素丰度检测方法及系统	CN116482247A	2023-03-16	公开
2	一种二氧化碳采集装置	CN116473538A	2023-04-23	公开
3	一种尿素 C-14 胶囊中 C-14 的放射性核纯度分析方法	CN113866813B	2021-09-08	授权有效
4	一种闪烁瓶式呼气收集装置	CN219397354U	2022-11-14	授权有效
5	一种利用 ^{13}CO 同位素分离尾气生产高丰度 ^{12}CO 的装置与方法	CN116272368A	2023-02-28	公开
6	CO_2 气体检测装置	CN219104724U	2022-12-06	授权有效

续表

序号	名称	公开号	申请日	法律状态
7	一种可预防倒吸的呼气收集装置	CN219021282U	2022-11-01	授权有效
8	一种多功能 ^{14}C 测量装置及幽门螺杆菌检测仪	CN115956882A	2022-12-30	公开
9	一种 $^{13}CO_2$ 生产装置及生产方法	CN115536023A	2022-10-25	公开
10	一种尿素连续合成系统	CN115364808A	2022-07-26	公开
11	一种气体采集袋和呼气试验校验系统	CN216144806U	2021-04-28	授权有效
12	一种呼气冷凝液收集装置	CN216050966U	2021-08-02	授权有效
13	一种呼气检测气袋抽真空机	CN206668501U	2017-04-20	授权有效

1. CN116482247A 一种气体同位素丰度检测方法及系统

本专利摘要内容为如下：

本发明揭示了一种气体同位素丰度检测系统及方法，该系统包括气相色谱仪、质谱仪以及数据处理端，且所述气相色谱仪与所述质谱仪均与所述数据处理端连接；所述气相色谱仪与所述质谱仪串联，且待检测气体通过气相色谱仪输入。本发明在进行气体丰度检测前通过空载运行，能够有效地将气相色谱仪中残留的气体成分进行输送排出，同时还能够对待检测气体中的杂质成分进行有效过滤和分离，大大提高了 CO 气体同位素丰度的检测准确率，与出厂检测数据误差仅为 1‰。

2. CN116473538A 一种二氧化碳采集装置

如图 6-21 所示，本专利摘要内容如下：

本发明提供的一种二氧化碳采集装置，包括柔性支撑结构、第一基体元件、第一薄膜元件、第二基体元件及第二薄膜元件，柔性支撑结构具有空腔，其相对两侧开设第一通孔和第二通孔，相对两端开设有进气孔和出气孔；第一通孔处依次设置有第一基体元件、第一薄膜元件；第二通孔处依次设置有第二基体元件、第二薄膜元件，两个基体元件上附着有二氧化碳吸收剂。进行尿素呼气试验时，在呼气的作用下，基体元件带动对应的薄膜元件鼓起，使得基体元件和对应的薄膜元件紧密贴合，从而薄膜元件不会因摩擦带静电；进而使得薄膜元件不会对环境中放射性粒子进行吸附，达到避免环境中放射性粒子污染的效果，提升检测结果的特异度和准确度。

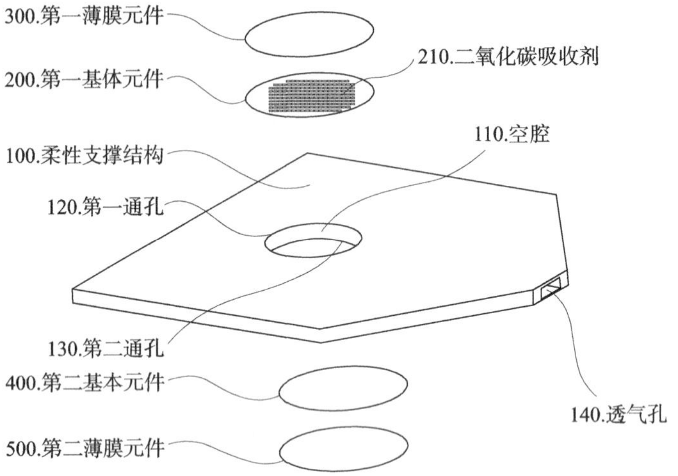

图 6-21　CN116473538A 附图

3. CN113866813B 一种尿素 C-14 胶囊中 C-14 的放射性核纯度分析方法

本专利摘要内容如下：

本发明属于放射性物质分析技术领域，涉及一种尿素 [^{14}C] 胶囊中 ^{14}C 的放射性核纯度分析方法。所述的分析方法基于 TDCR Cerenkov 测量技术，包括如下步骤：（1）拟合关系曲线的获得；（2）样品测量；（3）结果计算。利用本发明的尿素 [^{14}C] 胶囊中 ^{14}C 的放射性核纯度分析方法，能够基于 TDCR Cerenkov 测量技术，在准确校正 Co 的 Cerenkov 探测效率的基础上操作简单的准确分析尿素 [^{14}C] 胶囊中 ^{14}C 的放射性核纯度。

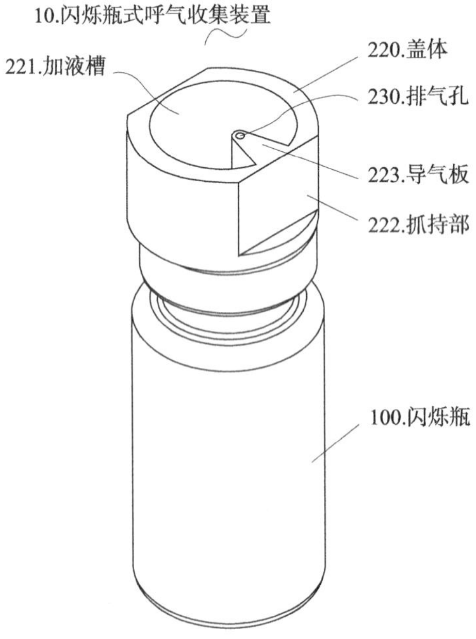

图 6-22　CN219397354U 附图

4. CN219397354U 一种闪烁瓶式呼气收集装置

如图 6-22 所示，本专利摘要内容如下：

本实用新型涉及医疗器械技术领域，具体公开了一种闪烁瓶式呼气收集装置，包括闪烁瓶及与闪烁瓶适配的连接件，连接件包括插入闪烁瓶内并用于穿插吹气管的管体，以及与管体顶部固定连接并位于闪烁瓶外侧的盖体，管体的底部设有用于刺破闪烁瓶瓶盖的锥尖部，盖体的顶面开设有与管体的内腔连通并用于滴加闪烁液的加液槽；还包括分别贯穿盖体顶面和管体末端的排气孔。该闪烁瓶式呼气收集装置通过管体锥尖部刺破闪烁瓶瓶盖，经加液槽和管体插入吹气管，无须打开闪烁瓶瓶盖，避免了因开盖造成的溶剂溅落问题；设置加液槽，解决了因闪烁瓶瓶口窄小造成的加液时溶剂溅落问题；盖体底部对闪烁瓶瓶盖破损处进行封堵，避免溶剂流出，防止受试者误吞服溶剂。

5. CN116272368A 一种利用 ^{13}CO 同位素分离尾气生产高丰度 ^{12}CO 的装置与方法

如图 6-23 所示，本专利摘要内容如下：

本发明涉及气体纯化和同位素富集领域，公开了一种 ^{12}CO 纯化富集效果好，处理后气体满足半导体行业对 ^{12}C 丰度和纯度需求，利用 ^{13}CO 同位素分离尾气生产高丰度 ^{12}CO 的装置，包括顺序连通的第一隔膜压缩机、第一中间储罐、低温吸附塔、脱轻塔、同位素富集塔、第二中间储罐及第二隔膜压缩机，低温吸附塔与脱轻塔间设有除尘器和第一过滤器，同位素富集塔与第二中间储罐间设有第二过滤器；真空泵和同位素富集塔外部的井真空夹套，真空泵抽取同位素富集塔与井真空夹套内壁间夹层内的气体，同位素富集塔包括塔体、塔体顶底部的第二塔顶冷凝器和第二塔底再沸器。及一种基于上述装置的利用 ^{13}CO 同位素分离尾气生产高丰度 ^{12}CO 的方法。

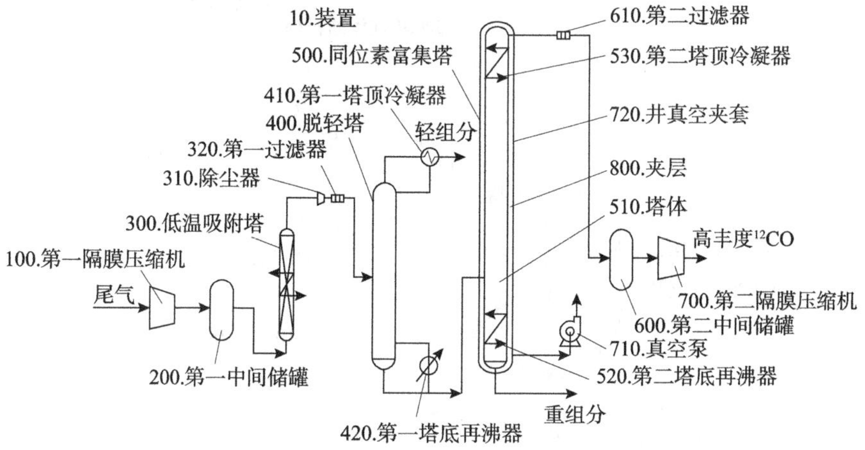

图 6-23　CN116272368A 附图

6. CN219104724U 一种 CO_2 气体检测装置

本专利摘要内容如下：

本实用新型涉及医疗器械技术领域，具体公开了一种可清除进气管路内水汽及残余采样气体、提高测量结果的准确性和稳定性并延长装置使用寿命的CO_2气体检测装置，包括至少一路进气管路、气泵、设有用于气体红外检测的光学组件的采样检测气室及的控制器，进气管路一端设有采样端口，其另一端于连通气泵的管路上设有第一电磁阀，进气管路内设有空气过滤器，还包括清洗管路，清洗管路与气泵连通的管路上设有第二电磁阀，采样检测气室输出端设有用于控制清洗气体直排大气的第三电磁阀，气泵输出端或采样检测气室的输出端设有与进气管路连通的反流管，反流管上设有第四电磁阀，第一电磁阀、第二电磁阀、第三电磁阀以及第四电磁阀分别与控制器电连接。

7. CN219021282U 一种可预防倒吸的呼气收集装置

如图 6-24，本专利摘要内容如下：

本实用新型涉及医疗器械技术领域，具体公开了一种气体吸收速度和吸收效率高、适于自动化生产的可预防倒吸的呼气收集装置，该呼气收集装置包括内部中空并具有吹气端和出气端的卡体以及与卡体的内腔连通并连接卡体的吹气端的吹气嘴，卡体的内腔设有用于承接吸收剂的吸收片，卡体的主面和背面于对应吸收片的部位分别设有透明检测窗；吹气嘴内设有单向流通机构，卡体上沿吹气方向相对设置两排锥形导气孔，两排锥形导气孔分别对应吸收片的边缘，卡体上邻近吹气端一侧的锥形导气孔的阔口端朝向单向流通机构，卡体上邻近出气端一侧的锥形导气孔的阔口端朝向出气端，两排锥形导气孔的窄口端分别朝向吸收片。

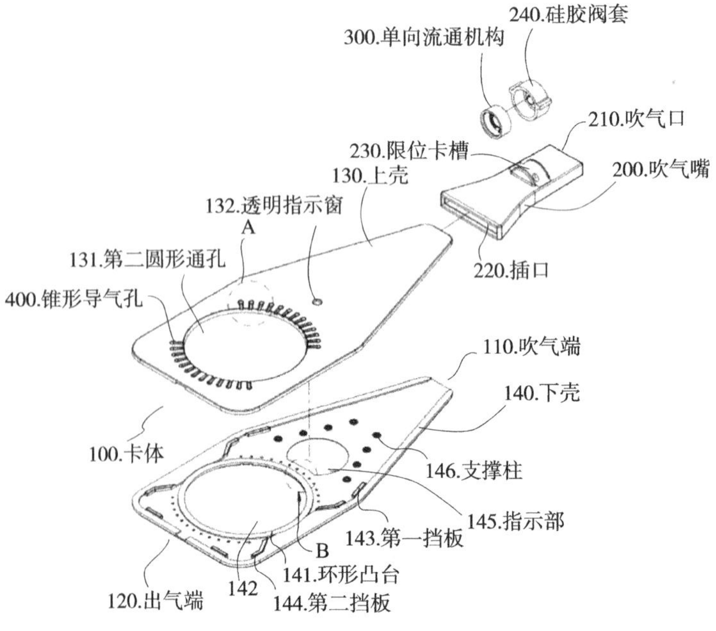

图 6-24 CN219021282U 附图

8. CN115956882A 一种多功能 ^{14}C 测量装置及幽门螺杆菌检测仪

如图 6-25 所示，本专利摘要内容如下：

本发明涉及医疗仪器技术领域，具体公开了一种利用光电倍增管检测耗材来提高探测效率和准确度、兼容支持对卡式或 / 和液闪与固闪耗材检测的多功能测量装置，包括内部设有对射区域的检测主体、滑动插装在检测主体上的抽屉，检测主体内于对射区域两侧相对设置两件光电倍增管，抽屉内设有用于放置待检测耗材的收容槽及于抽屉两边侧设置并与收容槽连通的两通孔，各通孔内可拆卸嵌装有一高透明塑料闪烁体；收容槽为沿抽屉长度方向延伸并贯穿抽屉顶面的集气卡槽；或收容槽为贯穿抽屉顶面并沿抽屉高度方向延伸且连通通孔的圆孔槽；或收容槽包括卡片嵌装部和瓶体嵌装部。还公开了一种包括该装置的幽门螺杆菌检测仪。

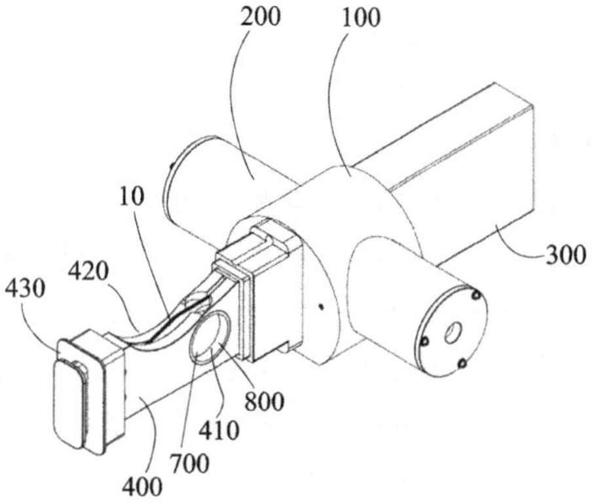

图 6-25　CN115956882A 附图

9. CN115536023A 一种 $^{13}CO_2$ 生产装置及生产方法

如图 6-26 所示，本专利摘要内容如下：

本发明涉及同位素产品加工技术领域，具体公开了一种产品纯度和收率高且生产成本低的 $^{13}CO_2$ 生产装置及生产方法，装置包括催化氧化反应器，连通催化氧化反应器输入端的氮气钢瓶、^{13}CO 气体钢瓶及氧气钢瓶，择一连通催化氧化反应器输出端的 $^{13}CO_2$ 粗品冷阱和 $^{13}CO_2$ 产品冷阱，$^{13}CO_2$ 粗品冷阱与 $^{13}CO_2$ 产品冷阱合流后择一连通 $^{13}CO_2$ 粗品钢瓶和 $^{13}CO_2$ 产品钢瓶，催化氧化反应器输出端连通分析设备。该方法包括：催化剂、氧气和 ^{13}CO 气体在催化氧化反应器中催化氧化反应并获得 $^{13}CO_2$ 粗品；收集 $^{13}CO_2$ 粗品并取样分析产品是否合格；对产品降温使 $^{13}CO_2$ 转变为固体，抽真空并升压，除去产品的杂质并装瓶。

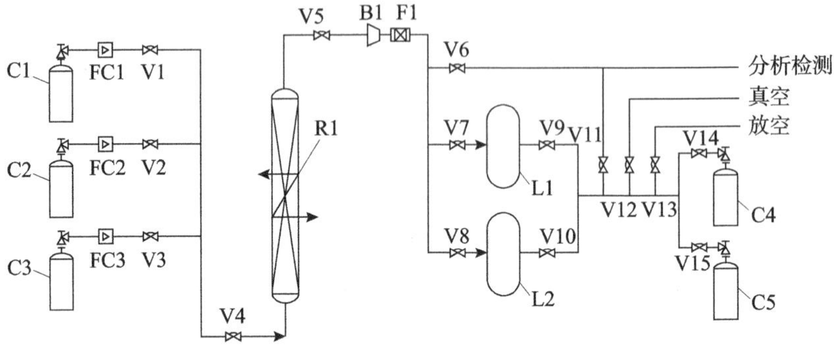

图 6-26　CN115536023A 附图

10. CN115364808A 一种尿素连续合成系统

如图 6-27 所示，本专利摘要内容如下：

一种尿素连续合成系统包括反应器、混合缓冲罐、进料泵、调压阀、第一换热器及背压阀，混合缓冲罐用于容置第一原料，进料泵用于将混合缓冲罐内的第一原料泵送至反应器内，调压阀与反应器连接，调压阀用于传输第二原料，并调节第二原料的压力，第二原料为气体，第二原料经调压阀传输至反应器内，并与反应器内的第一原料发生反应，以生成预设产物，第一换热器与反应器连接，第一换热器用于将反应器内的温度调节至第一预设温度，背压阀与反应器远离进料泵的一端连接，背压阀用于使尿素连续合成系统的压力保持在预设压力，本申请将反应器设置为体积更小的反应器，使得反应器的比表面积更大，进而反应器传热更好，从而避免反应器出现飞温现象。

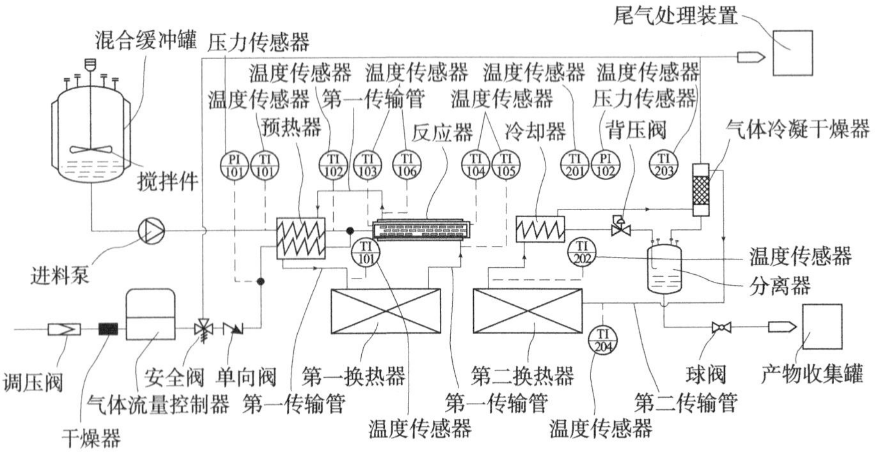

图 6-27　CN115364808A 附图

11. CN216144806U 一种气体采集袋和呼气试验校验系统

如图 6-28 所示，本专利摘要内容如下：

一种气体采集袋和呼气试验校验系统。所述气体采集袋包括周侧密封的袋体，所述袋体的中部具有用于收容气体的空腔；所述气体采集袋还包括设置在所述袋体上的阀门，所述阀门的一端与所述空腔连通，所述阀门的另一端连接有气管。充气时，可直接将气管与钢制罐装连接，充气完成后，可通过关闭所述阀门阻断所述空腔与外界的通路，从而防止空腔内的气体外泄。输气时，可将气管连通至匹配的呼气试验检测仪，然后打开所述阀门以使气体采集袋内的气体输入到呼气试验检测仪内。如此，大幅提高充气过程和输气过程的便捷性和实用性，可以有效地避免操作过程中的漏气现象，节省了成本的同时，也保证校验的准确性。

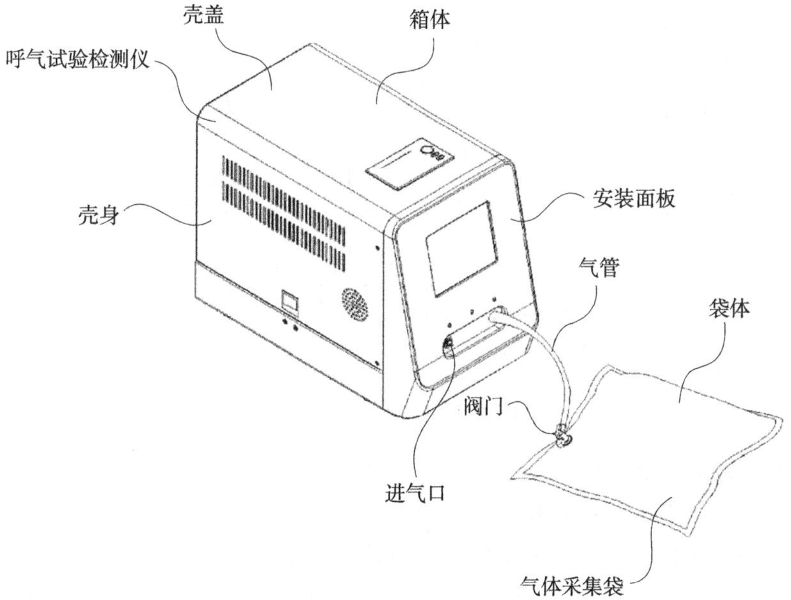

图 6-28　CN216144806U 附图

12. CN216050966U 一种呼气冷凝液收集装置

如图 6-29 所示，本专利摘要内容如下：

本实用新型涉及生物医学仪器技术领域，具体公开了一种呼气冷凝液收集装置，该呼气冷凝液收集装置包括用于采集受检者呼出气体的气体收集单元、冷凝机构、温控单元以及与箱体可拆卸连接并用于承接经由冷凝盘管冷却得到的冷凝液的液体收集单元；冷凝机构包括与气体收集单元可拆卸连接的箱体以及收容于箱体内腔并用于从气体收集单元接入气体的冷凝盘管；温控单元包括分别收容于箱体内腔的温度控制器、为温度控制器供电的电源以及控制温度控制器工作的主控制器。上述装置通过对冷凝盘管温度的调节可直接输出冷凝液，避免呼出气体泄漏或样本污染问题的发生，保证了检测样本的可靠性；可快速更换一次性收集管路，加快了检测速度，提高了检测效率。

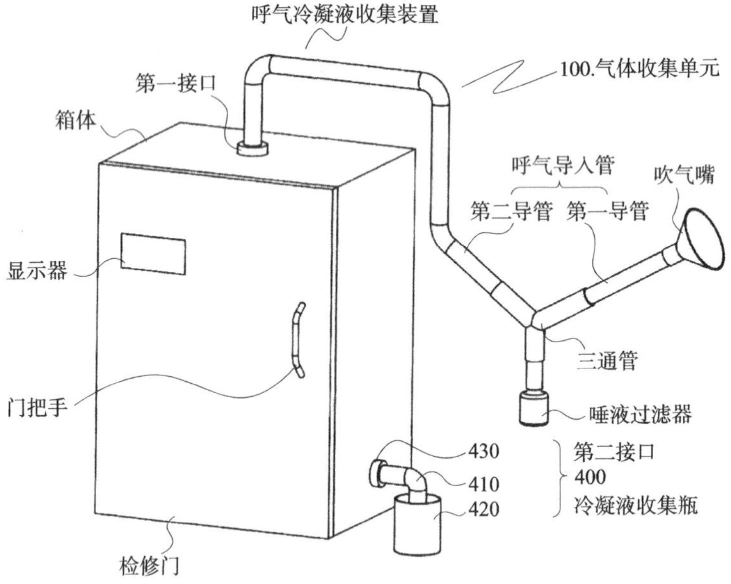

图 6-29　CN216050966U 附图

13. CN206668501U 一种呼气检测气袋抽真空机

如图 6-30 所示，本专利摘要内容如下：

本申请公开了一种呼气检测气袋抽真空机，包括外壳壳体（1）、固定于所述外壳壳体（1）上的多个进气嘴（2）、通过管路与所述多个进气嘴（2）分别连通的气体池（3）、设置在所述气体池（3）上的真空泵（4）；其中，每个进气嘴（2）上均设置一个轻触开关（5），每个所述轻触开关（5）均与所述真空泵（4）电连接。该抽真空机可以实现全自动多路控制，高效，方便、快捷、实用，只需将气袋插入进气嘴，抽真空完成后拔出即可进行下一个，多路气袋可同时进行。

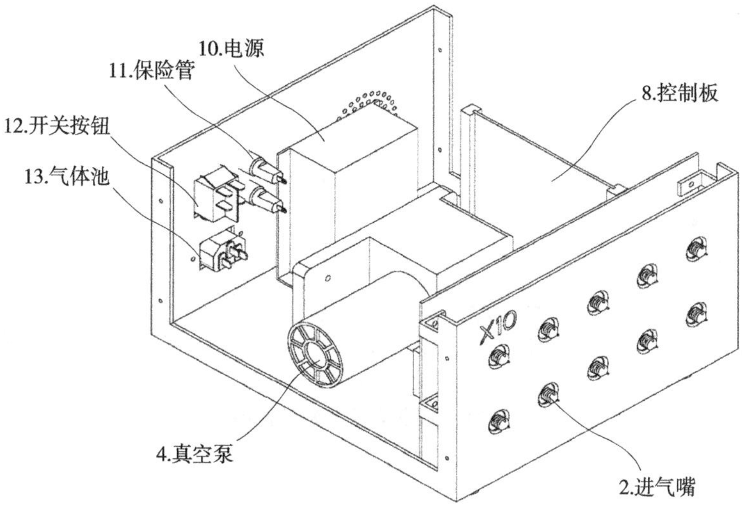

图 6-30　CN206668501U 附图

6.4　北京华亘安邦科技有限公司

北京华亘安邦科技有限公司（以下简称“北京华亘”）成立于 2002 年 7 月，总部位于北京 798 艺术区。该公司致力于高科技医疗产品的研发、制造、销售与服务，在北京、广州、泰州均建有研发及生产基地。旗下全资子公司如下：北京华亘医学检验实验室有限公司、华亘智能医学研究院（北京）有限公司、广州华亘朗博药业有限公司、广州华友明康光电科技有限公司、江苏华亘泰来生物科技有限公司、华亘致远（香港）有限公司。该公司服务于消化、内镜、健康管理等多个领域，致力于消化道早癌的防治，拥有多件消化道疾病诊疗系列产品，如 ^{13}C 呼气检测仪、幽门螺杆菌诊断试剂盒、MiroCam 胶囊内镜检查、碳氢呼气一体分析仪、PG Ⅰ/PG Ⅱ早癌筛查、海立克粪便抗原检测幽门螺杆菌等。

6.4.1　申请趋势及全球专利布局情况

由图 6-31 可知，北京华亘在 2015 年之前仅有少量的呼气检测方面的专利布局，在 2020 年专利申请的数量最多，最近两年专利申请量又有所下降是由于部分专利未公开所致。

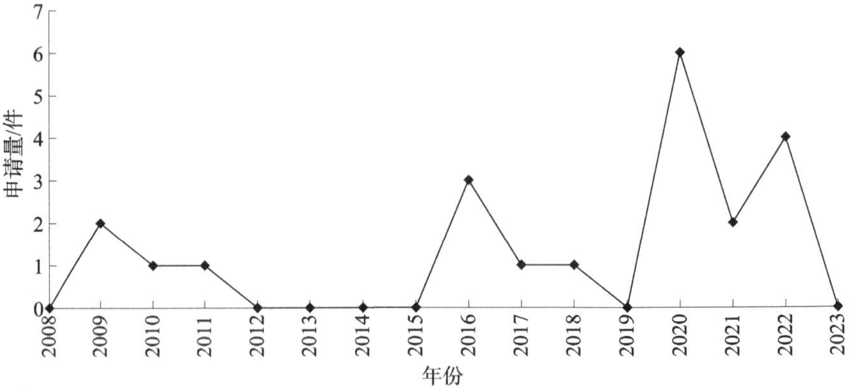

图 6-31　北京华亘专利申请趋势

6.4.2　技术分布情况分析

从图 6-32 可以看出，北京华亘在呼气检测方面主要布局在光路、装置、二氧化碳、吸收池、气体吸收及检测、激光、氮气、医疗器械、导管、中红外等，其中以光路、二氧化碳、气体吸收及检测为主。光路包括一种二氧化碳同位素检测设备、一种高丰度 $^{13}CO_2$ 标准气体制备方法、智能气样扩展件等，二氧化碳包括肠道菌群呼气分析系统、一种二氧化碳同位素检测设备、气体分析仪器浓度参数自校准系统等，气体吸收及检测包括一种气体吸收池、一种呼出气体分离装置及呼出气体采集装置、气体检测装置等，还有少部分专利与激光、氮气、医疗器械、导管、中红外等技术相关。

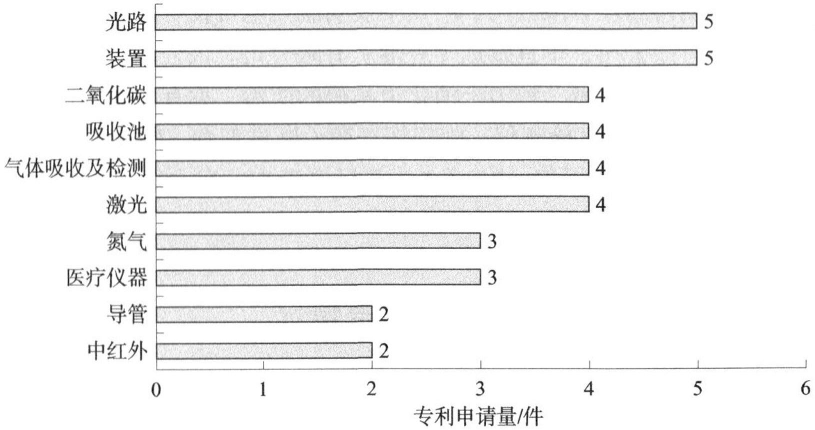

图 6-32　北京华亘专利技术分布情况

6.4.3　协同创新情况分析

2019 年兰州大学第二医院和北京华亘合作共建的“消化道智能诊疗装备创研平台”在兰州大学第二医院揭牌成立。一种胆道摄影导管系统及使用方法与一种用于磁控有线传输胶囊内窥镜的辅助导管是兰州大学第二医院与北京华亘共同申请的。

6.4.4　发明人情况分析

龚爱华是北京华亘的法定代表人，其作为发明人申请的专利数量最多，其次是吕品、张金秋、李淑娟，吕品。张金秋、李淑娟作为发明人的专利包括试管进样器、肠道菌群呼气分析系统、一种气体浓度的检测方法和装置、气体采样器、一种用于气体检测的气路结构等；其他人作为发明人也有专利布局，但专利申请数量相对较少（图 6-33）。

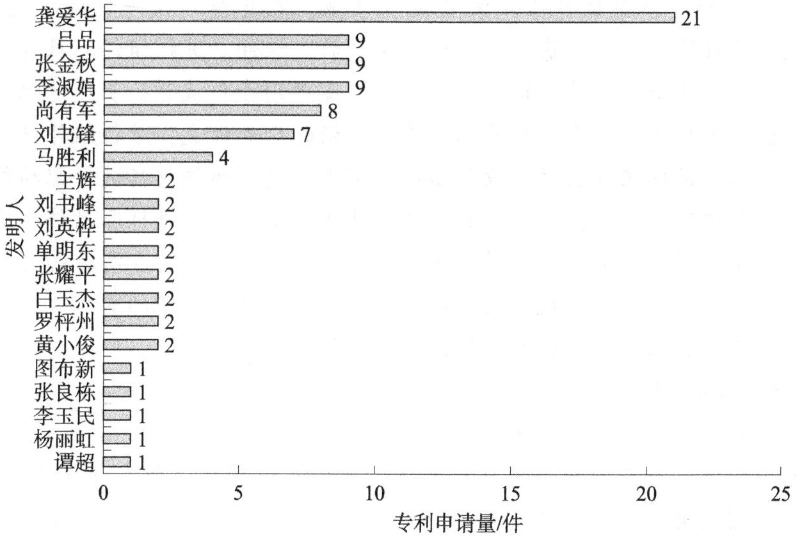

图 6-33　北京华亘专利发明人分布

6.4.5　重点专利

北京华亘重点专利如表 6-4 所示。

表 6-4　北京华亘重点专利

序号	名称	公开号	申请日	法律状态
1	试管进样器	CN219533178U	2022-12-30	授权有效
2	肠道菌群呼气分析系统	CN218675000U	2022-10-21	授权有效
3	一种胆道摄影导管系统及使用方法	CN115040063A	2022-06-10	公开
4	一种用于磁控有线传输胶囊内窥镜的辅助导管	CN216754409U	2022-01-28	授权有效
5	一种气体浓度的检测方法和装置	CN114199820A	2021-12-07	公开
6	一种用于气体检测的气路结构	CN213022857U	2020-09-17	授权有效
7	一种气体吸收池	CN212964596U	2020-09-14	授权有效
8	一种呼出气体分离装置及呼出气体采集装置	CN212755723U	2020-04-29	授权有效

1. CN219533178U 试管进样器

如图 6-34 所示，本专利摘要内容如下：

本实用新型涉及试样检测装置技术领域，尤其是涉及一种试管进样器。所述试管进样器，包括：基座、整形料仓、放料组件、进样组件、抽样组件和扫描件；整形料仓与基座连接，整形料仓的宽度用于与试管的长度适配，整形料仓内设有整形板，整形板的前端低于整形板的后端设置，放料组件设置在整形板的前端；进样组件设置在放料组件的下方，进样组件包括进样驱动件、滑轨、滑台和拨动板；进样驱动件和滑轨均连接在基座上，进样驱动件与滑台传动连接以驱动滑台在滑轨上滑动；拨动板与基座连接以横跨在滑台的上方，且位于放料组件的后方；基座上设有扫描区，扫描区位于滑轨的前端，抽样组件设置在基座上且位于扫描区的一侧；扫描件设置在扫描区处。

2. CN218675000U 肠道菌群呼气分析系统

如图 6-35 所示，本专利摘要内容如下：

本申请涉及医疗器械设备技术领域，提供了一种肠道菌群呼气分析系统，包括：控制模块；电源模块，与控制模块相连，用于为控制模块提供电源；通气管路；甲烷二氧化碳检测模块，与控制模块电连接，甲烷二氧化碳检测模块的进气端和出气端均与通气管路相连通；氢气检测模块，与控制模块电连接，氢气检测模块的进气端和出气端均与通气管路相连通；显示模块，与控制模块连接。通过本申请的技术方案，肠道菌群呼气分析系统能够直接检测待测气体内的氢气、甲烷和二氧化碳和氢气的浓度信息，并将测的浓度信息传输至显示模块供医护人员查看，提高检测效率，同时操作简单，后期维护成本低，医护人员根据浓度信息判断患者的病情，便于早期诊断和治疗。

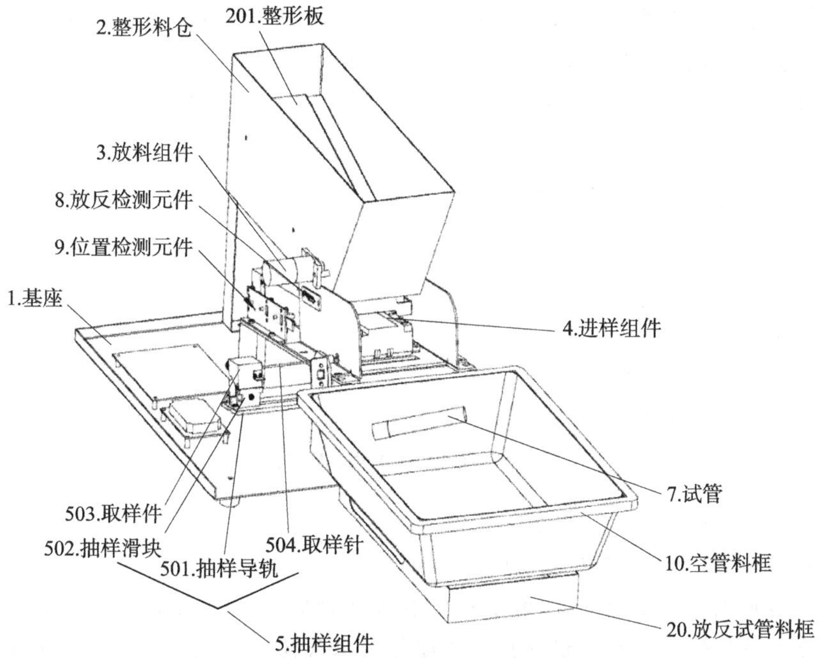

图 6-34　CN219533178U 附图

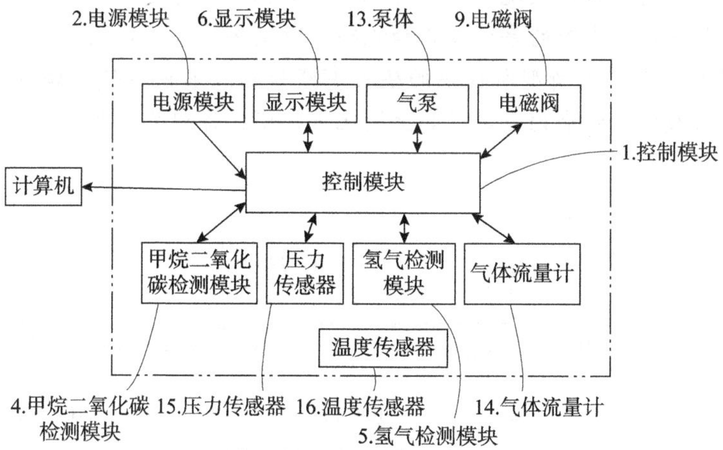

图 6-35　CN218675000U 附图

3. CN115040063A 一种胆道摄影导管系统及使用方法

如图 6-36 所示，本专利摘要内容如下：

本申请涉及一种胆道摄影导管系统及使用方法，其中胆道摄影导管系统，包括：依次连接的摄像头、连接组件、插入导管、手柄以及调向杆；所述摄像头包括摄像壳体以及设置在所述摄像壳体前端的镜头模组，所述摄像壳体的后端连接有调向钢丝，所述调向钢丝依次穿过所述插入导管及所述手柄并与所述调向杆相接。能够改变摄影头的角度，对病灶进行多角度、多方向的精细诊察，有效避免术者和患者接受大剂量 X 射线辐射。

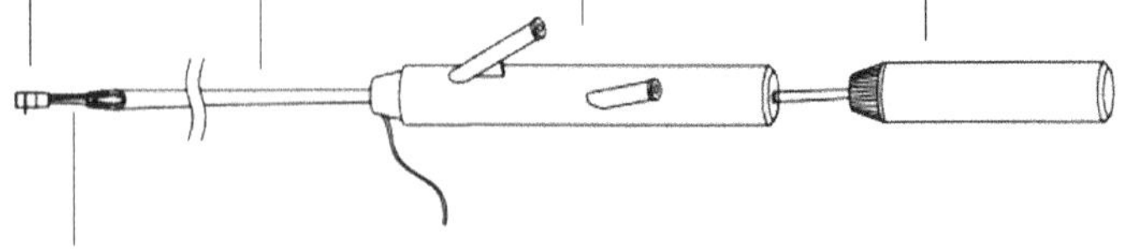

图 6-36　CN115040063A 附图

4. CN216754409U 一种用于磁控有线传输胶囊内窥镜的辅助导管

如图 6-37 所示，本专利摘要内容如下：

本实用新型公开了一种用于磁控有线传输胶囊内窥镜的辅助导管。该辅助导管包括导管本体和支撑导丝，所述导管本体为一体式结构，包括头部、尾部和体部，所述尾部的侧方和尾端各设有一通孔，所述头部能够沿着磁控有线传输胶囊内窥镜的传输线缆插入患者上消化道腔内；所述支撑导丝包括能够穿设于所述导管本体内腔的导丝本体和能够与所述导管本体的尾部通孔可拆卸连接的密封帽。本实用新型所提供的磁控有线传输胶囊内窥镜的辅助导管能够辅助磁控有线传输胶囊内窥镜提高上消化道病变，特别是早期癌的检出率及准确性。

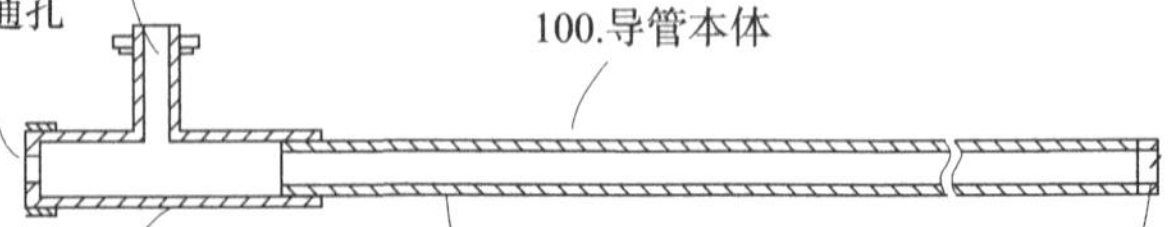

图 6-37　CN216754409U 附图

5. CN114199820A 一种气体浓度的检测方法和装置

本专利摘要内容如下：

本发明实施例提供了一种气体浓度的检测方法和装置，该方法包括：通过激光器和已知浓度的气体得到吸收光谱的光信号，并将光信号转换为电信号，去除电信号中的低频锯齿波，对电信号中的高频分量再次进行放大处理，从零相位开始对电信号中的高频信号进行采样，采样长度为一个锯齿波周期；按照正弦波二倍频的速度对采样得到的信号进行检波运算，得到同向分量；将同向分量经低通滤波获取二次谐波；基于二次谐波中最大值和预设的阈值的关系，从二次谐波中确定峰值和谷值，并根据峰值和谷值计算吸收峰强度，根据不同气体浓度和对应的吸收峰强度确定标定系数。并基于标定系数检测气体的浓度。由此，提高了气体浓度检测的准确度和速度。

6. CN213022857U 一种用于气体检测的气路结构

如图 6-38 所示，本专利摘要内容如下：

本实用新型提供了一种用于气体检测的气路结构，包括：吸收池、进气单元、出气控制阀、气缸和排气处理器；吸收池设有用于放置待测气体的密闭空腔；进气单元与密闭空腔相连通；出气控制阀的第一端与密闭空腔相连通，出气控制阀的第二端与排气处理器相连通，出气控制阀的公共端与气缸相连通。通过本实用新型实施例提供的气路结构，通过气缸可以将进气单元处的待测气体抽入至吸收池内；在进气单元截止时，气缸还可以使得吸收池处于负压状态，从而能够降低谱线线宽，可以减少气体间的吸收线的交叉干扰；在负压状态下对待测气体进行检测，能够提高检测精度。且排气处理器能够方便地排出气缸内的气体。

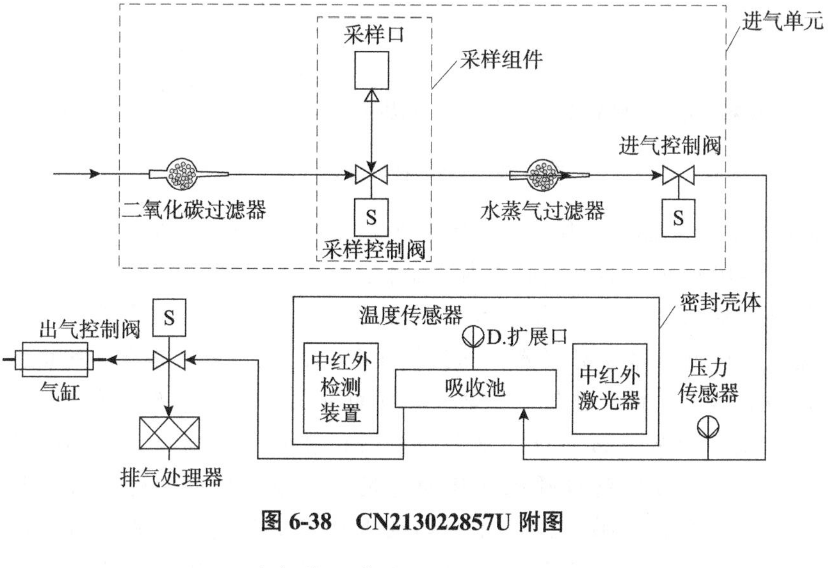

图 6-38　CN213022857U 附图

7. CN212964596U 一种气体吸收池

如图 6-39 所示，本专利摘要内容如下：

本实用新型提供了一种气体吸收池，包括：外壳、保温层、吸收池本体、第一透明窗、第二透明窗、加热膜、第一温度传感器和第二温度传感器；吸收池本体设有用于放置待测气体的密闭空腔，第一透明窗和第二透明窗分别设置在密闭空腔的两端；第一温度传感器设置在吸收池本体内，第二温度传感器设置在密闭空腔内，加热膜设置在吸收池本体外侧；保温层包覆设置在吸收池本体外侧，外壳包覆设置在保温层外侧。通过该气体吸收池，加热膜可以对吸收池本体进行加热，温度传感器分别检测吸收池本体和待测气体的温度，第二温度传感器设置能够直接测量待测气体的温度；且基于待测气体的温度可以进行温度补偿，方便基于多种因素进行温度控制，温控效果更好。

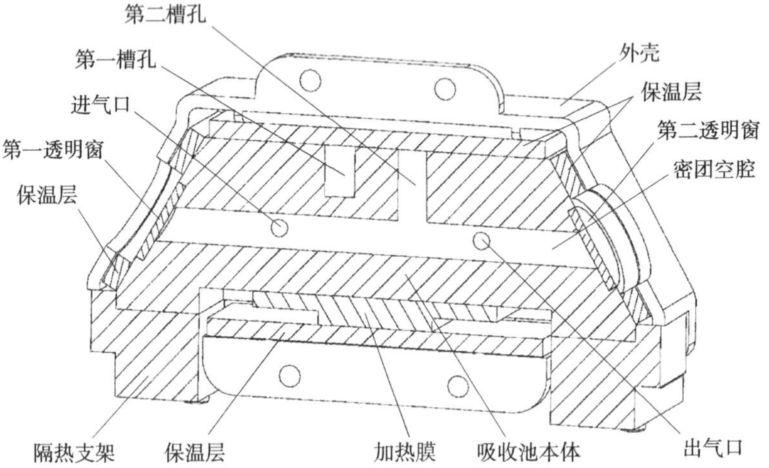

图 6-39　CN212964596U 附图

8. CN212755723U 一种呼出气体分离装置及呼出气体采集装置

如图 6-40 所示，本专利摘要内容如下：

本申请提供了一种呼出气体分离装置及呼出气体采集装置，涉及医疗器械领域。呼出气体分离装置，包括管体和单向阀。管体具有进气口、第一出气口和第二出气口；进气口、第一出气口和第二出气口两两连通。单向阀用于打开或关闭第一出气口。单向阀包括使其具有开启压力的弹性件。其中，单向阀能够在进气口呼入气体的作用下克服弹性件的弹性力以打开第一出气口。单向阀能够在弹性件的弹性力作用下关闭第一出气口。便于对呼出气体进行分离，并且单向阀的弹性件使得呼出气体分离装置能够在任意方向使用，扩大了该呼出气体分离装置的使用范围，并且适用于更多的场景。

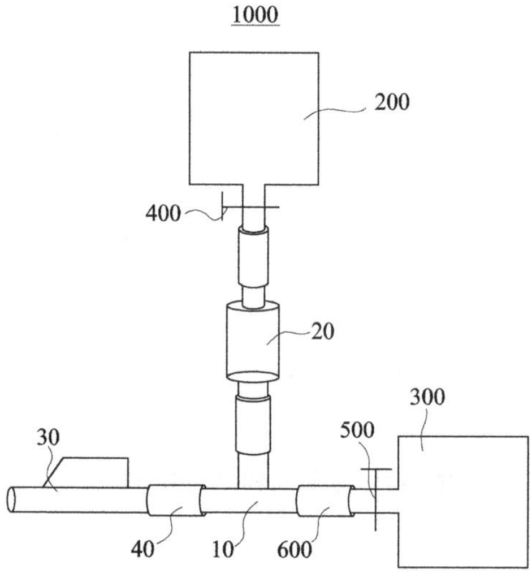

图 6-40　CN212755723U 附图

6.5　深圳市步锐生物科技有限公司

深圳市步锐生物科技有限公司（以下简称“步锐生物”）是一家专注于人体呼气检测与疾病评估研究的医疗高新技术企业，基于呼气代谢组学研究，自主研发了质谱技术与人工智能结合的人体呼气检测平台，帮助临床医生提升诊断精度和效率，为患者提供更佳的诊断体验和治疗效果。步锐生物作为呼气检测技术的领航者，未来将为国内外医疗服务机构提供一种更精准、更快速、更简便、更经济、高依从、高通量的多病种筛查及鉴别诊断解决方案。

6.5.1　申请趋势及全球专利布局情况

从图 6-41 可以看出，步锐生物在 2019 年之前申请专利的数量较少，在 2020 年、2021 年、2022 年申请的专利数量较多。2018 年，步锐生物成立，2019 年，步锐生物试验产品 Scent-I 与医院合作研究，开启肺结核、肺癌和食道癌的大规模样本检测，因此专利主要布局在 2020—2022 年。

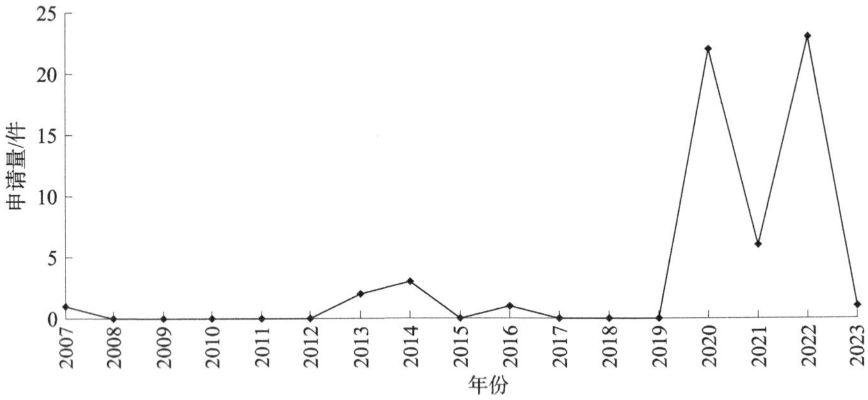

图 6-41　步锐生物专利申请趋势

6.5.2　技术分布情况分析

由图 6-42 可以看出，步锐生物的技术主要包括质谱、光谱仪、呼出气、电离、旋转阀、电极、真空紫外线。质谱包括一种质谱领域用多光源的电离源结构、一种提高人体呼出气检测维度的质谱采样装置及方法、一种用于质谱的阵列式离子源、真空密封离子源及质谱仪等；呼出气相关装置包括手持式呼出气采集装置、一种手持式呼出气采样器自充电维护装置、一种医用人体末端呼出气的采样装置、一种呼出气气袋自动清洗装置、呼出气中代谢差异物的检测系统及方法、基于呼出气检测的疾病风险评估方法、装置及相关产品等；电离、旋转阀、电极、真空紫外线也有少量专利布局。

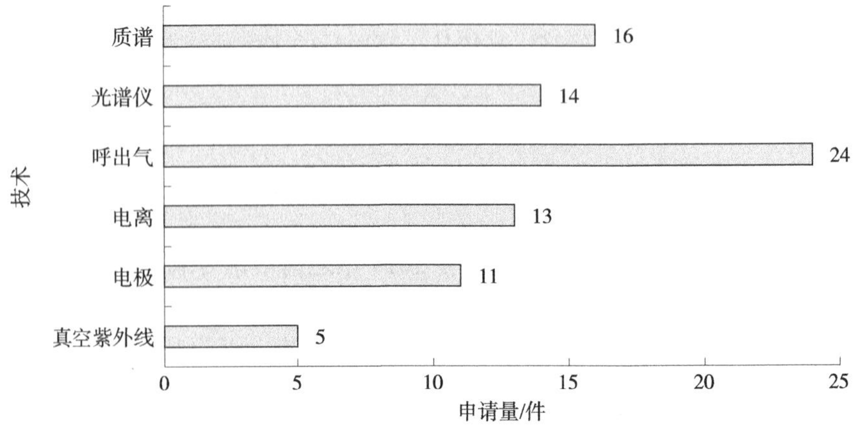

图 6-42　步锐生物专利技术分布情况

6.5.3　协同创新情况分析

目前其所有专利的专利权人均是步锐生物。

6.5.4　发明人情况分析

步锐生物董事王东鉴和李庆运作为发明人申请的专利数量最多，其专利包括一种多真空光源测试装置、一种质谱领域用多光源的电离源结构、一种医用人体末端呼出气的采样装置、一种多模式离子化装置、一种人体呼出气的筛选采集装置等；其他人作为发明人也有专利布局，但专利申请数量相对较少（图 6-43）。

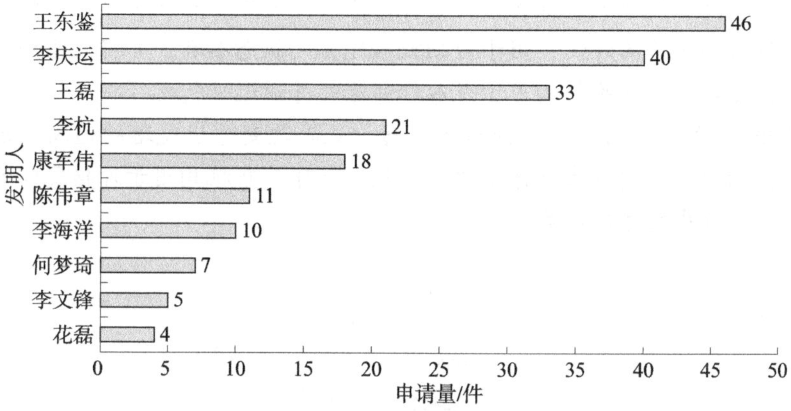

图 6-43　步锐生物专利发明人分布

6.5.5　重点专利

步锐生物重点专利如表 6-5 所示。

表 6-5　步锐生物重点专利

序号	名称	公开号	申请日	法律状态
1	手持式呼出气采集装置	US20230293043A1	2020-07-01	公开
2	一种手持式呼出气采样器自充电维护装置	CN112773409B	2020-12-30	授权有效
3	一种多真空光源测试装置	CN116222761A	2022-12-30	公开
4	一种医用人体末端呼出气的采样装置	CN219048617U	2022-10-19	授权有效
5	一种人体呼出气的筛选采集装置	CN115869019A	2022-12-23	公开

续表

序号	名称	公开号	申请日	法律状态
6	一种手持式呼出气采集多参数分类采集机构	CN111781303B	2020-07-01	授权有效
7	一种用于多样本多设备同时检测的多通道进样装置	CN216747066U	2021-12-30	授权有效
8	一种提高人体呼出气检测维度的质谱采样装置及方法	CN114487081A	2022-01-12	公开

1. US20230293043A1 手持式呼出气采集装置

如图 6-44 所示，本专利摘要内容如下：

一种手持式呼出气采集装置，包括依次连接的气体接入机构、气体检测机构、旋转阀和气体采集机构，以及传感器、主处理器和反吹机构。传感器设置在气体检测机构的外侧，用于检测吸入气体的状态参数，并将采集到的数据传输至主处理器。反吹机构用于吸入外部空气并通过呼气路径将其从气体接入机构排出。 主处理器可控制旋转阀旋转，从而改变呼出气路的通断状态。气体接入机构用于过滤呼出气体中的水蒸气。气体收集机构用于外接气体收集容器，以完成呼出气体的收集。

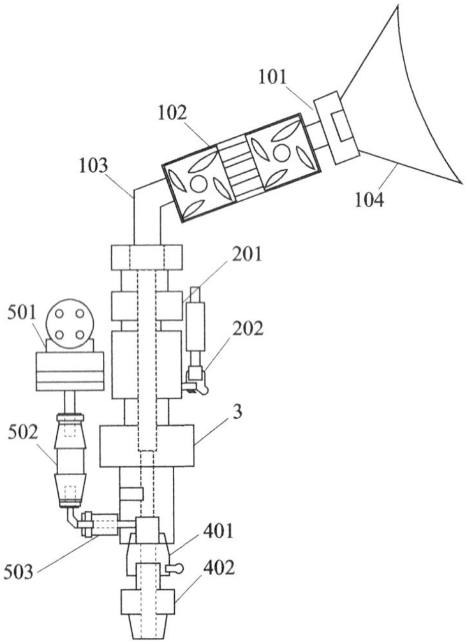

图 6-44　US20230293043A1 附图

2. CN112773409B 一种手持式呼出气采样器自充电维护装置

如图 6-45 所示，本专利摘要内容如下：

本发明提供一种手持式呼出气采样器自充电维护装置。本发明包括底座和设置于底座中的充电机构、清洁机构和控制机构，充电机构用于为手持式呼出气采样器充电，清洁机构用于为手持式呼出气采样器内部呼气管路进行清洁处理，控制机构用于控制清洁机构的运行状态，清洁机构的输出端伸出于底座的顶端，充电机构的输出端伸出于底座的顶端。本发明在手持式呼出气采样器采样结束后，可以为其快速充电，保证下次采集的可靠性和持续性。在充电过程中，通过清洁机构为手持式呼出气采样器内部呼气管路进行干燥，清除受试者在吹气后的水蒸气残留，防止水蒸气对管壁的腐蚀，同时，有效防止多名测试者呼出气采样过程中的混淆。

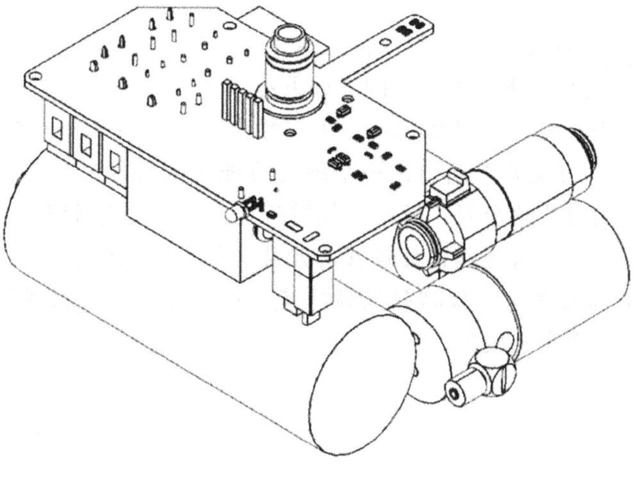

图 6-45　CN112773409B 附图

3. CN116222761A 一种多真空光源测试装置

如图 6-46 所示，本专利摘要内容如下：

本发明涉及一种测试装置，具体为一种多真空光源测试装置，属于光源测试领域，包括测试箱，测试箱的上端均匀设置有待测光源，测试箱的内部下端安装有固定装置，固定装置的上表面安装有光电管，测试箱的一侧镶嵌安装有观察窗，测试箱的一侧设置有信号处理器，信号处理器与测试箱之间相互电性连接，通过设有滑块与电路板固定装置，实现由滑块带动检测装置移动，随着电路板移动，控制装置移动到 VUV 灯下方，检测光源强度，代替传统的暗箱检测方式，简化检测操作，通过在腔体上设置密封槽及泵接口，可实现对腔体的抽真空，对相应产品可进行真空与非真空检测，适用范围多样，通过设置多个光源检测点，可实现对多个光源及不同种类光源的同时检测。

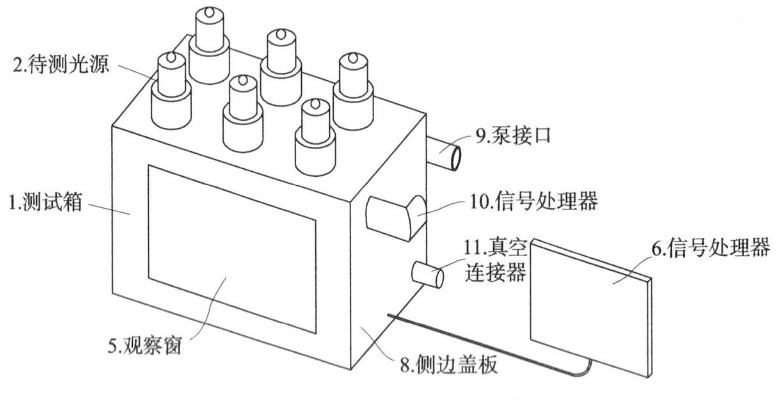

图 6-46 CN116222761A 附图

4. CN219048617U 一种医用人体末端呼出气的采样装置

如图 6-47 所示，本专利摘要内容如下：

本实用新型公开了一种医用人体末端呼出气的采样装置，其包括：气袋，所述气袋的两端均设置有阀门，一个阀门为进气阀门，另一个阀门为出气阀门，所述出气阀门为单向阀，所述进气阀门为单向阀或直通阀；在所述进气阀门为直通阀时，所述进气阀门处设置有开启 / 关闭直通阀的开关。实现有效剔除人体呼出的前段气体，保留较高纯净度的肺泡气，同时采样操作简单、便利，单次采样的成本也较低。

图 6-47 CN219048617U 附图

5. CN115869019A 一种人体呼出气的筛选采集装置

如图 6-48 所示，本专利摘要内容如下：

本发明涉及气体采集装置，具体来说是一种人体呼出气的筛选采集装置，包括吹气采集气路、CO_2 检测计算模组、采样开关动作控制模块、气体收集模块和固定底座，吹气采集气路、CO_2 检测计算模组和采样开关动作控制模块均设置在固定底座上，吹气采集气路包括吹嘴、四通管和连接软管，CO_2 检测计

算模组包括 CO_2 传感器和主控板，采样开关动作控制模块包括马达、开关推块和开关固定架，气体收集模块包括气袋和单向阀，本发明采用电控模块加上手动更换一次性管路配件的方式，可较为方便快捷地实现人体不同阶段呼出气的自动收集，操作简单、快捷，可实现精准控制采集，从源头把控所要收集的样本纯度，以确保医疗领域气体检测精准。

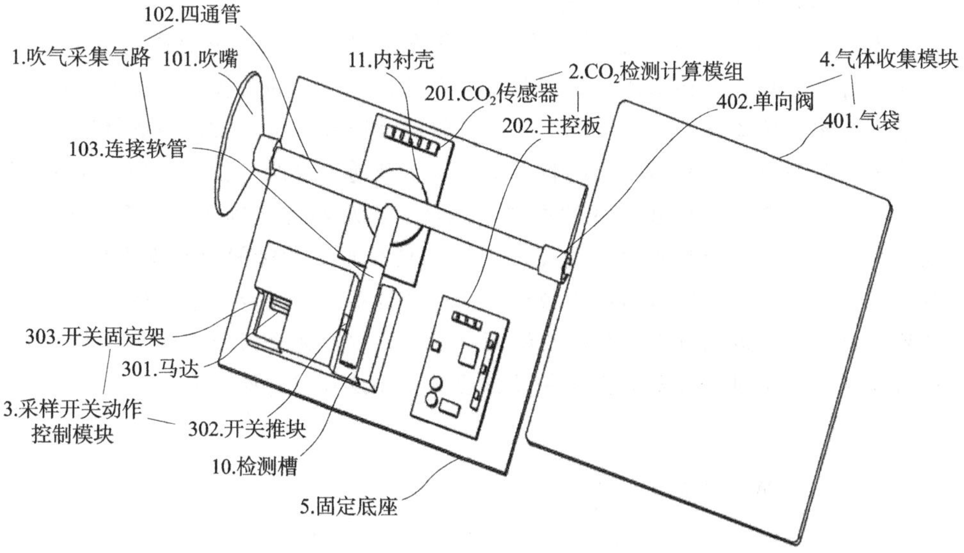

图 6-48　CN115869019A 附图

6. CN111781303B 一种手持式呼出气采集多参数分类采集机构

如图 6-49 所示，本专利摘要内容如下：

本发明提供一种手持式呼出气采集多参数分类采集机构。本发明包括：依次相连的气体呼入段、气体检测段、旋转阀和气体采集段，其间能够形成呼出气体通路，在气体检测段上设有用于检测呼入气的状态参数的传感器，还包括主处理器，所述主处理器用于基于呼入气的状态参数控制旋转阀转动，进而改变气体通路的通断状态，气体通路通畅时，呼入的气体被采集；气体通路阻断

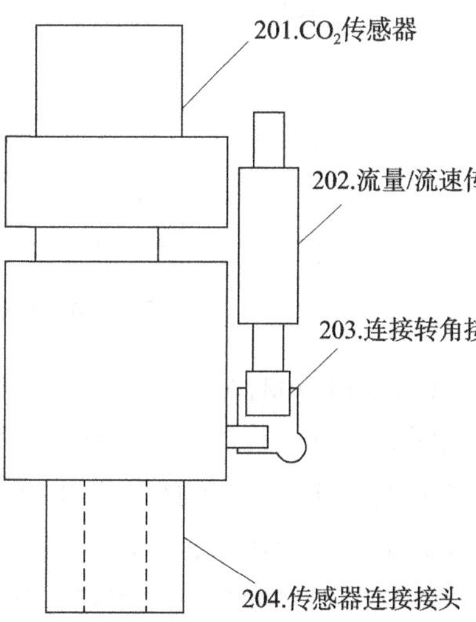

图 6-49　CN111781303B 附图

时，呼入的气体不被采集。本发明通过传感器将检测呼入气的状态参数传递至主处理器判断，从而通过电机驱动转向阀旋转角度，控制采集的气体进入废气管道或是收集管道，与现有的电磁阀控制相比，本发明整体重量轻，足够小型化、模块化，适宜在气体采样技术领域广泛推广。

7. CN216747066U 一种用于多样本多设备同时检测的多通道进样装置

如图 6-50 所示，本专利摘要内容如下：

本实用新型公开了一种用于多样本多设备同时检测的多通道进样装置，包括具有混合腔的进样本体以及密封盖合在进样本体上的盖板，进样本体设有位于混合腔内的多个导流板，多个导流板将混合腔分成进样腔、与进样腔相通的导流腔和与导流腔相通的检测腔。本实用新型通过将两种待检测样本气体导入进样腔中，两者气体在进样腔中部分混合，然后两者气体进入到导流腔中，两者气体在经过导流腔时需要更多的时间，使得更多的时间让两者气体混合，最终完全混合的气体进入到检测腔中，分别通过第一检测口、第二检测口、第三检测口和第四检测口进入到对应检测仪器中，以对完全混合的两种样本气体进行检测，以实现多样本进样充分混合后，多件设备同时检测分析。

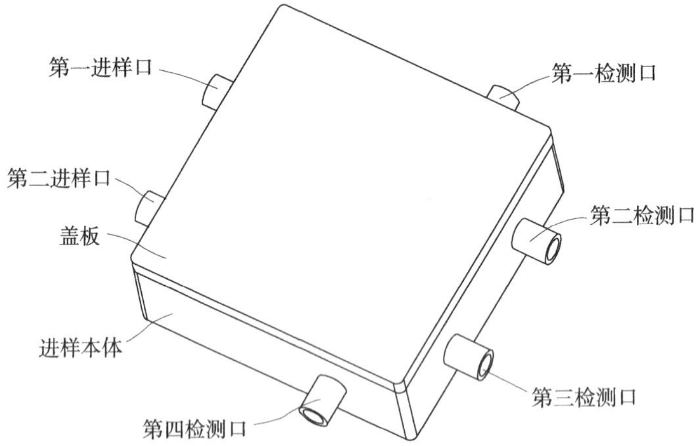

图 6-50　CN216747066U 附图

8. CN114487081A 一种提高人体呼出气检测维度的质谱采样装置及方法

如图 6-51 所示，本专利摘要内容如下：

本发明公开了一种提高人体呼出气检测维度的质谱采样装置，其包括：数据采集系统和质谱仪；除湿装置，所述除湿装置设置有吹扫气出口、样本气入口、吹扫气入口和样本气出口；气路切换阀，所述气路切换阀与所述样本气入口、样本袋连接；吹扫气装置，所述吹扫气装置与所述吹扫气入口连接；电离源，所述电离源设置有电离进样口，所述电离进样口与所述样本气出口、所述气路切换阀连接，以及其他设备；还公开了该设备对应的采样方法，实现了提高对人体呼出气检测维度的目的，并且操作简单、检测效率高。

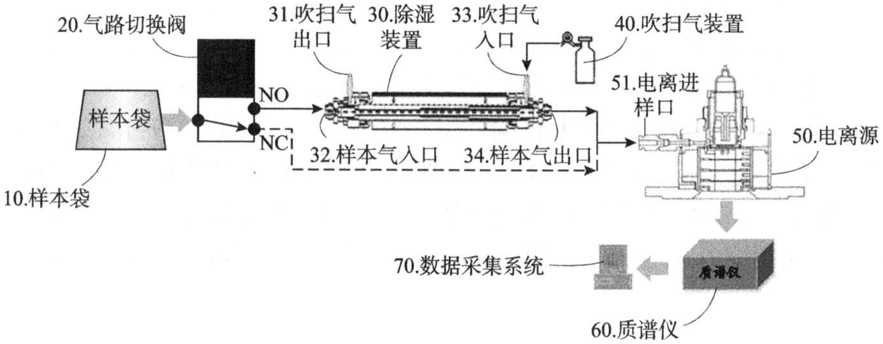

图 6-51　CN114487081A 附图

6.6　本章小结

Owlstone Medical 成立于 2004 年，是从剑桥大学工程系分离出来的，是一家向全球军事和工业客户销售 Faims 技术的营利性企业。其专利布局从 2005 年开始，但是在 2015 年之前，Owlstone Medical 申请的专利数量较少，从 2016 年开始，Owlstone Medical 申请的专利数量逐渐增长，可见 2016 年开始 Owlstone Medical 提高研发实力，开创一种新的临床诊断方法，其基于对呼气中挥发性有机化合物生物标志物的检测和分析，并且在 2018 年专利申请数量达到最高，达到 82 件专利。Nanoscent 成立于 2017 年，其联合创始人是奥伦・加夫里埃利和埃兰・罗姆；其核心技术来源于以色列理工学院，它主要利用纳米阵列电子鼻传感器和人工智能技术进行气味识别，Nanoscent 专利布局从 2019 年开始，在 2019 年该公司布局 9 件专利，2020 年布局了 8 件专利，2021 年和 2022 年布局的专利数量有所下降，是由于部分专利还未公开所致。深圳海得威是中国呼气检测技术领域拥有完整独立自主知识产权，集研发、生产和经营为一体的高新技术企业；深圳海得威专利布局主要在 2009 年、2014 年、2020 年和 2022 年，随着新产品的研发上市，该公司布局专利来保护，但其专利布局不稳定，2023 年专利布局数量减少是因部分专利还未公开所致。北京华亘安邦科技有限公司成立于 2002 年 7 月，总部位于北京 798 艺术区；

该公司致力于高科技医疗产品的研发、制造、销售与服务，在北京、广州、泰州均建有研发及生产基地，该公司在2015年之前仅有少量的呼气检测方面的专利布局，在2020年专利申请的数量最多，最近两年专利申请又有所下降，部分专利未公开所致。深圳市步锐生物科技有限公司是一家专注于人体呼气检测与疾病评估研究的医疗高新技术企业，基于呼气代谢组学研究，自主研发了质谱技术与人工智能结合的人体呼气检测平台，帮助临床医生提升诊断精度和效率，为患者提供更佳的诊断体验和治疗效果。该公司在2019年之前申请专利的数量较少，在2020年、2021年、2022年申请的专利数量较多。2018年该公司才成立，2019年该公司试验产品Scent-I与医院合作研究，开启肺结核、肺癌和食道癌的大规模样本检测，因此专利主要布局在2020—2022年。

第 7 章　天津市呼出气体检测产业发展路径导航

为了加快天津市呼出气体检测产业的持续健康发展，基于产业发展方向和天津市现状定位的结论，通过产业发展路径规划、技术创新及引进路径、企业整合培育路径、人才培养及引进路径引导天津市呼出气体检测产业的发展，为天津市政府和企业提供可行的产业发展路径。

7.1　天津市呼出气体检测产业导航规划建议

7.1.1　产业结构优化路径

目前，天津市呼出气体检测产业的现状如下：天津市在呼出气体检测行业缺乏领先的龙头企业，尚未形成完整的产业链，但高校及科研院所具备较强研发实力。鉴于天津市的产业结构特点，建议天津市从以下几个方面着手来加快天津市呼出气体检测产业的持续健康发展。

1. 强化产业链优势

感知技术领域是天津市专利布局的重点，虽然现阶段这些领域的专利申请积累并未达到全国前列，但仍保持了一定的产业优势。其中，在感知技术领域，以天津大学和天津工业大学为代表的高校均具有一定产业基础和核心技术。

因此建议天津市优先考虑强化感知技术产业链优势：一方面持续引入全国优势企业，如北京谊安医疗系统股份有限公司、无锡市尚沃医疗电子股份有限公司、深圳迈瑞生物医疗电子股份有限公司、佳思德科技（深圳）有限公司、湖南明康中锦医疗科技股份有限公司等；另一方面加大感知技术设备制造商招商引资力度，优先考虑引进皇家飞利浦有限公司、瑞思迈有限公司、费雪派克医疗保健有限公司和柯惠 LP 公司等国外企业，从而形成完整的呼出气体检测产业链，形成聚集效应。此外鼓励重点企业积极进行高价值专利培育布局，实现申请数量和专利质量双提升，形成优势、示范的带头模范效应，带动更多企业、高校提高自主知识产权水平，推动行业高质量发展。

2. 弥补产业链劣势

天津市在电子电路技术和智能分析技术等领域有一定产业基础，有一定的专利基础，但未形成良好的优势，缺乏相关优势企业的带动作用。

建议天津市在产业链的劣势领域，采取消化引进吸收的方式进行二次创新，采用招商引资、人才引进和创新合作的方式，尤其在电子电路技术和智能分析技术领域要加大招商引资力度。通过招商引资的方式，引进一些国内外在这些检测领域具有一定实力的企业进行投资建立子公司或分公司，带动天津市细分检测领域的发展。天津市电子电路和智能分析产业不仅能有效填补呼出气体检测行业细分领域的空白，对打造天津市科技完整产业链也起到重要支撑作用。

3. 需重点关注的专利

对呼出气体检测产业发生过专利诉讼、专利无效和专利许可的专利进行人工筛选，确定范围需重点关注的专利 23 件（表 7-1）。从产业链环节来看，涉及传感原理 9 件，涉及气体检测模块 10 件，涉及智能算法 4 件。

表 7-1　需重点关注的专利

序号	公开（公告）号	领域	名称	申请日	专利权人
1	CN100998902B	传感原理	流量监测与控制的装置	2006-01-13	深圳迈瑞生物医疗电子股份有限公司
2	CN101366672B	传感原理	呼吸流量传送系统、呼吸流量产生设备及其方法	2008-08-14	瑞思迈有限公司
3	CN102326078B	传感原理	包括含有涂覆的导电纳米颗粒的传感器阵列的通过呼气检测癌症	2010-01-10	技术研究及发展基金有限公司
4	CN103338807B	传感原理	自动的流体输送系统及方法	2011-08-09	加利福尼亚大学董事会
5	CN103619390B	传感原理	具有通气质量反馈单元的医疗通气系统	2012-05-16	佐尔医药公司
6	CN1170602C	传感原理	助呼吸用装置	1999-09-03	乔治斯·鲍辛纳克
7	CN201469275U	传感原理	组合式肺功能自测器	2009-07-06	温州康诺克医疗器械有限公司
8	CN201852843U	传感原理	智能警用呼气酒精含量检测取证装置	2010-10-27	方恺

续表

序号	公开（公告）号	领域	名称	申请日	专利权人
9	CN2641658	传感原理	带有无线打印功能的酒精测试仪	2003-08-27	深圳市威尔电器有限公司
10	CN101366672B	气体检测模块	呼吸流量传送系统、呼吸流量产生设备及其方法	2008-08-14	瑞思迈有限公司
11	CN103619390B	气体检测模块	具有通气质量反馈单元的医疗通气系统	2012-05-16	佐尔医药公司
12	CN111449657B	气体检测模块	图像监测系统和肺栓塞诊断系统	2020-04-15	中国医学科学院北京协和医院
13	CN208031231U	气体检测模块	一种幽门螺旋杆菌检测仪呼气卡	2017-12-22	辐瑞森生物科技（昆山）有限公司
14	CN208582831U	气体检测模块	面罩接头及其所应用的正压面罩	2017-11-28	宁波圣宇瑞医疗器械有限公司
15	CN215780723U	气体检测模块	呼吸机构及兽用麻醉呼吸机	2020-12-31	深圳迈瑞生物医疗电子股份有限公司
16	CN2641658	气体检测模块	带有无线打印功能的酒精测试仪	2003-08-27	深圳市威尔电器有限公司
17	CN301417120S	气体检测模块	呼气酒精测试仪（酒安 1000）	2010-05-21	潘卫江
18	CN302253237S	气体检测模块	呼气酒精测试仪（酒安 1800）	2012-05-22	潘卫江
19	CN303789959S	气体检测模块	酒精测试仪（AT112）	2016-03-28	晏玉倩
20	CN101366672B	智能算法	呼吸流量传送系统、呼吸流量产生设备及其方法	2008-08-14	瑞思迈有限公司
21	CN101366672B	智能算法	呼吸流量传送系统、呼吸流量产生设备及其方法	2008-08-14	瑞思迈有限公司
22	CN2641658	智能算法	带有无线打印功能的酒精测试仪	2003-08-27	深圳市威尔电器有限公司
23	CN2641658	智能算法	带有无线打印功能的酒精测试仪	2003-08-27	深圳市威尔电器有限公司

7.1.2　天津市企业培育

在我国产业向中高端迈进的道路上，龙头企业的带动作用越来越凸显。龙头企业能够带动产业转型升级、推动产业实现高质量发展。因此，天津市呼出气体检测产业发展需要多培育扶持龙头企业，激励企业通过技术改进实现转型升级，激发龙头企业自主创新，充分发挥其带动作用。

天津市在呼出气体检测领域，现阶段没有优势非常突出的龙头企业，建议对现有企业重点培育（表 7-2），具体如下：

表 7-2　天津市各细分领域重点培育企业及高校的专利技术

技术分支	企业名称	专利量 / 件	专利技术
传感材料设计与制造领域	河北工业大学	5	传感器材料选择
	农业农村部环境保护科研监测所	4	传感器设计及应用
	天津大学	4	传感器材料选择
传感芯片设计与制造领域	天津大学	8	传感器芯片设计
	河北工业大学	5	传感器芯片设计
	天津市圣宁生物科技有限公司	2	传感器芯片设计及应用
传感原理领域	河北工业大学	8	传感器芯片原理研究
	天津大学	8	传感器芯片原理研究
	农业农村部环境保护科研监测所	6	传感器芯片原理研究及应用
气体检测模块领域	天津大学	10	气体检测模块结构
	河北工业大学	8	气体检测模块结构
	农业农村部环境保护科研监测所	4	气体检测模块结构及原理
电源管理领域	河北工业大学	2	电源管理模块
	天津大学	1	电源管理原理
	天津创嘉志豪科技有限公司	1	电源管理模块
蓝牙传输领域	河北工业大学	4	蓝牙传输理论
	橙意家人科技（天津）有限公司	2	蓝牙传输模块
	天津创嘉志豪科技有限公司	1	蓝牙传输模块
压力检测领域	河北工业大学	2	压力检测模块
	天津大学	2	压力检测理论
	天津市第五中心医院	1	压力检测模块
气体采集控制领域	河北工业大学	3	气体采集控制方法
	天津大学	3	气体采集控制方法
	天津智善生物科技有限公司	2	气体采集控制模块
信号处理领域	天津大学	4	信号处理方法
	河北工业大学	2	信号处理方法
	天津智善生物科技有限公司	2	信号处理模块

续表

技术分支	企业名称	专利量 / 件	专利技术
人机交互领域	河北工业大学	7	人机交互方法
	橙意家人科技（天津）有限公司	6	人机交互设备
	万盈美（天津）健康科技有限公司	5	人机交互设备
智能算法领域	天津大学	5	智能算法
	天津至善生物科技有限公司	4	智能算法
	天津医科大学总医院	2	智能算法与设备的结合

（1）感知原理领域

传感材料设计与制造领域重点企业及院校包括河北工业大学、农业农村部环境保护科研监测所和天津大学；传感芯片设计与制造领域重点企业及院校包括天津大学、河北工业大学和天津市圣宁生物科技有限公司；传感原理领域重点企业及院校包括河北工业大学、天津大学和农业农村部环境保护科研监测所；气体检测模块领域重点企业及院校包括天津大学、河北工业大学和农业农村部环境保护科研监测所。

（2）电路电子技术领域

电源管理领域重点企业及院校包括河北工业大学、天津大学和天津创嘉志豪科技有限公司；蓝牙传输领域重点企业及院校包括河北工业大学、橙意家人科技（天津）有限公司和天津创嘉志豪科技有限公司；压力检测领域重点企业及院校包括河北工业大学、天津大学和天津市第五中心医院；气体采集控制领域重点企业及院校包括河北工业大学、天津大学和天津至善生物科技有限公司；信号处理领域重点企业及院校包括天津大学、河北工业大学和天津智善生物科技有限公司。

（3）智能分析技术领域

人机交互领域重点企业及院校包括河北工业大学、橙意家人科技（天津）有限公司和万盈美（天津）健康科技有限公司；智能算法领域重点企业及院校包括天津大学、天津至善生物科技有限公司和天津医科大学总医院。

鉴于目前天津市呼出气体检测产业的技术创新能力不足，产业发展不均衡，产业链不完整，高校研发力度大而企业研发较少，建议对天津市的企业进行培育，提升企业竞争力。针对企业鼓励其加大品牌建设力度，支持企业整合相关资源，扩大呼出气体检测产业服务能力，加强相关仪器设备和共性技术研发，可支持其加大研发投入，进一步提升技术创新能力，寻求与国内外呼出气体检测企业差异化的发展道路，分行业、分领域细分市场，开展个性化定制服务，并鼓励和产业链上下游企业协同合作，产学研用相结合，提升呼出气体检测技术水平，鼓励其开展知识产权贯标工作，同时引导上述企业开展专利挖掘、专利布局工作，在提高专利数量的同时提高专利质量。

7.1.3 国内优势企业引进

天津市除了培育本市或本区内的重点企业外，也可以引入国内呼出气体检测领域的优势企业，壮大呼出气体检测产业规模。《天津市国民经济和社会发展第十四个五年规划和二〇三五年远景目标纲要》指出，坚持把推动京津冀协同发展作为重大政治任务和重大历史机遇。国内地区拥有一批具有核心呼出气体检测技术的创新主体，建议天津市在引进时考虑表 7-3 中的各细分行业第三方呼出气体检测领域的优势企业，并与高等院校进行合作。

表 7-3 为国内呼出气体检测领域的优势企业和高等院校，可对这些企业结合本土优势资源，利用天津市的平台进行技术引进和合作，快速扩大天津市优势特色产业的技术实力和影响力，并弥补劣势和填补空白。

表 7-3 国内呼出气体检测领域的优势企业及高校

技术分支	国内企业
传感材料设计与制造领域	深圳迈瑞生物医疗电子股份有限公司
	北京谊安医疗系统股份有限公司
	无锡市尚沃医疗电子股份有限公司
传感芯片设计与制造领域	北京谊安医疗系统股份有限公司
	浙江大学
	无锡市尚沃医疗电子股份有限公司
传感原理领域	深圳迈瑞生物医疗电子股份有限公司
	北京谊安医疗系统股份有限公司
	无锡市尚沃医疗电子股份有限公司
气体检测模块领域	深圳迈瑞生物医疗电子股份有限公司
	北京谊安医疗系统股份有限公司
	无锡市尚沃医疗电子股份有限公司
电源管理领域	深圳市步锐生物科技有限公司
	安徽养和医疗器械设备有限公司
	深圳市中核海得威生物科技有限公司

续表

技术分支	国内企业
蓝牙传输领域	奥斯通医疗有限公司
	深圳市步锐生物科技有限公司
	安徽养和医疗器械设备有限公司
压力检测领域	深圳市步锐生物科技有限公司
	奥斯通医疗有限公司
	无锡市尚沃医疗电子股份有限公司
气体采集控制领域	奥斯通医疗有限公司
	无锡市尚沃医疗电子股份有限公司
	深圳迈瑞生物医疗电子股份有限公司
信号处理领域	重庆大学
	深圳市步锐生物科技有限公司
	安徽养和医疗器械设备有限公司
人机交互领域	深圳市步锐生物科技有限公司
	安徽养和医疗器械设备有限公司
	深圳市中核海得威生物科技有限公司
智能算法领域	无锡市尚沃医疗电子股份有限公司
	中国科学院大连化学物理研究所
	浙江大学

7.1.4　国外优势企业引进路径

以加快科技创新为导向，支持外商投资参与天津市呼出气体检测产业创新体系建设，鼓励设立具有独立法人资格、符合产业发展方向的研发机构或技术转移机构。支持外商投资企业承担各级各类科技项目，建设研发中心、技术中心，申报设立博士后科研工作站，鼓励外资参与科技项目研发。鼓励企业“以民引外”“以企引外”“以侨引外”和增资扩股，积极探索设立外资产业基金，支持外资以兼并收购、设立投资性公司、融资租赁、股权出资、股东对外借款等形式参与天津市企业改组改造、兼并重组，对境外世界500强和行业龙头企业并购或参股天津市企业的重大项目，可实行“一事一议”的政策支持。支持天津市企业多渠道引进国际先进呼出气体检测技术、管理经验和营销渠道。表 7-4 列出的为国际呼出气体检测领域的优势企业及高校。

表 7-4　国外呼出气体检测领域的优势企业及高校

技术分支	国外企业
传感材料设计与制造领域	瑞思迈有限公司
	皇家飞利浦有限公司
	德尔格制造股份两合公司
传感芯片设计与制造领域	瑞思迈有限公司
	费雪派克医疗保健有限公司
	德尔格制造股份两合公司
传感原理领域	皇家飞利浦有限公司
	瑞思迈有限公司
	德尔格制造股份两合公司
气体检测模块领域	皇家飞利浦有限公司
	瑞思迈有限公司
	德尔格制造股份两合公司
电源管理领域	瑞思迈有限公司
	艾森利克斯公司
	奥斯通医疗有限公司
蓝牙传输领域	技术研究及发展基金有限公司
	加利福尼亚大学
	佐尔医药公司
压力检测领域	瑞思迈有限公司
	皇家飞利浦有限公司
	德尔格制造股份两合公司
气体采集控制领域	技术研究及发展基金有限公司
	皇家飞利浦有限公司
	佛罗里达大学
信号处理领域	皇家飞利浦有限公司
	瑞思迈有限公司
	德尔格制造股份两合公司
人机交互领域	瑞思迈有限公司
	皇家飞利浦有限公司
	佛罗里达大学
智能算法领域	皇家飞利浦有限公司
	佛罗里达大学
	德尔格制造股份两合公司

7.1.5　创新人才培养及引进路径

1. 创新人才培养路径

建议天津市优先支持本地呼出气体检测产业具有创新实力、拥有核心专利技术的创新人才，鼓励创新人才向关键产业环节集聚。

表 7-5 整理了天津市科研机构创新人才情况。可以看出，天津市呼出气体检测产业研发创新的团队人员不断壮大，研发实力不断增强。培养了一批在全国有影响力的呼出气体检测产业优秀领军人才，形成了以领军人才为核心、具有一定规模的呼出气体检测产业人才团队。因此天津市可以利用已有的人才基础，加强呼出气体检测产业人才的培养。建议天津市通过人才引进项目和产学研的对接，鼓励重点企业与科研院校共同培养实践型人才。另外，天津市呼出气体检测产业的企业要在现有人才团队的基础上，加强企业内部创新人才的培养，一方面，要积极关注内部员工的职业晋升和发展，制定技术创新奖励办法，将技术创新纳入职位考核和晋升体系；另一方面，积极鼓励骨干技术人员自主提升，定期为内部员工提供技术培训，提升员工专业技术水平，可以邀请产业资深专家学者到企业进行技术指导交流，也可以派遣员工参与产业界和学术界的课程培训学习。

表 7-5　天津市科研机构创新人才情况

技术分支	发明人	所属单位	申请量 / 件
传感材料设计与制造领域	韩杰	无锡市尚沃医疗电子股份有限公司	31
	戴征	湖南明康中锦医疗科技股份有限公司	14
	韩益苹	无锡市尚沃医疗电子股份有限公司	13
传感芯片设计与制造领域	韩杰	无锡市尚沃医疗电子股份有限公司	23
	李海洋	中国科学院大连化学物理研究所	22
	周小勇	深圳迈瑞生物医疗电子股份有限公司	13
传感原理领域	韩杰	无锡市尚沃医疗电子股份有限公司	39
	高锋	汉威科技集团股份有限公司	21
	戴征	湖南明康中锦医疗科技股份有限公司	19
气体检测模块领域	韩杰	无锡市尚沃医疗电子股份有限公司	57
	潘卫江	佳思德科技（深圳）有限公司	33
	高锋	汉威科技集团股份有限公司	41
电源管理领域	张杨	安徽养和医疗器械设备有限公司	14
	王东鉴	深圳市步锐生物科技有限公司	12
	龚爱华	广州华友明康光电科技有限公司	11

续表

技术分支	发明人	所属单位	申请量 / 件
蓝牙传输领域	张杨	安徽养和医疗器械设备有限公司	14
	王东鉴	深圳市步锐生物科技有限公司	12
	龚爱华	广州华友明康光电科技有限公司	11
压力检测领域	韩杰	无锡市尚沃医疗电子股份有限公司	24
	韩益苹	无锡市尚沃医疗电子股份有限公司	16
	张杨	安徽养和医疗器械设备有限公司	14
气体采集控制领域	韩杰	无锡市尚沃医疗电子股份有限公司	25
	高锋	汉威科技集团股份有限公司	18
	张杨	安徽养和医疗器械设备有限公司	14
信号处理领域	高锋	汉威科技集团股份有限公司	8
	郑建利	汉威科技集团股份有限公司	15
	张杨	安徽养和医疗器械设备有限公司	14
人机交互领域	张杨	安徽养和医疗器械设备有限公司	14
	韩杰	无锡市尚沃医疗电子股份有限公司	12
	王东鉴	深圳市步锐生物科技有限公司	12
智能算法领域	韩杰	无锡市尚沃医疗电子股份有限公司	29
	李海洋	中国科学院大连化学物理研究所	25
	蒋丹丹	中国科学院大连化学物理研究所	15

2. 创新人才引进政策

天津市要重视高端技术人才的引进，通过组建以高端技术人才为核心的技术研发团队，整合区域内产业技术研发资源，提高技术创新的效率。目前天津市已出台《中共天津市委、天津市人民政府关于深入实施人才引领战略加快天津市高质量发展的意见》《天津市“海河英才”行动计划》等政策来促进人才生态建设。

7.1.6 技术创新及引进路径

1. 技术研发方向选择

通过对天津市产业发展方向、整体态势、主要国家或地区申请热点、龙头企业研发热点的分析（表 7-6），可以看出天津市在感知技术方向有一定的发展，但是仍需进一步积累，同时在其他技术方向上存在着发展不均衡、产业聚集度不够、高端技术人才不足的问题。针对以上问题同时结合区域产业发展现状，建议天津市呼出气体检测行业优先发展技术研发热点方向，即感知技术中的气体检测模块和传感原理的研究。天津市对这些重点发展方向可以采用横向打造产业集群、优势细分产业打造上下游产业链的技术发展路径。

表 7-6　天津市技术研发方向

技术分支		天津市产业发展方案	主要国家或地区申请热点	龙头企业研发热点	天津市未来重点发展的技术方向
一级技术分支	二级技术分支				
感知技术	传感材料设计与制造	■	■		■
	传感芯片设计与制造	■	■		■
	传感原理	■	■	■	■
	气体检测模块	■	■	■	■
电子电路技术	电源管理				
	压力检测				
	气体采集控制				
	信号处理		■		
智能分析技术	人机交互				
	智能算法		■	■	

注：■代表重点或热点方向。

（1）横向打造产业集群

对天津市感知技术、电子电路技术和智能分析技术等领域进行横向汇聚，注重共性技术的融合和共享，形成大型企业和中小型企业共存发展的产业格局，在合作研发、合作申请、构建专利协同体方面建立长效机制，以技术创新同盟带动产业聚集，提升天津市呼出气体检测产业优势。

（2）优势细分产业打造上下游产业链

天津市的呼出气体检测产业可尝试发展上下游产业聚集的完整产业链。例如，在感知技术领域，天津市可依托各类传感设备产业园，引进传感设备企业或服务机构，为传感设备企业在研发生产过程中提供便利，打造集技术研发、生产加工、呼出气体检测、销售为一体的综合性专业产业园区，提供产业链、市场链、服务链一站式创新服务。

2. 技术创新发展路径

（1）自主研发

鼓励重点企业加大自主创新力度，以高端发展为目标，培育其成长为全产业链型国际巨头。

通过政策、资助、税收和奖励等综合手段，推动感知技术企业加大对产品研发、技术创新的力度。每年组织开展多项科技和知识产权等类别的项目的申报工作，推动企业研发创新项目的设立，对于企业高质量、多数量的研发创新项目在达到一定指标以后给予奖励。

鼓励重点企业充分利用专利信息等手段进行自主研发，开展技术研发、产品立项、产品上市等各个生产环节的专利态势预警评估，合理规划企业发展方向，避免技术产品侵权风险。可以委托专业的知识产权机构开展企业自有专利评估、主导产品专利态势分析等活动，把握呼出气体检测产业细分领域技术发展最新现状，调整企业技术产品的发展方向。企业也可以根据发展需求，自行开展专利导航活动，避免重复研发工作，节省研发时间，提高研发效率。

从天津市的发明人状况来看，在呼吸气检测技术领域，并没有研发实力特别突出的发明人，建议组建以高端技术人才为核心的技术研发团队，整合区域内产业技术研发资源，提高技术创新的效率。通过对这些技术领域发明人的分析与比较，建议这些技术领域可引进的相关人才见表 7-7。

表 7-7　呼吸气检测技术领域的创新人才情况

发明人	所属单位	技术领域
戴征	湖南明康中锦医疗科技股份有限公司	感知技术
韩杰	无锡市尚沃医疗电子股份有限公司	感知技术
周小勇	深圳迈瑞生物医疗电子股份有限公司	传感器制造
潘卫江	佳思德科技（深圳）有限公司	气体检测模块
高锋	汉威科技集团股份有限公司	传感器制造

（2）委托研发或联合研发

天津市企业虽然有一定专利申请，但缺乏核心技术，而以天津大学和天津工业大学为代表的科研主体在该领域具有一定的技术优势。因此，鼓励天津市呼出气体检测企业通过委托研发或联合研发的方式，通过产学研合作开展这些技术方向的研发。企业可根据自身需求，由企业提供资金，委托具有较强互补优势的大学、科研院所或其他企业实验室进行技术研发，从而能够以较低的成本获得和使用先进技术（图 7-1）。另外，企业也可以特定科研课题为载体，和高校、科研院所各派出人员组成临时性研发团队，由企业提供资金开展合作研发；或者企业和高校、科研院所联合申请国家科技项目开展合作研发（图 7-2）。企业还可以与科研机构、高校分别投入一定比例的资金、人力或设备共同建立联合研发机构、联合实验室和工程技术中心等科研基地（图 7-3）。共建科研基地形式可以促使各方优势资源有机结合，共同开发研究新产品、新技术，提高各方的核心技术和竞争实力，是一种长期性战略平台。

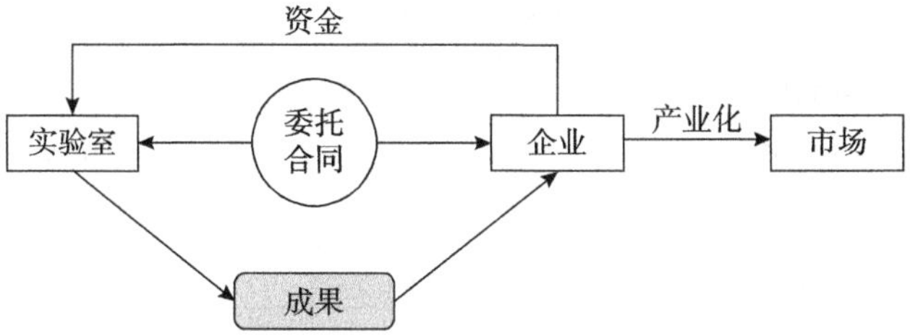

图 7-1　企业委托研发运行形式

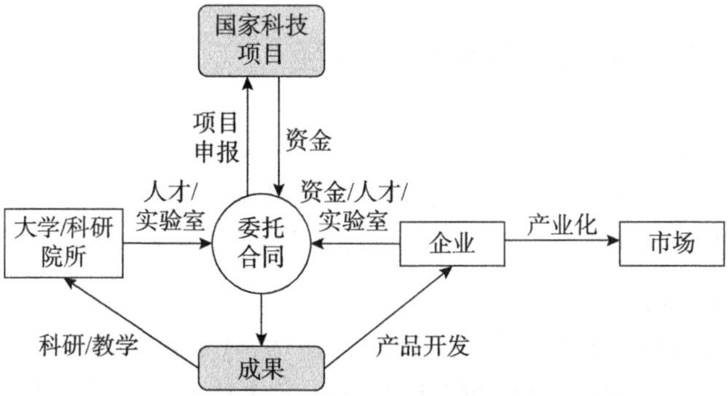

图 7-2　企业和科研单位联合研发运行形式

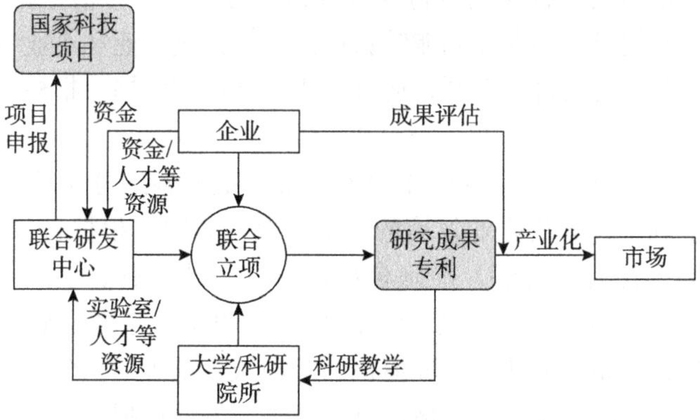

图 7-3　企业和科研单位共建科研基地形式

（3）技术引进——引进国际先进技术，快速提升自身实力

医疗检测的基因检测分支方面，天津市无优势企业，建议加强招商引资工作，引入各细分领域的优势企业，尤其是国外优势企业。建议重点引进的国内外优势企业见表 7-8。

表 7-8 优势企业

企业名称	申请数量 / 件	专利技术方向
皇家飞利浦有限公司	1 034	检测算法及结构
瑞思迈有限公司	778	检测算法及结构、检测面罩
德尔格制造股份两合公司	433	检测算法及结构、检测面罩
费雪派克医疗保健有限公司	325	检测算法及结构、检测面罩
柯惠 LP 公司	274	检测算法及结构

7.1.7 专利布局及专利运营路径

1. 专利布局路径

相对于北京、上海、深圳等城市，天津市在呼出气体检测产业各细分领域的专利申请量明显落后，核心专利较少，专利质量有待提高。

（1）提升专利质量

转变专利布局是改变以量为先的观念，稳抓专利质量，实现专利申请从量到质的转变。专利申请文件撰写时应充分考虑技术、产品对市场的垄断，尽可能维护企业利益，扩大保护范围，对可能的技术方案、技术路线进行仔细研究和分析，在申请文件提交前进行新颖性检索分析，学习借鉴相关先进技术，突显自身的技术优势，确保专利能够获得授权，促进行业和企业专利质量的提高。着力培育企业的高价值专利，通过优质专利培育掌握一批核心技术专利。

（2）加强专利布局

天津市呼出气体检测企业要在深入了解、把握各细分领域的发展现状和趋势前景的基础上，分析企业发展的外部机会与威胁，根据自身的发展状况，剖析企业发展的优势与劣势，准确合理地定位所处产业链地位，以“数量布局，质量取胜”为理念，做好专利布局规划，明确未来的发展路径。感知技术、医疗检测、食品检测和生态环境检测等领域有基础的细分领域，企业可在保持自身技术优势的基础上，积极进行新技术开发。根据国外国内行业技术的发展，及时调整企业技术研究和产品开发的方向，同时扩大企业在关键技术领域的专利储备规模，增强企业参与市场竞争的技术和知识产权优势。

对于传感材料设计与制造、传感芯片设计与制造、传感原理、气体检测模块、人机交互和智能算法等技术含量高的呼出气体检测领域，采取专利类型多样化，“核心专利＋外围专利”形成专利网的方式进行专利组合，构建相关核心技术领域的专利池；对于各个细分领域检测技术的设备和方法进行专利组合，同时兼顾其后续研发的基础性工作和规避风险的法律性工作进行组合。

另外，天津市呼出气体检测行业申请人在海外市场进行专利申请的数量较少，因此，需推动全市呼出气体检测创新主体加大海外专利布局，推动天津市呼出气体检测产业形成具备国际竞争优势的知识产权领军企业，尤其是涉及出口的重点企业，一方面在客户所在国进行专利申请，降低知识产权风险，确保产品顺利出口；另一方面要在竞争对手所在国进行专利布局，确保市场的占有率。总之，现有产品出口的国家要申请布局专利，保障产品出口，降低知识产权风险；未来企业需要扩张的国家也要布局专利，有效地推进产品出口。

2. 专利运营路径

根据天津市呼出气体检测产业专利运营实力分析的结果，可知天津市专利运营整体活跃度不高，主要存在以下问题：

①从专利数量上看，天津市呼出气体检测产业整体专利储备数量不足，可供专利运营基数较小。

②从运营方式上看，呼出气体检测产业整体专利运营情况一般。

③从运营主体上看，高校、个人及知识产权运营机构参与度低，所有运营主体的运营积极性不高。

④从运营实力及潜力上看，与其他对标城市相比，排名较靠后，在专利质量上略差，专利的转化应用工作开展落后，专利运营基础较弱，运营潜力低于对标城市。

鉴于以上问题，建议天津市可以考虑通过推动产学研合作强化专利运营，促进科技成果转化，以解决专利运营困难的问题；通过建立知识产权服务平台，开展知识产权运营服务，为专利权人提供运营助力，以解决运营积极性不高的问题，推动呼出气体检测产业创新发展。

以下是专利运营路径详细建议：

（1）建立呼出气体检测行业联盟，构建呼出气体检测专利池

目前，天津市呼出气体检测企业以中小企业为主，普遍存在专利申请数量少、缺乏高价值专利的问题，可以借助天津市的产业集群优势，形成产业技术创新联盟。通过企业间的互相合作，实现资源尤其是技术资源的共享，从而提升产业技术创新水平和推动产业转型升级。构建呼出气体检测专利池，对天津市重点企业的核心专利进行筛选研究，形成构建知识产权联盟所需的专利池。

（2）推动产学研合作，强化专利运营

高校、科研院所、专家与企业对接和合作可形成较明显的优势互补，帮助企业解决技术难题、促进科技成果转化。促进企业和高校科研机构对接方面可以采取以下措施：一是建立产学研合作信息平台，及时提供企业技术研发

需求和高校科研机构信息，促进产业内企业与科研机构的信息对接；二是对知识产权运营服务公司开展的专利运营项目，政府给予一定项目资金支持，将高校、科研机构、知识产权运营机构及企业形成有效联动，盘活全市创新主体的专利价值，推动专利有效实际运用于产业；三是引导国内重点高校和科研机构进入产业集聚区，与产业集聚区共建工程研发中心、专业化实验室等，为产业集聚区提供技术支撑，整合产业集聚区研发资源。

（3）深挖企业专利价值，支持企业专利质押融资

完善知识产权评估、流转体系，建设知识产权评估数据服务系统，设立知识产权质权处置周转资金和知识产权投资基金，积极探索实现知识产权债券化、证券化；设立知识产权质押融资风险补偿基金，引导银行业金融机构实施知识产权质押专营政策。

7.2 天津呼出气体检测产业高校高价值培育方案

7.2.1 专利布局态势总结

1. 天津大学

天津大学微纳机电系统实验室段学欣教授课题组研发了一项新成果，设计并开发了一款带集成传感器的智能口罩，可以直接筛选人体呼出气体是否含有病毒病原体，这种智能口罩的传感器由排列精密的纳米线阵列构成，纳米线的线宽和间距与病毒颗粒物的尺寸大小相匹配。纳米线阵列就像一张“网”，可以精确地捕捉呼出气体中的病毒颗粒。与此同时，科研人员还在纳米线阵列上添加了能与带有抗原的病毒产生免疫反应的抗体，一旦发生反应，便会使整个传感器的阻抗值变大。通过对传感器阻抗值的变化进行监测，可初步判断是否含有病毒。针对人体呼出气的复杂性和口罩结构的特殊性，将传感器设计成了“多孔膜—传感器—柔性基底”的“三明治”结构——纳米级多孔膜将人体呼出的其他微米级颗粒阻挡在外，只有同样是纳米级的病毒才能穿过；柔性基底的设计则使传感器与人体面部可以更贴合。

此外，课题组还进一步开发了可穿戴的集成电学系统，该系统包括数模转换器、运算放大器和无线传输单元。利用该集成电学系统，检测结果可以实时无线传输到智能手机 App 上，从而实现在手机上就能直观查看病毒检测结果。作为可穿戴的病毒“及时检测”系统，整个系统的重量仅为 7.6g，完全不

会影响口罩佩戴的舒适度。该智能口罩可以在短短 5 分钟内分辨出雾化样本中的冠状病毒气溶胶模拟物（猪传染性胃肠炎病毒），检测极限达到 7 pfu/mL，对照同样大小腺病毒的检测结果，传感器显示出对冠状病毒较好的选择性。据介绍，这种智能口罩可广泛用于机场、海关、医院等人流密集场所进行快速筛查。利用无线通信系统，口罩佩戴者或管理员可以通过智能终端，如手机、平板电脑等，安全地获取信息，从而快速作出决策。

天津大学在呼出气体检测方面共布局 67 件专利，从 2010 年开始有专利布局，在 2018—2019 年专利布局的数量最多，最近几年，专利布局的数量有所减少，是由于部分专利未公开所致。专利主要包括二氧化碳、呼出气体、电极、光源等方面，具体包括呼吸系统检测病毒用口罩、呼吸系统检测用口罩、主流式多种呼出气体浓度和呼吸气压同步监测装置、主流式呼吸气压和呼吸二氧化碳浓度同步监测方法、主流式人呼气末二氧化碳浓度测量方法、主流式人呼气末二氧化碳浓度数据采集处理方法、一种主流式减小水汽影响的二氧化碳浓度检测方法等。布局的专利以呼吸气检测口罩和二氧化碳浓度监测为主，并且以发明专利为主，发明专利约占总数的一半，说明天津大学关于呼吸气监测专利的创造性较高。

2. 天津工业大学

呼出内源性气体具有与人体生理代谢密切相关的标志性信息，通过检测相应呼出气体成分与浓度可对疾病进行快速无创诊断。可调谐半导体激光吸收光谱技术（Tunable Diode Laser Absorption Spectroscopy，TDLAS）作为一种高灵敏、高特异性及测量系统简单稳定的光谱学测量方法，易于实现呼出气体的实时在线检测。天津工业大学应用 TDLAS 对基于中红外吸收光谱呼气检测中的关键技术进行了研究，具体工作如下：

第一，呼出气体激光光谱检测系统的设计与验证。针对呼气分析中高灵敏、快速响应、方便取样和多组分同时检测的实际需求，选择辐射波长为 9.56μm 的量子级联激光器（Quantum Cascade Laser，QCL）作为光源，其扫描范围内可覆盖氨气、乙烯和二氧化碳等气体的吸收。在研究了 QCL 调制特性的基础上，基于长光程小体积的环形气体吸收池，集成开发了一套包含呼气采集等模块的实时在线气体检测系统。采用一次谐波归一化二次谐波的波长调制光谱（WMS-2f/1f）技术实现气体免标定测量。通过氨气和乙烯混合气体的测量实验，验证了系统的可行性和有效性。结果表明，氨气和乙烯的最低检测限分别为 7.4ppb 和 44.7ppb，对应的最佳积分时间分别为 4.52s 和 3.12s。

第二，基于多谱线拟合算法、BP 神经网络算法的多组分气体浓度反演。利用 Hitran 光谱数据库中氨气和乙烯的谱线参数并结合提前测得的 QCL 特性，编写了 WMS-2f/1f 仿真软件，采用多谱线拟合算法并构建了主成分分析（Principal Component Analysis，PCA）特征提取方法结合误差反向传播人工神经网络（Back Propagation Artificial Neural Networks，BPANN）分类算法模型，分别对仿真数据和实验数据进行多组分气体的识别与浓度反演，证明了两种算法对多组分气体同时定性及定量分析的可行性；通过对比结果得到，在算法运行时间和浓度反演精度方面，神经网络算法更具有优越性。

第三，人体呼吸二氧化碳的激光光谱检测。采用呼气中含量较高的 CO_2 为目标气体进行实际的呼气分析检测，选择 CO_2 位于 1045.02cm ～（-1）的吸收谱线作为目标谱线，然后对受试者呼吸二氧化碳浓度实现了实时在线测量。

最后，对呼吸 CO_2 测量系统的性能指标进行了分析，在 40ms 时间分辨率下系统检测灵敏度达 25.35ppm；在最佳积分时间为 0.465s 处，系统检测限为 7.7ppm，且系统线性拟合度高达 0.99988。综上所述，天津工业大学对基于中红外激光吸收光谱的呼气检测中系统设计、多组分浓度反演等关键技术进行了研究，为呼气分析和疾病诊断研究奠定了基础。

天津工业大学在 2017 年、2019 年、2020 年、2021 年均有呼气检测方面的专利布局，共有 10 件相关专利，具体包括一种基于光纤发光感光机理的柔性监测呼吸织物及其制备方法、一种用于丙酮和异戊二烯气体分离的复合膜及其制备方法、一种舒适型抗菌智能口罩、一种基于表面功能化光纤的多参量呼吸传感监测系统、一种基于微悬臂梁的酒驾测量仪、酒驾提醒报警器等，其中 7 件专利是发明专利，并且有 5 件已经授权，说明天津工业大学关于呼气监测专利的创造性较高。

综上，天津大学和天津工业大学在呼气检测方面均有专利布局，天津大学布局的专利数量较多，并且大部分专利是最近 5 年布局的，大部分是与智能口罩相关的专利，发明专利约占一半，天津大学的专利创新性较高；天津工业大学对基于中红外激光吸收光谱的呼气检测中系统设计、多组分浓度反演等关键技术进行了研究，为呼气分析和疾病诊断研究奠定了基础，天津工业大学虽然在呼气检测方面布局的专利数量较少，其中 7 件专利是发明专利，并且已经有 5 件授权，说明天津工业大学关于呼气检测专利的创造性较高，并且处于持续研发中。

7.2.2 专利布局建议

天津市应着力培育高价值专利，通过优质专利培育掌握一批核心技术专利。

1. 专利质量评估

应对专利质量进行评估，评估的内容包括：说明书是否清楚、完整地公开发明的内容，并使所属技术领域的技术人员能够理解和实施；权利要求书是否得到说明书的支持且清楚、简要；权利要求主权项和从权项设置是否合理，是否存在不必要的冗余；保护范围是否恰当，既有较宽的保护围绕又不影响专利稳定性；实施例是否与说明书及权利要求形成对应关系，是否能够支撑保护范围，实施例数量是否科学、合理。

专利提案应由专利管理专员组织，研发专家和专利管理专家参加，必要时可邀请外部知识产权专家、技术专家参加。分析重点专利提案与创新点对应关系，是否表达了创新点中技术创新内涵，是否具有专利所需的新颖性、创造性和实用性。如具有专利性则由专利提案提交人提供专利申请所需技术交底书。技术交底书由专利管理机构进行分析和审查，重点分析技术交底书是否符合规范要求，是否充分表述了创新点的特征和创新成果的保护要求，是否达到了专利撰写所需的要求。

2. 专利保护强度评估

应对专利保护强度进行评估，评估的内容包括：对应技术、产品、创新成果保护需求，评估是否满足保护需求，是否能够对侵权行为进行有效遏制。在需要发起侵权诉讼的情况下，能否支撑诉讼需求；可规避性分析，是否对规避设计有效覆盖，对竞争对手可能的规避设计进行预判，并在高价值专利组合中有所体现；对配套技术、下游应用是否需要并有专利支撑，判断专利产品或专利技术实施是否存在专利壁垒。对授权专利确定类别和层级，专利分类评级应与创新成果分类评级对应，以产品重要性、专利在产业中的占比及对本领域控制力确定对应等级。

3. 高价值专利价值评估

应对高价值专利组合中高价值专利或重点专利价值进行分析评估，评估的内容包括：评估高价值专利或重点专利在高价值专利组合中的占比；评估高价值专利产品及本领域相关产品和技术的控制力；评估高价值专利及支撑产品的预期收益。

4. 改进与补救

对高价值专利评估中发现问题与不足进行改进和补救，对保护不充分、后续应用或配套技术保护不足等问题可通过补充专利申请等形式加以完善。

高价值专利组织与管理，研发人员是高价值专利发现和识别的主体，应通过培训和实训提高研发人员高价值专利发现和识别能力，掌握新颖性、创造性和实用性的判断标准，具有专利数据检索和分析技能。研发或新品开发项目应包含专利技术分析的内容，专利技术是指不同于本领域现有技术，且有创新成果保护需求的技术。高价值专利应针对研发项目中创新点、改进技术、改进或新设计的产品结构或组分来源于创新研发。高价值专利识别针对创新技术或产品中属于重大创新成果、底层技术及在产品中发挥支配作用的技术、工艺和方法。

建立高价值专利奖励制度，按创新成果层级确定奖励额度，包括发明创造奖励和形成专利奖励。有条件的应将发明创造与专利保护奖励有机结合，统筹管理。可建立从专利提案到专利授权的阶段性奖励制度，按提案提交、专利申请和专利授权 3 个阶段实施，其权重分别为 10%、30%、60%。

7.2.3 转移转化建议

将科技成果的部分或全部知识产权的权利授予他人。科技成果所有人将该成果的知识产权转让或许可给他人，成果的受让人取得了该成果的知识产权，或被许可人取得了该成果的实施权，实现了科技成果的转移。这是科技成果转移的主要形式。

科技成果通过特许经营的方式实施转移，以实现科技成果的商业价值。特许经营是一种商业经营模式，即经营者凭借其独特的技术产品（服务）、经营模式、运作管理经验等，注册了商标专用权，形成了良好的品牌影响，取得了名称、商标、专有技术、产品或服务等构成的特许经营权，再以合同约定的形式，允许其他经营者有偿使用其特许经营权从事经营活动。很显然，特许经营权包含一套完整的产品或服务的解决方案，在特许经营中必须提供技术上的协助、训练及管理等方面的服务，以获取特许的报酬。特许经营作为一种商业经营模式，为规范这种经营活动，国务院于 2007 年 2 月 6 日以国务院令第 485 号发布了《商业特许经营管理条例》。该条例规定，商业特许经营是指拥有注册商标、企业标志、专利、专有技术等经营资源的企业（即特许人），以合同形式将其拥有的经营资源许可其他经营者（即被特许人）使用，被特许人按照合同约定在统一的经营模式下开展经营，并向特许人支付特许经营费用的经营活动。特许经营权中包括专利、专有技术的，特许人向被特许人授权特许经营权，也就是将其中的专利和专有技术一并授予被特许人，实现了技术转移。根据该条例规定，双方在签订的特许经营合同时，应当约定“经营指导、技术支持以及业务培训等服务的具体内容和提供方式”的条款；特许人应当向被特许人持续提供经营指导、技术支持、业务培训等服务的具体内容、提供方式和实施计划，并按照约定的内容和方式为被特许人持续提供经营指导、技术支持、业务培训等服务。

人才是科技成果的重要载体，人才流动是科技成果（主要是不受知识产权保护的科技知识、技能等，下同）转移的重要途径。企业聘用来自高校和科研院所的科技人员，一定程度上获得了来自高校和科研院所的科技成果。科技人员从高校和科研院所向企业流动的形式、途径比较多，包括挂职、兼职、离岗创业、专家咨询等多种形式。《国家技术转移体系建设方案》（国发〔2017〕44号）提出，“鼓励科研人员创新创业。引导科研人员通过到企业挂职、兼职或在职创办企业以及离岗创业等多种形式，推动科技成果向中小微企业转移。”此处的科技成果，既包括受知识产权保护的科技成果，也包括不受知识产权保护的科技知识、科技人员的技能等。同样的道理，企业选派科技人员到高校、科研院所任职、兼职，也能实现高校院所的科技成果向企业转移和企业的科技成果向高校、科研院所转移。这种方式也是国家大力支持的。《国家技术转移体系建设方案》还提出，“支持高校、科研院所通过设立流动岗位等方式，吸引企业创新创业人才兼职从事技术转移工作。”人才流动不只是人才调动，非调动的柔性流动会引起技术（即广义的科技成果，包括受知识产权保护的科技成果，也包括不受知识产权保护的科技知识）的转移，人才之间的交往，包括人才交流、人才培训等，都会实现技术的转移，而且人才在交往中还会引发不同知识的碰撞、交叉互动，进而引发技术创新，促进新的科技成果的产生。

即通过对科技成果进行有效的管理，以及管理咨询、管理输出等方式实现科技成果的转移。对科技成果进行有效的管理，有助于科技成果转移。在《科技成果转移转化管理实务》第二章介绍的科技成果登记、科技报告和科技成果信息系统等对科技成果进行管理，实现科技成果的共享共用。共享共用本身就是科技成果转移。随着管理技术的引入，也会转移科技成果。先进的管理包含了先进的技术，或者先进的技术支撑了先进的管理。例如，企业引入ERP系统，不仅引入了先进的管理，也引入了先进的技术，可大大提高企业的生产经营效率。

科技成果以技术产品、专业设备、图书文献、知识、信息等形式表现，通过专业展览、专业培训、专家咨询、专业会议等多种形式交流知识，实现科技成果转移。以各种途径传播新知识，实质上是实现科技成果的转移。科技展览是指综合运用各种媒介、手段向公众推广产品、展示形象、建立良好的公共关系的活动，是传播科学技术知识的重要形式。目前每年举办的中国国际工业博览会、中国（上海）国际技术进出口交易会、中国国际进口博览会、中国国际高新技术成果交易会等大型展览（交易）会，是科技知识传播的重要途径。

科技论坛是指公众发表议论的地方，引申为进行公开讨论、实时信息交流的公共场所，也是传播科学技术知识的重要途径。目前，每年在上海举办的浦江创新论坛信息量很大，影响也很大。各地每年也会组织形式各样的科技论坛、学术研讨会等活动。这些活动起到了传播科技知识的作用，也是科技成果转移的渠道。《中华人民共和国民法典》规定的技术咨询，就是受托人利用公开的科技知识、科技信息为委托方的特定项目提供解决方案。与科学技术普及活动所不同的是，技术咨询是有偿的、一对一的，双方当事人必须签订技术合同约定各自的权利义务，并为当事人的特定技术问题提供解决方案，而尽管科普也是目的性比较强的活动，但它是社会公益事业，是一对多的知识传播，是无偿的，是相关机构和个人应当履行的社会责任。

科技成果转移以提供服务的形式出现，企业销售含有科技知识的服务，或者消费者接受含有科技知识的服务，或者委托方接受受托方提供的科技服务，实质上就是以服务的形式转移科技成果。客户接受有一定技术含量的服务，如机器设备的安装服务、维护（修理）服务、ERP 服务等，都是在服务的过程中实施了科技成果转移。企业为客户提供技术支持服务，以帮助客户更好地消费其生产的产品或提供的服务，也属于科技成果转移。技术服务合同是受托方为委托方解决特定的技术难题而签订的技术合同，与技术咨询合同一样，是科技成果转移比较重要的一条途径。

促进专利转化的对策具体如下：

1. 引进“技术风险投资”

帕洛阿尔托研究中心拥有当时世界最领先的技术，但这些技术并没给投资方施乐公司带来可观的经济效益。从该研究中心分离出去的企业却把拥有的技术运用得非常充分，培养出了诸如苹果、微软这样的世界著名的公司。为什么同样的技术在施乐公司没有产生可观效益呢？是这些专利技术太前沿？是施乐公司找不到市场？是施乐公司缺少商业人才？太多的不确定性中蕴藏着巨大的商业风险。但从施乐公司购买了这些技术后要如何实现成功转化呢？依靠的就是强大的风险投资机构。他们洞彻市场，愿意投资并承担巨大的商业风险，促成了专利技术与风险资本的结合，同时成就了这些专利技术的成功转化。我国现有的风险投资机构，又称资本管理公司，通常热衷投资准上市公司，俟被投资公司上市成功，从股市上套现退出。如何引导风险投资涉足技术投资，需要从法律、政策多方面进行规范。

2. 促进高校和科研院所拥有的专利成功转化

①鉴于高校专利转化上缺少资金安排，政府应在专利转化方面安排专项

资金并制定详细的技术转让规定，以保护高校和科研院所工作者在技术转让中的利益。

②鉴于许多高校专利技术转化的中间环节薄弱、信息沟通不畅，政府应重视并扶持建设专利转化平台，如知识产权交易中心，为高校和企业牵线搭桥。允许高校“孵化”具有市场竞争力的高新企业，改变目前大多数高校内单一形式的校办企业。

③针对高校缺乏高水平知识产权管理人才，部分高校知识产权流失严重且熟视无睹，建议高校加强专门人才配备和培养，让既懂专业又擅长经营和管理的复合型人才担当知识产权管理工作。

④针对高校承担的政府科研项目所产生的发明专利大部分具有基础性和前瞻性的核心专利技术，所产生的发明专利技术含量很高，具有领先优势，但离实现产业化还有较大距离。高校应主动加强与企业的联系，吸收企业进入高校科研规划，及时了解企业需求，针对企业需要解决的技术难题进行规划，力求高校研发工作可以有的放矢。

⑤针对高校部分发明人申请专利的目的是使所承担的项目顺利验收和评定职称，专利申请授权后并不关心其实施的情况，高校应加强管理，抛弃传统观念，积极转化科研成果，努力支持高校科研人员将发明创造商业化。

3. 推动和扶持企业成为专利转化的主体

①鉴于我国大多数企业承接能力不强、技术创新能力弱和经济实力有限，建议政府扶持资金重点投向企业的早期创业，体现在专利技术第一次商品化的过程。因为，专利技术转移重点是科技型中小企业，而许多中小企业在发育前端严重“贫血”，即缺少科技成果转化为生产力的风险资金，一旦资金不足极易造成企业“胎死腹中”或难以长大。

②针对企业缺乏风险意识和战略眼光，政府在加大对中小型企业的前期投入的同时，要引导社会资金的投入；扶持企业与高校合作开发，形成利益共享的机制；通过政策导向和市场手段，大力发展和引进科技风险投资机构，不断拓展融资渠道，形成完善的创新资金链条。

③针对企业对高校发明专利的价值判断容易出现偏差，设立第三方专利评估机构，通过地方立法规范知识产权评估。

4. 发挥政府在专利转化中的基础作用

①抓紧高校专利技术转让方面的地方立法，放宽政策限制，为企业和高校创造一个宽松的研发环境；尽快制定有利于专利技术转移的政策法规，包括税收政策、金融政策、政府采购政策及其他各方面的政策。

②设立促进高校发明专利本地转化专项资金，鼓励本地区企业购买高校

发明专利在本地实施，通过设立产学研联盟重大项目支持资金，对于由企业牵头组织，同时高校在项目实施过程中起关键性作用的项目，给予资金资助。

③加强高校科技园、高校技术创新孵化服务网络等基础设施建设，增加高校周边孵化器数量，努力提高高校科技园等孵化机构为创新创业提供服务的质量和水平，创造社会资金与高校师生科技知识相结合，搭建共同创业、共同发展的良好环境。

④采取“政府许可模式”推广实施公益性的发明专利（农业、能源、环保等）。由于实施这类专利的企业效益远远低于社会效益，需要政府先与专利权人签订许可协议或收购其专利，然后通过政府相关的技术推广部门推广实施，产生效益后再对专利权人进行补偿。

⑤完善专利转化平台建设，提高转化实施效率。在加强专利技术展示建设的同时，建议在高校集中的区域设立高校专利技术展示交易中心，加强专利技术转移人才的培养，为高校发明专利技术无偿提供展示交易服务，提供高校专利供给和企业需求信息，以利于高校、企业和投资者联系与交流。

⑥进一步完善专利成果评估功能，加强对专利成果的认定和管理，依照国家规定的评估标准和评估办法对专利成果进行客观、公平、科学评价，对于技术先进、市场前景广阔、效益好的专利成果优先促其转化。